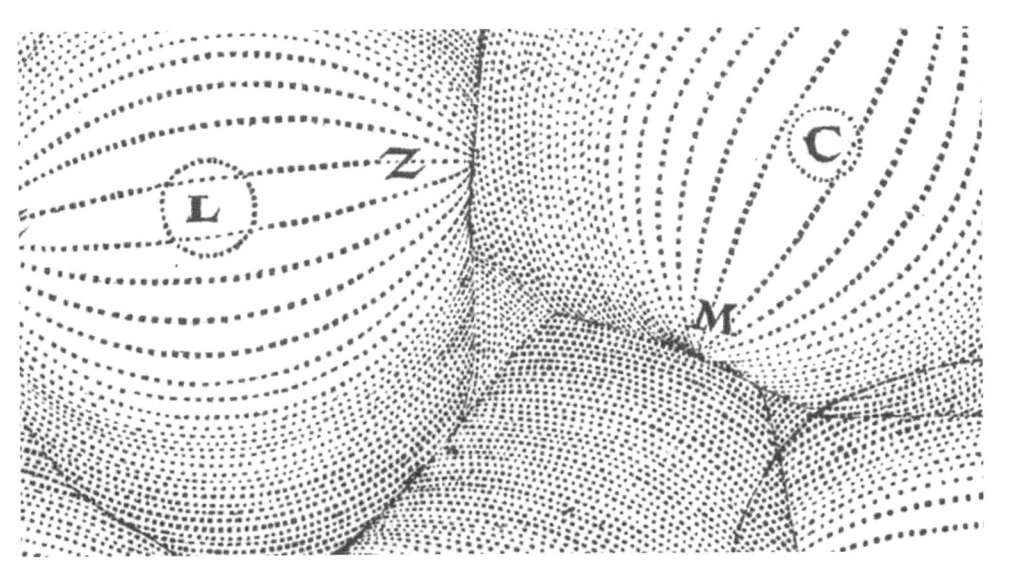

17세기 자연 철학

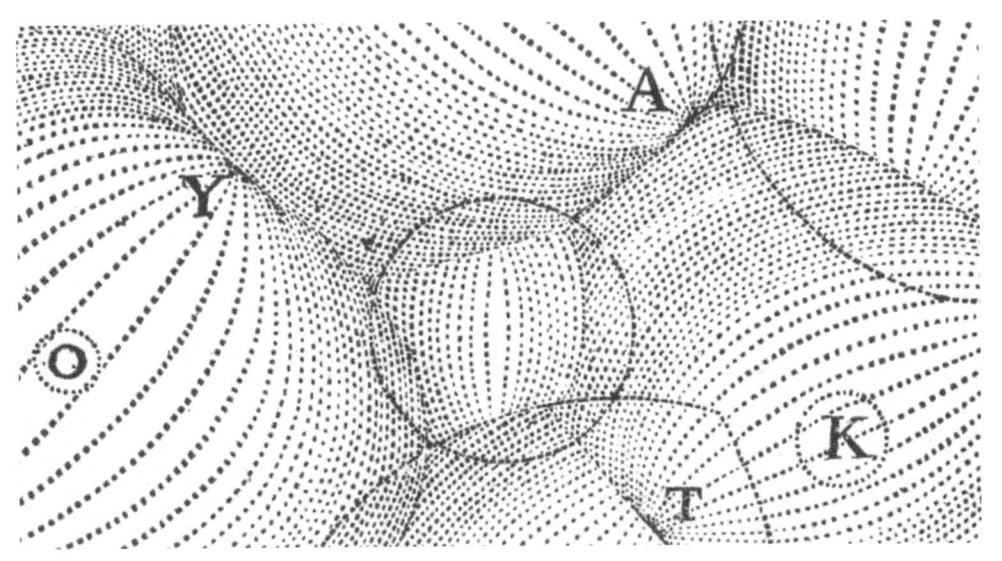

17세기 자연 철학 : 운동학 기계론에서 동력학 기계론으로

발행일 초판 1쇄 2008년 11월 25일
　　　　초판 4쇄 2017년 11월 20일

지은이 김성환
펴낸이 유재건 | **펴낸곳** (주)그린비출판사 | **신고번호** 제2017-000094호
주소 서울시 마포구 와우산로 180, 4층 | **전화** 02-702-2717 | **팩스** 02-703-0272 | **이메일** editor@greenbee.co.kr

Copyright © 2008 김성환
저작권자와의 협의에 따라 인지는 생략했습니다.
이 책은 지은이와 그린비의 독점계약에 의해 출간되었으므로 무단전재와 무단복제를 금합니다.
책값은 뒤표지에 있습니다. 잘못 만들어진 책은 서점에서 바꿔 드립니다.

ISBN 978-89-7682-318-2　04100
　　　978-89-7682-317-5　(세트)
이 도서의 국립중앙도서관 출판시도서목록(CIP)은 서지정보유통지원시스템 홈페이지(http://seoji.nl.go.kr)와
국가자료 공동목록시스템(http://www.nl.go.kr/kolisnet)에서 이용하실 수 있습니다.(CIP제어번호: CIP2008003407)

이 저술은 2006년 정부 재원(교육인적자원부 학술연구조성사업비)으로 한국학술진흥재단의 지원을 받아 연구되었음
(KRF-2006-812-A00018).

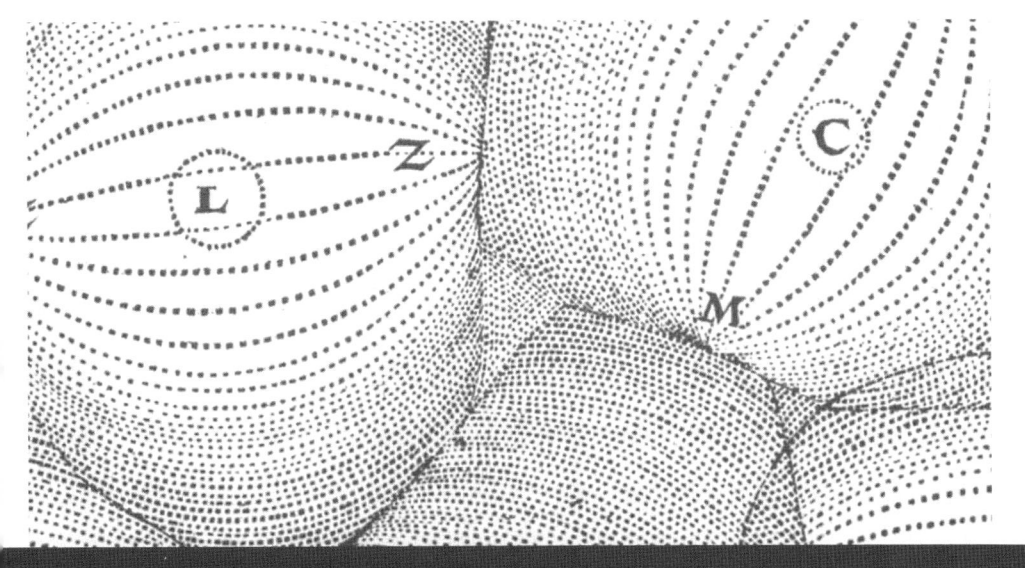

17세기 자연 철학

운동학 기계론에서 동력학 기계론으로
김성환 지음

철학의 정원
002

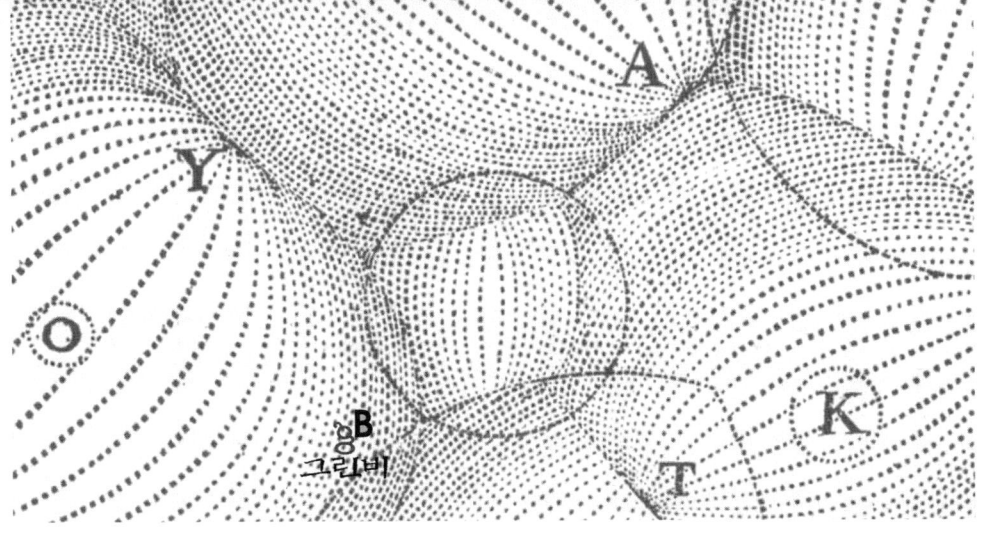

그린비

책머리에

과학은 문화다. 문화는 사람이 생각하고 행동하는 양식이다. 문화는 좁게 보면 예술, 종교, 사상처럼 주로 정신 활동의 산물이지만 넓게 보면 정치, 경제, 기술, 일상과 관련된 사회 생활의 양식도 포함한다. 과학은 혼란스러운 지식이 아니라 정리된 지식의 체계다. 정리된 지식의 체계는 고대부터 있었고 자연뿐 아니라 사회에 대한 지식도 포함한다. 그러나 과학은 자연에 대한 지식의 체계로 좁게 보더라도 인류의 생각과 행동에 영향을 미칠 수밖에 없는 문화다. 인류는 언제나 자연에 대한 지식 체계를 바탕으로 자연과 상호 작용하면서 사회와 역사를 건설하기 때문이다. 원시인도 주변 환경의 지리, 기후, 식물, 동물에 관한 한 아마추어 물리학자이자 생물학자다.

인류의 역사는 원시 시대의 신화부터 20세기 대중 문화와 21세기 사이버 문화까지 시대를 대표하는 문화가 있다. 한 시대의 대표 문화는 그 시대 인류의 삶에 큰 영향을 미칠 뿐 아니라 앞 시대의 문화와 다른 영향을 미치는 생각과 행동의 양식이다. 예를 들어 서양의 중세에 고대 문화와 다른 새 영향을 미친 생각과 행동의 양식은 고딕 성당, 마리아 신앙, 기사도로 나타나는 기독교 문화다.

과학이 대표 문화인 시대는 현대가 아니라 근대다. 현대인은 과학의 지식과 산물이 없으면 삶을 즐길 수 없고 생존할 수도 없다. 그러나 20～21세기의 현대 문화는 과학보다 영화, 대중 음악, 인터넷이 대표한다. 과학이 세상을 보는 눈을 바꾸어 놓고 삶의 기초로 떠오르기 시작한 때는 근대, 특히 17세기다. 17세기는 갈릴레오Galileo Galilei, 1564~1642, 데카르트R. Descartes, 1596~1650, 홉스T. Hobbes, 1588~1679, 뉴턴I. Newton, 1642~1727, 라이프니츠G. Leibniz, 1646~1716 등 이름 높은 자연 철학자들을 낳는다. "자연 철학" philosophia naturalis은 고대부터 '자연학' physica이라 불리고 19세기에 '과학' science이라는 말이 쓰이기 전까지 과학의 근대 이름이다.

　　중세에는 '트루바투르' troubadour 또는 음유 시인이라 불리는 기사들이 자기가 속한 성의 문화를 꽃피우고 귀족 부인의 믿음과 사랑을 얻기 위해 보물을 찾아 모험 여행을 떠난 '퀘스트' quest 전통이 있다. 17세기 과학 문화 시대를 이룩한 갈릴레오, 데카르트, 홉스, 뉴턴, 라이프니츠는 모두 자연 철학에서 모험의 길을 떠난 지식 기사다. 17세기 자연 철학자들이 중세 퀘스트 전통을 지성으로 이어받는다면 그들이 찾아 헤맨 보물은 무엇일까? 사랑도 명예도 돈도 아니다. 하늘과 땅, 생물과 사람을 꿰뚫는 진리의 보물이다. 그들이 발견한 보물은 인류의 귀중한 지식 재산으로 우리 앞에 공개되어 있다. 나는 17세기 자연 철학자들의 보물찾기 여행을 다시 따라가 보려 한다.

　　내가 17세기 자연 철학을 답사하는 이유는 세계관을 생산하는 일이 철학의 임무라고 믿기 때문이다. 17세기 자연 철학자들은 무생물과 생물을 포괄하는 자연관을 제시한다. 또 이 자연관은 인간관, 사회관과 더불어 세계관을 구성한다. 세계관을 생산하는 일은 그리스의 첫 철학자 탈레스Thales, B.C. 624?~B.C. 546? 이래 철학의 임무다. 이 일은 비록 뉴턴 이후 개별 과학들이 철학에서 독립하면서 위축되지만 현재 과학들 사이의 학제 interdisciplinary 연구가 필요해지면서 다시 주목받고 있다. 철학은 과학 성과들을 종합해 세계관을 만드는 일을 계속해야 한다. 이 일은 철학만이 할 수 있다.

나는 17세기 자연 철학에 내부와 외부에서 함께 접근할 것이다. 이 책의 중심 작업은 17세기 자연 철학의 내부 구조를 해부하는 것이다. 17세기 자연 철학도 다른 학문처럼 이론 내부에서 드러난 문제를 해결하면서 성립한다. 또 17세기 자연 철학은 고중세 자연학과 마찬가지로 과학과 철학의 성격을 함께 지닌다. 나는 17세기 자연 철학을 과학과 철학으로 분리한 뒤 재조립하는 방법으로 둘 사이의 관계를 밝힐 것이다. 나는 자연 철학 속에서 과학과 분리한 철학을 과학의 형이상학 기초라는 뜻에서 '물질론' theory of matter이라 부르고, 물질론을 물체론, 운동론, 공간론, 시간론을 포괄하는 뜻으로 사용할 것이다. '기계론' mechanism, mechanical philosophy은 근대 과학의 형이상학 기초로서 근대 물질론의 성격을 규정하는 용어다.

나는 과학이 문화라는 관점을 놓치지 않고 요즘 문화사, 과학사, 철학사의 연구 성과를 반영해 17세기 자연 철학을 해석할 것이다. 문화사의 흐름 속에서 보면 17세기 자연 철학은 점성술, 연금술, 민간 의술 등 16세기 자연 마술과 18세기 계몽주의 사이에 있다. 17세기 자연 철학자들은 자연 마술에 대해 어떤 태도를 가지느냐에 따라 서로 다른 기계론을 생산한다. 나는 자연 마술을 비롯한 신비주의 occultism 전통이 외부에서 자연 철학에 미친 영향을 추적할 것이다.

1장에서 나는 17세기 자연 철학이 데카르트와 홉스의 운동학 기계론에서 뉴턴과 라이프니츠의 동력학 기계론으로 이행하는 경향이 있다는 나의 테제를 제시할 것이다. 기계론은 자연의 모든 현상을 물체의 운동으로 남김없이 설명할 수 있다고 주장하는 이론이다. 동력학은 자연 현상을 설명할 때 힘 개념을 사용하지만 운동학은 힘 개념보다 물체의 크기, 모양, 운동 속력에 더 의존한다. 나의 테제는 17세기 자연 철학의 흐름을 대체로 동력학의 일관된 성장으로 보는 과학사 연구자 웨스트폴 R. Westfall의 견해에 의문을 제기할 것이다.

2장에서 나는 근대 과학 혁명이 성립하는 문화사의 흐름을 자연 마술과 자연 철학의 관계 속에서 탐구할 것이다. 과학사와 철학사의 연구에 따르면 16세기 지식인들 사이에서 유행한 자연 마술은 17세기 자연 철학자들에게 큰 영향을 미친다. 데카르트와 홉스는 자연 마술을 의도적으로 철저히 배격하지만, 뉴턴과 라이프니츠는 자연 마술을 수용한다. 자연 마술과 자연 철학은 단절과 연속의 이중 관계 속에서 근대 과학 혁명을 낳는다.

3장에서 나는 관성 원리를 발견해 17세기 역학 혁명의 문을 연 갈릴레오의 자연 철학을 원자론, 공간론, 시간론, 운동론의 측면에서 분석할 것이다. 갈릴레오는 르네상스 시대에 부활한 고대 원자론을 받아들여 독특한 기하학 원자론을 제시한다. 그러나 갈릴레오는 원자론이 인정하는 진공의 존재를 귀납으로든 연역으로든 증명하는 데 실패한다. 대신 그는 진공의 존재를 선험적으로 가정해 중요한 역학 현상인 물체의 응집력을 설명한다. 그는 운동론에서 자유 낙하 운동에 대한 아리스토텔레스 Aristoteles, B.C. 384~B.C. 322의 정의를 비판하는데 이 비판은 기하학 원자론에 기초한 공간론을 전제한다. 그리고 갈릴레오가 대안으로 제시하는 자유 낙하 운동에 대한 정의는 기하학 원자론에 입각한 시간론을 전제한다.

4장과 5장에서 나는 근대 자연 철학의 성격을 고중세 아리스토텔레스주의 자연학의 목적론과 구별해 기계론으로 뚜렷하게 정립한 데카르트의 자연 철학을 분석할 것이다. 4장에서 나는 데카르트의 물질론을 운동학 기계론으로 규정할 것이다. 데카르트의 물질론을 구성하는 주요 부분인 물체의 존재 증명은 자연 철학의 탐구 대상을 물체에서 기하학으로 다룰 수 있는 성질, 즉 연장과 그 양태들인 모양, 크기, 운동 속력에 제한해 아리스토텔레스주의 자연학의 능동적 목적인을 배제한다. 그리고 데카르트의 운동학 기계론은 자연의 모든 현상을 물체의 모양, 크기, 운동 속력으로 설명한다는 뜻에서 연장의 양태들로 환원주의를 방법론 전략으로 채택한다.

5장에서 나는 데카르트의 운동론과 과학이 자연 마술 전통을 철저히 배제하려는 의도 아래 성립한다고 논증할 것이다. 데카르트가 운동을 작용이 아니라 이동으로 정의하는 것은 연장의 양태들로 환원주의와 더불어 운동학 기계론의 또 한 가지 원리인 수동적 물체론과 일치한다. 그리고 데카르트가 구체적 자연 현상, 예를 들어 중력 현상이나 자기 현상을 설명하기 위해 소용돌이vortex, 물질 입자로 꽉 찬 공간인 플레눔plenum 등의 가설을 도입하는 한 가지 목적은 물체에서 능동적 힘과 같은 '신비한'occult 성질을 배제하기 위한 것이다. 데카르트의 운동학 기계론은 그의 인간론에도 영향을 미친다. 그는 인간론에서 자연 마술의 요소를 배제한다. 그의 인간론은 의지의 자율성을 강조하지만 수동적 정념뿐 아니라 능동적 의지도 피의 미세한 부분이고 물체인 동물 정기와 이 정기의 이동 통로에 있는 생리 샘의 운동으로 설명한다는 점에서 생리 환원주의의 성격을 띤다.

6장에서 나는 홉스의 물질론을 구성하는 몇 가지 주요 개념을 분석할 것이다. 요즘 과학사 연구에서 홉스는 공기 펌프 실험을 둘러싸고 보일R. Boyle, 1627~1691과 벌인 논쟁으로 다시 주목받고 있다. "과학의 사회 구성주의"social constructionism of sciences는 과학이 정치, 경제, 종교, 예술 등 외부 요인의 영향을 받아 성립한다는 관점이다. 이 관점을 대표하는 과학사 연구자 섀핀S. Shapin과 섀퍼S. Schaffer에 따르면 홉스가 보일의 진공을 거부한 이유는 공간이 물질 입자로 꽉 차 있다고 믿는 견해와 강력한 왕권을 지지하는 정치 종교 철학 때문이다. 나는 홉스의 꽉 찬 공간 이론이 다시 공간, 물체, 운동 개념에 대한 그의 운동학 이해를 바탕으로 성립한다고 논증할 것이다. 홉스의 운동론에서 기초를 이루는 '코나투스' conatus 개념은 어떤 물체의 운동 원인이 언제나 다른 물체의 운동이라는 수동적 물체론과 모순되지 않기 때문에 동력학의 성격보다 운동학의 성격을 더 강하게 지닌다. 나는 홉스의 인간론도 자연 철학의 중심 개념인 코나투스로 욕망, 정념, 의지 등을 설명한다는 점에서 운동학 기계론의 철저한 확장이라고 해석할 것이다.

7장에서 나는 뉴턴의 자연 철학을 연금술과 관련해 동력학 기계론으로 규정할 것이다. 뉴턴은 케플러의 천문학과 갈릴레오의 역학을 종합해 근대 과학 혁명을 완성한다. 그는 질량을 가진 물체들 사이에서 작용하는 거리의 제곱에 반비례하는 힘 개념을 도입해 이 힘이 행성의 궤도 운동뿐 아니라 물체의 자유 낙하 운동도 낳는 원인이라고 기하학으로 증명한다. 그러나 뉴턴의 힘 개념은 연금술의 생명 인자 관념에서 영향을 받아 성립하기 때문에 데카르트주의자들한테 신비한 성질이라고 공격받는다. 뉴턴의 동력학 기계론은 데카르트가 자연 철학에서 철저히 제거하는 자연 마술 전통을 계승한 산물이다. 게다가 뉴턴은 신학에서도 그 시절 정통 교리인 삼위일체론에 반대한다. 나는 뉴턴이 신학, 연금술, 자연 철학에서 모두 형이상학 가설을 배제하겠다고 말하지만 사실은 배제하지 못하는 애매한 태도를 보인다고 논증할 것이다.

8장에서 나는 라이프니츠의 자연 철학을 그의 실체론과 신비주의 전통의 관계 속에서 동력학 기계론으로 규정할 것이다. 동력학 기계론이 운동학 기계론에 비해 뚜렷이 다른 점은 능동적 물체론이다. 능동적 물체론은 뉴턴의 자연 철학에서는 분명하지 않지만 라이프니츠의 경우 분명하게 나타난다. 요즘 철학사 연구에 따르면 라이프니츠의 자연 철학도 뉴턴의 역학과 마찬가지로 신비주의 전통의 영향을 강하게 받는다. 라이프니츠의 힘 개념은 그의 실체론을 바탕으로 성립하고 이 실체론은 스콜라 철학, 자연 마술, 카발라 등 신비주의 전통의 영향을 받기 때문이다. 라이프니츠는 실체의 본성인 근원 힘에서 비롯한 파생 힘을 물체의 내재 본성으로 인정하는 능동적 물체론을 동력학의 형이상학 기초로 제공한다.

9장에서 나는 17세기 자연 철학이 18세기 과학과 철학에 남긴 유산을 간략하게 살펴볼 것이다. 18세기 과학은 뉴턴의 힘 개념을 물리 현상뿐 아니라 광학, 화학, 생물 등의 현상까지 확장하려고 노력한다는 점에서 뉴턴 과학이라 불린다. 프랑스에서 뉴턴 과학의 전도사를 자임한 볼테르F. Voltaire, 1694~1778에 따르면 로크J. Locke, 1632~1704는 뉴턴 과학의 방법을 사회 과학에도 적용하려고 시도했으며, 로크의 관념 연합 법칙은 뉴턴의 중력 법칙을 확장한 것이다. 17세기 자연 철학이 발견한 물체의 힘은 18세기 계몽주의가 강조한 이성의 힘으로 변신한다.

마술도 과학도 사람의 생각과 행동에 영향을 미치는 문화로 보면 자연 마술은 16세기를 대표하고 자연 철학은 17세기를 대표한다. 데카르트와 홉스가 과학에서 자연 마술을 배제해 16세기 문화와의 단절을 상징한다면 뉴턴과 라이프니츠는 문화사의 연속을 보여 준다. 17세기 자연 철학은 자연 마술 전통을 제거하고 성립한 데카르트와 홉스의 운동학 기계론에서 자연 마술을 비롯한 신비주의 전통을 계승해 성립한 뉴턴과 라이프니츠의 동력학 기계론으로 이행하는 경향이 있다. 단순화의 위험을 무릅쓰면 17세기 과학사의 진보는 문화사의 퇴보다.

17세기 자연 철학은 자연 변증법 때문에 관심이 싹텄다. 1980년대 한국 사회와 학계에 마르크스K. Marx, 1818~1883가 나타났다. 피가 끓어 흥미를 느끼지 않을 수 없었다. 젊은 철학 연구자는 마르크스의 사회 철학에 몰렸다. 나는 다른 길을 찾았다. 이훈 선배가 나를 이끌었다. 자연 변증법이 보였다. 그러나 너무 낡았다. 제대로 뜯어 고치려면 과학을 알아야 했다. 과학의 역사부터 공부했다. 김영식 선생님께 배웠다. 다른 수업은커녕 돈 벌 엄두도 낼 수 없어서 방학 동안 미리 벌어 두어야 했고 1주일에 2~3일 못 잤지만 영어 원서 500~1,000페이지 읽는 법을 익혔다. 철학과에서 자연 철학으로 학위 논문을 쓰려니 지도 교수가 없었다. 김효명 선생님이 나를 받았다. 세 분께 감사드린다. 새 자연 변증법을 만드는 게 목표였고 17세기 자연 철학의 기계론은 타깃이었다. 적을 아는 데 20년이 걸렸다. 아직 크게 부족하다. 그러나 적을 존경한다. 이 마음을 책에 담는다.

2008년 11월 10일
김성환

차 례

• 책머리에 4

1장. 17세기 자연 철학의 흐름 17
    1. 고중세 아리스토텔레스주의 자연학 18
    2. 운동학 기계론 24
    3. 동력학 기계론 29

2장. 자연 마술에서 자연 철학으로 37
    1. 과학 혁명 39
    2. 자연 마술 전통과 베이컨 43
    3. 케플러와 뉴턴 50

3장. 갈릴레오의 기하학 물질론 55
    1. 코페르니쿠스의 우주 체계를 위한 변명 56
    2. 기하학 원자론 65
    3. 운동론과 시간 82

4장. 데카르트의 운동학 기계론 I : 물체론 95
    1. 물체의 존재 증명 96
    2. 연장론 110
    3. 연장의 양태들로 환원주의 120

5장. 데카르트의 운동학 기계론 II : 운동론 129
    1. 운동론 130
    2. 자연 현상에 대한 설명 143
    3. 생명론으로 확장 153

17세기 자연 철학

6장. 홉스의 운동학 기계론 163
   1. 공간과 물체 164
   2. 운동과 코나투스 174
   3. 운동학 기계론의 인간론 188

7장. 뉴턴의 동력학 기계론 195
   1. 마술 전통의 부활 196
   2. 힘 개념 207
   3. 이단 신학 219

8장. 라이프니츠의 동력학 기계론 233
   1. 능동적 물체론 234
   2. 실체 개념의 진화 253
   3. 신비주의 전통의 계승 272

9장. 자연 철학에서 계몽주의로 283
   1. 뉴턴 과학 284
   2. 볼테르, 뉴턴 과학의 전도사 287
   3. 이성의 힘 289

- 참고문헌 293
- 찾아보기 300

17세기 자연 철학

운동학 기계론에서 동력학 기계론으로

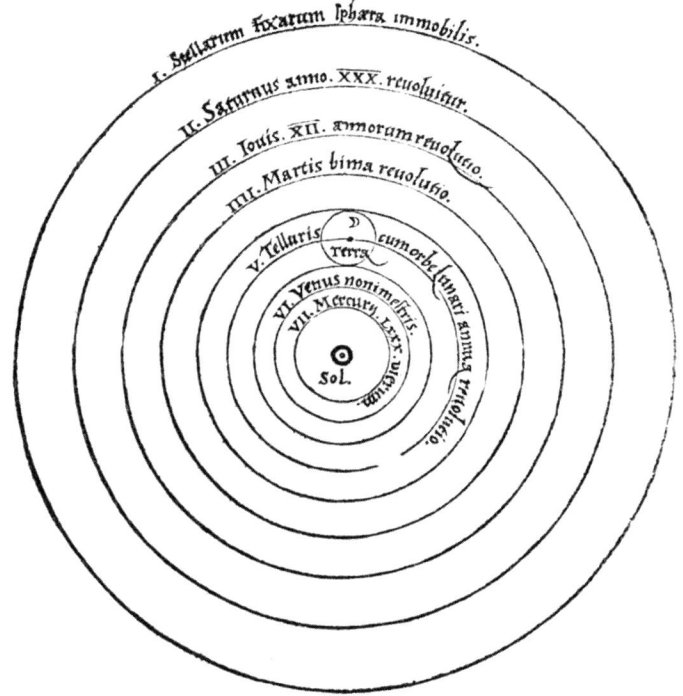

인쇄 기술이 발달하면서 과학 그림은 정확하게 많이 복제될 수 있었다. 또 과학 그림은 여기서 보듯이 책의 중앙을 쉽게 차지할 수 있었다. 이 그림을 본 사람이라면 누구나 코페르니쿠스의 학설이 지구가 아니라 태양(Sol)이 우주의 중심이라는 원리에 기초한다는 것을 의심할 수 없었다.(Cohen, Album of Science, New York: Charles Scribner's Sons, 1980)

.1장. 17세기 자연 철학의 흐름

과학[1]은 서양 근대 문화의 상징이다. 서양 근대 문화는 정치, 경제, 사회, 종교, 학문, 예술, 이념 등 여러 측면을 포괄하는 서양 근대인의 생각과 행동의 양식이기 때문에 그 성격을 간단하게 규정할 수 없다. 그러나 과학을 근대 이전 고대나 중세 문화의 상징으로는 쉽게 상상할 수 없는 데 비해, 근대 문화에서는 마치 중세 문화에서 기독교나 고딕 성당과 같은 상징 기능을 가진다.

서양의 근대는 과학 혁명의 시대다. 역사학자 버터필드H. Butterfield에 따르면 "과학 혁명은 기독교의 출현 이후 어떤 사건보다 더 중대한 사건이며 과학 혁명에 비하면 종교 개혁이나 르네상스는 중세 기독교 사회 안에서 일어난 작은 변화, 단순한 에피소드 수준을 벗어나지 않는다".[2] 과학 혁명은 16세기에는 천문학을 중심으로 일어나고 17세기에는 천상 물체뿐 아니라 지상 물체의 운동도 포괄해 다루는 역학을 중심으로 일어난다. 지구 중심 체계에서 태양 중심 체계로의 변혁이 상징하는 천문학 혁명은

---

1) 나는 이 책에서 16, 17, 18세기 '과학'은 "자연 철학"과 동의어로 사용할 것이다. '자연학'은 아리스토텔레스의 용어법에 따라 고중세의 과학을 가리키는 말로 사용할 것이며 데카르트는 "자연 철학" 대신 '자연학'이라는 말을 선호하므로 이에 따른다.
2) H. Butterfield, The Origins of Modern Science, 1300~1800, London : G. Bell and Sons Ltd, 1949, p. vii.

코페르니쿠스N. Copernicus, 1473~1543, 케플러J. Kepler, 1571~1630, 갈릴레오 등이 주역이고, 관성 원리와 중력 법칙이 대표하는 역학 혁명은 갈릴레오, 데카르트, 뉴턴, 라이프니츠 등이 주인공이다. 이 이름들이 근대 문화가 이전 문화에 비해 새로 갖춘 과학의 성격을 웅변한다.

과학 혁명은 고대와 중세 과학을 지배한 아리스토텔레스주의 자연학을 무너뜨리고 기계론이라 불리는 새 자연 철학을 낳는다. 그러므로 근대 기계론을 이해하기 위해서는 먼저 고중세 아리스토텔레스주의 자연학의 특징을 살펴볼 필요가 있다(1절). 그다음 나는 17세기 자연 철학이 운동학 기계론에서 동력학 기계론으로 이행하는 경향이 있다는 이 책의 테제를 제시할 것이다. 나의 테제는 17세기 자연 철학의 흐름을 대체로 동력학 기계론의 일관된 성장으로 보는 과학사 연구자, 웨스트폴R. Westfall의 견해에 의문을 던질 것이다(2, 3절).

1. 고중세 아리스토텔레스주의 자연학

눈은 보기 위해 있을까 아니면 눈이 있으니까 볼까? 같은 말인 듯하지만 눈이 보기 위해 있다는 말은 눈이 보는 목적을 가진다는 뜻이고 눈이 있으니까 본다는 말은 눈이 원인이고 보는 것은 결과라는 뜻이다. 눈이 있으니까 본다는 말은 눈의 목적을 고려하지 않는다. 마치 새의 날개가 날기 위해 있는 것이 아니라 새는 날개가 있으니까 난다는 말과 같다. 자연 현상에 목적이 있다고 보는 것이 아리스토텔레스Aristoteles, B.C. 384~B.C. 322의 목적론이다. 반면 자연 현상을 물체의 운동으로 설명하고 목적을 고려하지 않는 관점이 기계론이다.

근대 과학 혁명은 고대와 중세 시대의 과학을 지배한 아리스토텔레스주의 자연학을 무너뜨리고 기계론이라 불리는 새 자연 철학을 낳는다.

그러나 그 과정은 단순하지 않다. 근대 기계론의 새 원리를 발견한 자연 철학자가 고중세 자연학의 헌 원리를 고수하기도 하고, 아예 고중세 자연학의 낡은 원리를 바탕으로 근대 기계론의 새 원리를 발견한 자연 철학자도 있기 때문이다.

17세기 역학 혁명의 기폭제인 관성 원리를 발견한 갈릴레오는 관성 운동의 궤도가 직선이 아니라 원이라고 생각한다. 현대 물리학 교과서에 나오는 관성 운동의 궤도가 직선이라는 원리는 데카르트가 발견한다. 갈릴레오가 관성 운동의 궤도를 원이라고 생각하는 이유는 별들의 운동과 같은 원 운동이 완전한 운동이라는 아리스토텔레스의 관념에서 충분히 벗어나지 못했기 때문이다. 갈릴레오는 관성 운동이 지구 위에서 별들의 운동과 같은 완전한 운동이라고 생각한다.

영국의 생리학자 하비W. Harvey, 1578~1657는 피의 순환을 발견해 생리학에서 혁명을 일으킨다. 하비 이전에 생리학을 지배한 고대 그리스 의사 갈레노스Galenos, 129~199는 정맥으로 나간 피가 정맥으로 되돌아오고 동맥으로 나간 피는 동맥으로 되돌아온다고 주장한다. 하비는 아리스토텔레스의 대우주-소우주 유비를 바탕으로 정맥과 동맥이 실핏줄로 연결되어 피가 순환하는 운동을 착안한다.[3] 대우주에서 별들이 원을 그리며 운동하듯이 소우주인 사람도 피가 닫힌 곡선을 그리며 운동한다.

고중세 아리스토텔레스주의 자연학은 포괄하는 범위가 매우 넓다. 이 자연학은 우선 아리스토텔레스의 『자연학』Physica에 담겨 있는 천문학, 역학, 생물학과 그 철학 배경을 이루는 논리학, 형이상학의 일부를 포함한다. 또 이 자연학은 아리스토텔레스의 영향을 받아 기원전 약 3세기부터 기원후 2세기까지 헬레니즘 시기에 성립한 그리스 자연학, 즉 에우클

---

3) W. Pagel, "William Harvey and the Purpose of Circulation", Isis 42, 1951, pp. 22~38.

레이데스Eucleides, B.C. 330~B.C. 260의 기하학, 프톨레마이오스Ptolemaeos, 83?~161?의 지구 중심 우주 체계, 갈레노스의 생리학 등도 포함한다. 5세기부터 10세기까지 중세 유럽의 암흑 시기를 지나 11~12세기 성당 학교, 12~13세기 대학에서 가르친 아리스토텔레스와 헬레니즘의 자연학과 아리스토텔레스의 철학을 계승한 중세 스콜라주의 자연학도 아리스토텔레스주의 자연학에 속한다. 스콜라주의 자연학은 대학에서 아리스토텔레스의 자연학을 가르치는 것을 금지하는 13세기 금지령 위기를 극복하고, 아리스토텔레스주의를 비판하는 자연학까지 소화해 15세기 초쯤 최고조에 이른다.

아리스토텔레스주의 자연학은 근대 기계론이 무너뜨리는 두 가지 기본 구분을 바탕으로 삼는다. 하나는 달을 포함하는 완전한 천상계와 그 아래 불완전한 지상계의 구분이고, 또 하나는 본성에 따른 자연natural 운동과 외부 운동 원인mover에 의한 강제violent 운동의 구분이다. 아리스토텔레스에 따르면 지상 물체는 자연 운동과 강제 운동을 모두 하지만 천상 물체는 자연 운동만 한다. 천상 물체의 자연 운동은 별들의 원 운동이고 지상 물체의 자연 운동은 연기처럼 수직으로 상승하거나 돌처럼 수직으로 하강하는 운동이다. 지상 물체의 강제 운동은 외부 운동 원인인 손을 떠난 돌이 그리는 포물선 운동처럼 수직 상승 하강 운동을 제외한 나머지 모든 운동이다.

아리스토텔레스는 지상 물체와 천상 물체의 자연 운동이 서로 다른 원인을 구성 원소의 차이로 설명한다. 그는 고대 그리스 철학자 엠페도클레스Empedocles, B.C. 490?~B.C. 430?의 4원소론을 받아들여 흙, 물, 공기, 불을 지상 물체의 네 가지 구성 원소로 본다. 이 원소론에 따르면 흙과 물의 본성은 무거움, 공기와 불의 본성은 가벼움이다. 그러므로 흙과 물을 주성분으로 가진 지상 물체는 무거운 본성에 따라 하강하고 공기와 불을 주성분으로 가진 지상 물체는 가벼운 본성에 따라 상승한다. 그러나 천상 물체는 네 가지 원소로 구성되지 않고 제5원소로 구성된다. 제5원소의 본성이 원 운동하는 것이기 때문에 제5원소로 구성된 별들은 원을 그린다. 아리스토텔레스는 제5원소를 '에테르'aether라 부르기도 한다.

헬레니즘 시기에 성립한 자연학은 모두 아리스토텔레스의 자연학과 연결된다. 에우클레이데스의 『기하학 원론』Stoicheia은 아리스토텔레스가 논리학 원리들을 정의definitions, 가설hypothesis, 공리axioms의 순으로 배열한 것과 비슷하게 기하학 원리들을 정의, 공준postulates, 일반 개념common notions의 순으로 배열한 공리 연역 체계를 가진다. 헬레니즘 시기에는 지구의 자전과 공전을 주장한 아리스타르코스Aristarchos, B.C. 310?~B.C. 230?의 태양 중심설도 나온다. 그러나 프톨레마이오스는 천체들이 왜 구형이며 지구로 떨어지지 않고 궤도 운동하는지를 설명하기 위해 아리스토텔레스의 에테르 가설을 채택한다. 아리스토텔레스에 따르면 에테르가 모양이 구형이고 본성이 원 운동하는 것이므로 에테르로 구성된 천상 물체인 별들은 원을 그린다. 갈레노스의 생리학도 아리스토텔레스주의 자연학의 네 원소, 즉 불, 흙, 물, 공기를 각각 뜨겁고 차갑고 습하고 마른 네 성질과 연결한 데 기초해 생리 현상을 설명한다.[4]

1200년 무렵 유럽 학문의 중심지는 파리, 볼로냐, 옥스퍼드 대학들이다. 대학의 교양 과정에서 점차 아리스토텔레스의 논리학과 자연학이 중요한 위치를 차지하자 신학자들은 이 자연학 속에 우주의 영원을 주장하고 영혼의 불멸을 거부하는 등 기독교 교리와 어긋나는 내용이 들어 있다고 반발한다. 1215년 파리 대학에서 아리스토텔레스주의 철학의 교육이 금지되어 약 40년 동안 이어진다. 또 1277년 파리 주교 탕피에É.

---

4) 헬레니즘 과학에 대한 대표적 연구 성과는 다음 책이다. G. Lloyd, Greek Science After Aristotle, New York: W. W. Norton & Company, Inc., 1973.

Tempier, ?~1279는 토마스 아퀴나스T. Aquinas, 1225~1274를 비롯한 아리스토텔레스주의 저술에서 찾아낸 219개의 잘못된 명제에 유죄 판결을 내리고 금지령을 선포한다.[5]

금지령은 연구와 표현의 자유를 제한한다. 그러나 과학사 연구자 뒤앙P. Duhem에 따르면 1277년 금지령은 오히려 중세 과학을 아리스토텔레스의 속박에서 해방해 과학 혁명에 이바지한 측면도 있다.[6] 20세기 과학사 연구자들은 아리스토텔레스주의 역학을 개량하고 근대 자연 철학의 싹을 키운 "중세 역학"을 발굴해 뒤앙의 견해를 뒷받침했다.[7]

중세 역학이 다룬 문제들 가운데 역학 혁명의 싹을 볼 수 있는 좋은 예는 뷔리당J. Buridan, 1300~1358의 '임페투스' impetus 개념이 다룬 "외부 운동 원인"mover의 문제다. 아리스토텔레스는 손을 떠난 돌의 외부 운동 원인이 처음에는 손이지만 그다음에는 공기라고 주장한다. 진공을 거부한 아리스토텔레스에 따르면 돌이 공기 속에서 계속 날아가는 이유는 돌이 전진할 때 돌 뒤에 진공이 생기는 것을 막기 위해 돌 앞쪽에 있는 공기 입자가 재빨리 뒤로 돌아와 돌의 뒷면을 밀기 때문이다. 이 궁색한 설명은 외부 운동 원인이 계속 작용해야 강제 운동이 일어난다는 원리를 지킨 것이다. 그러나 이 설명은 가벼운 공기가 어떻게 무거운 돌을 밀 수 있는지, 또 만일 돌이 뾰족한 면을 뒤로 한 채 거꾸로 날아가면 공기가 어떻게 뾰족한 돌을 밀 수 있는지 등 여러 가지 의문을 낳는다. 뷔리당은 임페투스

---

5) D. Lindberg(ed.), Science in the Middle Ages, Chicago : The University of Chicago Press, 1978, pp. 91~144, 461~482.
6) E. Grant, Physical Science in the Middle Ages, New York : John Wiley & Sons, Inc., 1971, pp. 20~35.
7) 중세 과학에 관한 대표적 연구 성과는 다음과 같다. D. Lindberg(ed.), Science in the Middle Ages. ; E. Grant, Physical Science in the Middle Ages. ; P. Duhem, Medieval Cosmology: Theories of Infinity, Place, Time, Void, and the Plurality of Worlds, trans. & ed. R. Ariew, Chicago : The University of Chicago Press, 1985.

개념을 도입해 이 의문에 대답한다. 임페투스는 이슬람 과학에서 '우편물' mail이라 불리는 개념이고 무게와 속력의 곱으로 결정된다. 임페투스 개념을 도입하면 날아가는 돌은 처음에 손에게 받은 임페투스가 공기의 저항에 의해 고갈될 때까지 계속 날아간다고 설명할 수 있다. 임페투스 역학은 14세기 파리 대학을 중심으로 수용된다.

임페투스 역학은 외부의 물질corporeal 운동 원인 대신 내부의 비물질 incorporeal 운동 원인을 가정한다. 또 임페투스 역학은 비록 실현되지 않지만 근대 역학의 싹도 지니고 있다. 이 역학에서 돌은 그 임페투스가 외부의 작용에 의해 고갈되지 않으면 영원히 날아간다는 논리 귀결이 나온다. 이 귀결은 물체가 외부의 방해 작용이 없으면 운동을 유지한다는 관성 원리를 포함한다. 또 임페투스 역학에서 낙하하는 돌은 무게와 속력의 곱으로 결정되는 임페투스가 증가하니까 가속된다고 볼 수 있다. 갈릴레오는 비록 임페투스 개념에서 역학 원리를 이끌어 내지 않지만, 초기에 쓴 『운동에 대해』 De Motu, 1590에서 임페투스 이론을 받아들여 속도, 힘, 저항 사이의 관계를 다룬 적이 있다.

근대 자연 철학은 고대와 중세의 자연학에 대해 단절과 계승의 이중 관계를 맺는다. 근대 자연 철학의 특성을 한마디로 규정할 때 첫손가락에 꼽히는 용어는 '기계론'이다. 기계론은 물체의 운동으로 자연의 모든 현상을 설명하는 관점이다. 물체는 거시 물체뿐 아니라 미시 입자도 포함한다. 갈릴레오부터 뉴턴까지 17세기 자연 철학자들은 아리스토텔레스주의 자연학의 형상이나 목적 대신 물체의 운동으로 모든 자연 현상을 설명하는 공통점을 지닌다. 기계론은 근대 자연 철학이 고중세 자연학과 단절하는 측면이다.

그러나 역사에서 단절은 대부분 깔끔하지 않고 과학의 역사도 마찬가지다. 근대 기계론은 세밀하게 보면 고대와 중세의 아리스토텔레스 자연학을 계승하는 측면도 있다. 갈릴레오는 원 운동이 완전하다는 아리스토텔레스 자연학의 관념에서 철저하게 벗어나지 못한다. 라이프니츠는 동력학의 형이상학을 재구성하면서 아리스토텔레스의 목적론을 되살리기도 한다.

　　근대 기계론은 고중세 자연학뿐 아니라 중세 역학과도 연속과 단절의 이중 관계를 맺는다. 중세 역학은 대학교에서 아리스토텔레스주의 자연학을 가르치는 일이 금지된 틈을 타 물체가 외부 운동 원인 대신 임페투스와 같은 내부 운동 원인에 의해 운동한다는 이론을 생산한다. 중세 역학의 이 이론은 논리 면에서 근대 역학의 관성 원리나 자유 낙하 원리를 예견한다. 그러나 실제로는 중세 역학이 근대 역학에 영향을 미치지 못한다. 근대 기계론은 중세 역학을 논리로는 계승하지만 실제로는 계승하지 않는다.

2. 운동학 기계론

아리스토텔레스주의 자연학은 중세 역학이 등장한 뒤에도 급격히 변하지 않고 16세기 말까지 살아남아 있다가 17세기부터 무너지기 시작한다. 데카르트의 자연 철학은 고대와 중세에 걸쳐 2,000년 동안 버틴 아리스토텔레스주의 자연학을 전면 부정하는 근대 기계론의 정점이다.

　　데카르트의 기계론은 정신과 물체의 이원론이라고 부르는 형이상학 원리가 배경을 이룬다. 데카르트의 이원론에 따르면 정신은 "사유하는 것"res cogitans이라고 능동형 분사로 표현되듯이 활동성을 지니지만, 물체는 "연장된 것"res extensa이라고 수동형 분사로 표현되듯이 비활성을 지닌다. 물체의 비활성은 물체 속에 스스로 운동하는 원인이 없다는 뜻이다. 데카르트의 물체는 수동적인 것이다. 따라서 물체가 본성에 따라 스스로 하는 운동이라고 아리스토텔레스가 규정한 자연 운동이 데카르트에게는 있을 수 없다.

물체가 스스로 운동할 수 없다면 무엇이 물체에 운동을 일으킬까? 데카르트의 대답은 신이다. 태초에 신이 모든 물체를 창조할 때 운동을 부여했다. 그렇다면 그 후 물체가 운동을 지속하게 만드는 것은 무엇일까? 데카르트의 대답은 아무것도 필요 없다는 것이다. 신의 작용은 항상 똑같고 불변하므로 물체 전체의 운동도 신이 처음에 부여한 것과 똑같은 양으로 보존되기 때문이다. 비록 개별 물체의 운동은 다른 물체와 충돌에 의해 변할 수 있지만, 개별 물체는 운동을 포함한 자신의 상태를 가능한 한 지속하려는 경향을 지닌다. 물체가 자신의 상태를 지속하려는 경향이 데카르트의 관성이다.

데카르트는 갈릴레오가 원으로 본 관성 운동의 궤도를 직선으로 수정한다. 데카르트가 관성 운동의 궤도를 직선으로 본 근거는 원 운동하는 물체가 직선으로 운동하려는 성향을 가진다는 점이다. 예를 들어 줄에 묶어 손으로 돌리는 돌은 원 운동에서 벗어나 직선으로 날아가려는 성향이 있다. 데카르트에 따르면 물체는 이 돌의 예에서 손과 줄처럼 외부의 어떤 작용이 직선 궤도를 그리지 못하게 할 때만 곡선 궤도를 그린다. 따라서 외부에서 아무 작용도 없을 때 물체가 그리는 관성 운동의 궤도는 직선이다.

물체가 비활성이고 물체의 본성이 연장, 즉 공간을 차지하는 것이라는 데카르트의 관점은 그 뒤 많은 비판을 받지만 17세기 자연 철학의 흐름 속에서 적어도 세 가지 의미를 지닌다. 첫째, 이 관점은 아리스토텔레스주의 자연학 전통과 철저하게 단절하는 것을 의미한다. 아리스토텔레스주의 자연학의 기초를 이루는 두 가지 구분, 즉 천상계와 지상계의 구분, 자연 운동과 강제 운동의 구분은 비활성 물체의 운동 앞에서는 성립할 수 없다. 데카르트에 따르면 물체는 천상계에 있든 지상계에 있든 본성에 따라 스스로 자연 운동을 할 수 없기 때문이다. 데카르트는 이 단절을 분명히 의식하고 있기 때문에 『방법 서설』Discours de la méthode, 1637에서 헌 철학 체계를 허물고 새 철학 체계를 세우려는 의지를 뚜렷이 밝히고, 방법적 회의라는 복잡한 성찰을 거쳐 새 철학 체계의 바탕을 이루는 형이상학을 마련한다.

둘째, 물체의 본성이 연장이라는 데카르트의 관점은 자연 철학에서 기하학 추론을 사용할 수 있는 형이상학 근거를 제공한다. 데카르트는 물체의 본성을 연장으로 봄으로써 물체를 기하학 공간과 동일시하고 물체에 관한 자연 철학의 증명에 기하학의 증명과 똑같은 엄밀성을 부여한다.

셋째, 물체가 비활성이라는 데카르트의 관점은 물체에서 능동성을 지닌 모든 원리를 배격하는 의미를 지닌다. 연금술, 점성술, 민간 의술 등 16세기 자연 마술은 자연이 신비한 힘으로 가득 차 있다는 견해를 공유한다. 자석 연구의 선구자, 길버트W. Gilbert, 1544~1603는 이 신비한 힘을 '공감' sympathy과 '반감' antipathy으로 보고 이 힘을 지닌 자기磁氣가 모든 사물 속에 있는 "활성 원리"active principle라고 주장한다. 연금술사이며 의사인 파라셀수스Paracelsus, 1493~1541를 신봉한 화학자, 생리학자 얀 판 헬몬트Jan B. van Helmont, 1577~1644도 모든 사물 속에 퍼져 있는 '정기'spirits를 "생명 원리"vital principle로 본다. 그에 따르면 예를 들어 살인자가 다가올 때 피살자가 전율을 느끼는 까닭은 핏속에 있는 정기가 적을 감지하고 분노로 들끓기 때문이다. 그러나 물체 속에 스스로 운동하는 원리가 없다고 보는 데카르트에게는 활성 원리도 생명 원리도 있을 수 없다.[8]

---

8) R. Westfall, The Construction of Modern Science: Mechanisms and Mechanics, New York: John Wiley & Sons, Inc., 1971, pp. 25~33.

데카르트는 물체의 운동으로 모든 자연 현상을 설명하는 체계를 대안으로 제시한다. 그는 과학을 포함하는 철학의 교과서로 쓴 『철학 원리』 Principia Philosophiae, 1644의 3부와 4부에서 빠트린 현상이 없다고 자신할 정도로 매우 다양한 자연 현상을 설명한다. 3부는 태양, 항성, 혜성, 행성, 지구, 달의 형성, 크기, 빛, 위치, 모양, 운동과 특별히 태양의 흑점 등 주로 천문학 현상을 다룬다. 4부는 지상 물체의 형성, 무거움, 빛, 열과 공기, 물, 불, 광물, 지진, 유리, 자석의 성질과 특별히 감각의 성질 등 주로 지상 역학 현상을 다룬다. 그리고 데카르트는 이 모든 현상을 설명한 뒤 모양, 크기, 운동에 대한 관념들에서 이 현상에 대한 지식을 필연적으로 도출했다고 스스로 평가한다.[9]

데카르트가 실제로 다양한 자연 현상을 설명할 때 중심으로 삼은 개념들, 즉 모양, 크기, 운동 속력은 모두 기하학으로 표현할 수 있는 개념들일 뿐 아니라 힘 개념 없이 운동을 설명하는 운동학kinematics의 개념들이다. 17세기 자연 철학에서 운동에 대한 다양한 이론을 운동학과 동력학dynamics으로 나누는 핵심 기준은 힘 개념의 도입 여부다. 동력학은 예를 들어 자유 낙하하는 물체가 등가속으로 운동하는 원인을 힘으로 보지만, 운동학은 힘으로 보지 않는다. 데카르트는 낙하하는 물체와 공기 입자의 크기, 모양, 속력과 독특한 소용돌이 가설로 낙하의 원인을 설명한다. 데카르트에게도 힘 개념이 있지만 이 개념은 운동을 일으키는 힘이 아니라 운동하는 물체가 운동 상태를 유지하려는 힘이다. 데카르트의 기계론은 동력학과 같은 힘 개념에 의존하지 않기 때문에 운동학 기계론이라 부를 수 있다.

---

9) R. Descartes, Principles of Philosophy, trans. J. Cottingham, R. Stoothoff, and D. Murdoch, The Philosophical Writings of Descartes, vol. 1(2 vols.), Cambridge : Cambridge University Press, 1987, p. 288.

홉스의 자연 철학도 운동학 기계론의 전형이다.[10] 홉스는 철학 체계를 크게 세 부분, 자연 물체 natural bodies, 인간 몸 human bodies, 인공 물체 artificial bodies에 관한 철학으로 나눈다. 인공 물체는 그가 구약 성서에 나오는 거대한 동물의 이름을 빌려 '리바이어던' Leviathan이라 부른 국가를 가리킨다. 그리고 홉스는 물체 body의 운동에 관한 이론을 철학 체계 전체의 기초로 본다. 그는 물체의 운동을 자연 현상에 적용하는 데 그치지 않고 사람의 감각과 욕망으로 확대 적용한다. 그래서 철학사 연구자들은 홉스를 데카르트보다 더 철저한 기계론자라고 평가하기도 한다.[11]

홉스가 실제로 자연 현상을 설명할 때 중심으로 삼은 개념은 '코나투스' conatus다. 그의 코나투스는 비록 라이프니츠와 뉴턴의 초기 자연 철학에 힘의 선행 개념으로서 흔적을 남기지만 힘처럼 운동의 원인이 아니라 운동 자체를 의미한다. 홉스의 코나투스는 운동의 아주 작은 단위다. 따라서 홉스의 기계론도 데카르트의 기계론과 마찬가지로 힘 개념 없이 운동을 설명하는 운동학 기계론의 성격을 지닌다.

데카르트와 홉스의 운동학 기계론은 자연 현상을 정량적 quantitative 공식으로 설명하지 않고 정성적 qualitative 개념으로 설명하는 한계도 공유한다. 예를 들어 공기 중의 물체가 떨어지는 중력 현상이 초마다 약 10m의 가속도로 일어난다는 갈릴레오의 설명이나 같은 중력 현상이 물체와 지구 사이에 거리의 제곱에 반비례하는 힘이 있기 때문에 생긴다는 뉴턴의 설명은 수학으로 표현할 수 있는 정량적 설명이다. 그러나 중력 현상이 물체의 무거운 본성 때문에 일어난다는 아리스토텔레스의 설명이나 물체로 꽉 찬 공간에서 소용돌이 때문에 일어난다는 데카르트의 설명은 정성적 설명이다.

---

10) 서양 근대 철학회, 『서양 근대 철학의 열 가지 쟁점』, 창작과비평사, 2004, 23~25쪽.
11) 서양 근대 철학회, 『서양 근대 철학』, 창작과비평사, 2001, 197~199쪽.

근대 자연 철학이 진화하면서 고중세 아리스토텔레스주의 자연학에 비해 궁극적으로 갖추는 한 가지 특징은 자연 현상을 수학화 또는 기하학화하는 것이다. 이는 자연 현상을 원칙적으로 수학화 또는 기하학화할 수 있는 개념들, 예를 들어 크기, 모양, 운동 속력 등으로 설명하는 데 그치지 않고 실제로 수식이나 기하학 도형을 사용해 정량적 공식으로 표현하고 증명한다는 뜻이다. 데카르트와 홉스는 자연 현상을 기하학화할 수 있다고 주장하지만 자연 현상에 대한 그들의 설명에는 수나 기하학 증명은 별로 없고 말이 많다.

3. 동력학 기계론

근대 자연 철학의 중요한 특징인 자연의 수학화를 철저하게 실현하는 디딤돌은 뉴턴이 힘 개념을 도입하면서 마련한다. 그러나 뉴턴이 처음부터 역학에 힘 개념을 도입한 것은 아니다. 뉴턴은 1675년 「빛의 성질을 설명하는 가설」An Hypothesis Explaining the Properties of Light에서 에테르 가설을 채택한다. 이 가설에 따르면 공간은 에테르로 꽉 차 있고 에테르의 밀도가 바뀌면서 에테르를 통과하는 빛 입자의 방향이 변하며 모든 광학 현상은 이 방향 변화로 설명할 수 있다. 뉴턴은 광학 현상 외에 감각, 근육 작용, 응집, 무거움 등도 에테르 가설로 설명한다.[12] 그러나 뉴턴은 결국 『자연 철학의 수학 원리』Philosophiae Naturalis Principia Mathematica, 1687에서 에테르 가설을 포기하고 힘 개념을 도입한다.

뉴턴이 역학에 힘 개념을 도입한다는 것은 그가 물체들 사이에서 거리의 제곱에 반비례하는 힘을 처음 발견했다는 뜻이 아니다. 1680년대

---

12) R. Westfall, The Construction of Modern Science: Mechanisms and Mechanics, pp. 140~141.

영국 왕립 학회The Royal Society는 이미 태양과 행성들 사이에 작용하는 힘에 관해 논의한다. 렌Ch. Wren, 1632~1723, 훅R. Hooke, 1635~1703, 핼리E. Halley, 1656~1742는 서로 다른 경로를 통해 이 힘이 거리의 제곱에 반비례한다는 역제곱 법칙을 알게 된다. 그러나 이들은 역제곱 법칙을 사용해 케플러의 행성 운동 법칙을 수학 또는 기하학으로 증명하지 못한다. 1684년 1월 왕립 학회에서 이 문제가 다시 거론되자 훅은 이미 역제곱 법칙을 사용해 천체의 운동을 증명했다고 주장한다. 그러나 훅은 이 증명을 공개하지 않으려 하고 렌과 핼리는 훅의 주장을 믿지 않는다. 핼리는 몇 해 전 혜성의 궤도 문제를 토론하기 위해 만난 적이 있는 케임브리지의 유능한 수학자 뉴턴을 떠올리고 같은 해 8월 뉴턴을 방문한다.

핼리는 뉴턴에게 태양과 행성 사이에 작용하는 힘이 거리의 제곱에 반비례하면 행성이 그리는 궤도가 어떤 곡선인지를 묻는다. 뉴턴은 즉시 타원이라고 대답한다. 핼리가 어떻게 타원이라고 확신할 수 있는지를 다시 묻자 뉴턴은 계산으로 증명한 적이 있다고 말한다. 그러나 뉴턴은 그 계산 과정을 적은 자료를 찾지 못하고 핼리에게 곧 다시 증명해서 보내주겠다고 약속한다. 뉴턴은 1684년 11월까지 새 계산을 담은 논문「물체의 궤도 운동에 관해」De Motu Corporum in Gyrum를 완성해 핼리에게 보내고, 11월 다시 방문한 핼리는 운동에 관해 더 체계적인 책을 쓰라고 설득한다. 1686년 4월에 원고가 완성되고 출판 책임자 핼리에게 전달된다. 핼리는 두 대의 인쇄기로 작업에 박차를 가해 1687년 7월 5일『자연 철학의 수학 원리』를 출판한다.[13]

『자연 철학의 수학 원리』에서 뉴턴은 역학을 쉬운 대수학이 아니라 어려운 기하학의 언어로 쓴 이유와 관찰과 실험을 중시하는 방법, 즉 "운

---

13) 김동원, 「뉴턴의 〈프린키피아〉」, 『과학사상』 3호, 1992년 가을, 219~230쪽.

동 현상에서 여러 가지 힘을 탐구하고 이렇게 얻은 힘들로 다른 현상을 증명하는"[14] 방법을 밝힌다. 그다음 뉴턴은 1권에 들어가기 전에 에우클레이데스가 『기하학 원론』을 정의, 공준, 일반 관념으로 구성한 것과 비슷하게 질량, 운동량, 관성, 구심력 등에 관한 8개의 정의, 절대 공간과 절대 시간, 운동 위치에 관한 주석, 세 가지 운동 법칙을 설명한다.

1권에서 뉴턴은 저항 없는 공간에서 물체의 운동을 분석한다. 그는 구심력의 영향을 받으면서 운동하는 물체가 케플러의 제2행성 운동 법칙, 즉 행성의 궤도 반지름이 같은 시간 동안 같은 면적을 그리며 운동하는 법칙에 따른다는 사실을 미적분법에 기초해 기하학으로 증명한다. 또 구심력이 거리의 제곱에 반비례한다는 것도 증명한다. 2권은 저항 있는 매질 속에서 물체의 운동을 다룬다. 우주의 구조를 다루는 3권은 자연 철학의 네 가지 추론 규칙, 행성과 위성에 관한 여섯 가지 현상, 천체들의 운동과 현상을 중력으로 세밀하게 분석한 명제들로 구성되어 있다.

뉴턴이 초기의 에테르 가설을 포기하고 『자연 철학의 수학 원리』에서 힘 개념을 도입한 목적은 역학의 수학화다. 힘 개념을 도입한 덕분에 뉴턴은 자연 현상을 정성적으로 설명하는 데카르트와 홉스의 운동학 기계론에서 벗어나 갈릴레오의 전통에 따라 천상 물체와 지상 물체를 포함하는 역학 현상을 철저하게 정량화한다. 17세기 자연 철학의 모험은 갈릴레오와 뉴턴의 노선에 따라 동력학 기계론을 확립하고 근대 과학 혁명을 완성한다.

근대 과학사 연구자 웨스트폴의 저작 『뉴턴 물리학에서 힘: 17세기 동력학』Force in Newton's Physics: The Science of Dynamics in the Seventeenth Century, 1971 은 갈릴레오부터 데카르트, 하위헌스(호이겐스)Christian Huygens, 1629~ 1695,

---

14) I. Newton, Mathematical Principles of Natural Philosophy, trans. A. Motte(1729), revised by F. Cajori, Berkeley : University of California Press, 1960, pp. xvii~xviii.

라이프니츠 등을 거쳐 뉴턴까지, 17세기 자연 철학의 역사를 동력학의 발달이라는 관점에서 일관성 있게 해석한 뛰어난 연구 성과다. 그러나 나는 17세기 자연 철학의 흐름을 좀더 정확하게 이해하려면 운동학 기계론에서 동력학 기계론으로의 이행이라는 관점을 가져야 한다고 생각한다. 17세기 자연 철학의 흐름은 다른 역사와 마찬가지로 연속과 단절의 측면을 함께 가지고 있는데 웨스트폴의 관점은 연속의 측면을 부각하고 단절의 측면을 잘 보여 주지 못한다.

웨스트폴에 따르면 갈릴레오는 비록 뉴턴처럼 힘 개념을 제2운동 법칙, 즉 "운동의 변화는 강제된 운동 힘에 비례한다"[15]는 법칙으로 완성하지 못하지만, 관성 원리와 자유 낙하 원리를 통해 이 동력학 법칙으로 가는 길을 연다. 관성 원리는 운동하는 물체가 계속 운동하려면 외부의 운동 원인이 필요하다는 아리스토텔레스의 원리를 거부하고 운동이 아니라 운동의 변화에 원인이 필요하다고 말해 주기 때문이다. 또 갈릴레오의 자유 낙하 원리도 등속 운동에는 원인이 따로 필요 없고 무게는 속도 변화, 즉 등가속의 원인이라고 시사한다.

그러나 웨스트폴에 따르면 갈릴레오는 몇 가지 한계 때문에 제2운동 법칙을 정식화하는 데까지 나아가지 못한다. 갈릴레오는 자연 운동과 강제 운동을 구분하는 아리스토텔레스의 관념에 얽매여 있다. 그는 자유 낙하 운동을 아리스토텔레스처럼 자연 운동으로 보기 때문에 자유 낙하의 등가속 운동을 강제 운동, 예를 들어 돌을 위로 던지는 운동에 확대 적용하지 않는다. 또 갈릴레오는 자유 낙하 운동에서 무게의 역할을 충분히 이해하지 못해서 자유 낙하 운동의 분석을 수평 방향의 가속 운동과 구심력에 의한 원 운동으로 일반화하지도 않는다.[16]

---

15) I. Newton, Mathematical Principles of Natural Philosophy, p. 13.

나는 갈릴레오의 역학이 적어도 그 형이상학 배경에 비추어 보면 웨스트폴의 견해와 달리 동력학의 성격보다 운동학의 성격이 강하다고 생각한다. 운동의 원인에 대한 갈릴레오의 설명은 기하학 물질론에 기초한다는 뜻에서 형이상학 성격을 지닌다. 그리고 이 형이상학 설명은 뉴턴처럼 힘 개념으로 환원되지 않고 원자, 공간, 시간 등 기하학화할 수 있는 성질들로 환원된다는 뜻에서 동력학이 아니라 운동학의 성격을 강하게 드러낸다.

한편 웨스트폴에 따르면 물체의 운동에 대한 데카르트의 분석도 동력학의 핵심 문제, 즉 운동을 일으키는 원인이 아니라 운동의 변화를 일으키는 원인이 무엇이냐는 문제를 제기할 뿐 아니라 거의 모든 운동 변화를 단 하나의 인과 작용인, 즉 충돌로 환원하는 데까지 나아간다. 그러나 데카르트는 정량적 동력학을 정식화하지 못한다. 웨스트폴에 따르면 그 이유는 데카르트가 사용한 개념들이 이 정식화를 방해하기 때문이다. 웨스트폴은 예를 들어 데카르트에게도 '힘' power 개념이 있지만 이 힘 개념은 어떤 물체가 겪는 운동의 변화가 아니라 그 물체가 충돌을 통해 다른 물체에 작용하는 능력을 의미한다고 주장한다.[17]

나는 데카르트의 힘 개념이 운동의 변화가 아니라 물체의 작용 능력을 의미한다는 웨스트폴의 해석에 동의한다. 그러나 나는 이 해석이 데카르트의 물체가 능동성을 지니지 않고 수동성을 지닌다는 운동학 기계론의 원리를 약화할 수 없다고 생각한다. 물체가 다른 물체에 작용하는 힘을 가진다고 해서 능동적인 것이라고 볼 수 없다. 왜냐하면 데카르트의

---

16) R. Westfall, Force in Newton's Physics : The Science of Dynamics in the Seventeenth Century, New York : American Elsevier, 1971, pp. 30~47.
17) R. Westfall, Force in Newton's Physics : The Science of Dynamics in the Seventeenth Century, p. 59, 63~64.

힘은 물체의 상태를 지속하려는 힘이지 그 상태를 바꾸려는 힘이 아니기 때문이다. 이 힘은 물체가 가능한 한 똑같은 상태를 지속하려는 경향에서 유래한다. 물체가 자신의 상태를 똑같이 지속하려는 힘을 가진다면 물체는 자신의 상태를 바꾸는 원인을 내부에 가질 수 없고 이런 뜻에서 물체는 수동적이다.

웨스트폴의 저서는 동력학의 일관된 성장이라는 관점을 제외하더라도 17세기 자연 철학의 흐름에 관해 풍부한 정보와 훌륭한 해석을 제공한다. 나는 앞으로 17세기 자연 철학자들을 다루면서 웨스트폴의 해석을 세부적으로 검토하고 평가할 것이다. 그러나 우선 나는 웨스트폴의 관점에 대해 한 가지 의문을 지울 수 없다. 그 의문은 웨스트폴이 17세기 자연 철학의 여러 문제와 해답의 특성을 동력학으로 규정하는 기준이 일의적이지 않다는 것이다.

웨스트폴은 동력학을 넓게는 운동의 원인을 설명하는 과학으로 규정하기도 하고 좁게는 운동 변화의 원인을 힘으로 설명하는 과학으로 규정하기도 한다. 그래서 웨스트폴에 따르면 물체의 운동 속력이 힘에 비례하고 저항에 반비례한다는 아리스토텔레스의 강제 운동 원리도 동력학의 관점에서 이루어진 운동 분석이고, 갈릴레오가 자유 낙하 원리를 통해 그리고 데카르트가 관성 원리를 통해 시사한 운동 변화의 원인에 대한 이해도 동력학의 문제 제기이고 해답이다.[18]

나는 고중세 아리스토텔레스주의 자연학과 근대 자연 철학의 차이, 나아가 17세기의 다양한 자연 철학들 또는 기계론들 사이의 차이를 좀더 분명하게 밝히기 위해서는 동력학의 정의를 좁게 제한할 필요가 있다고 생각한다. 동력학의 좁은 의미는 라이프니츠의 규정, 즉 힘의 과학이라는

---

18) R. Westfall, Force in Newton's Physics : The Science of Dynamics in the Seventeenth Century, pp. 3~4, 7~8, 59.

규정이다. 라이프니츠가 동력학을 힘의 과학으로 규정하는 맥락은 연장이 물체의 유일한 본성이라는 데카르트의 견해를 비판하는 데서 비롯한다. 라이프니츠에 따르면 만일 연장이 물체의 유일한 본성이고 운동이나 정지는 물체의 본성과 무관한 상태라면 아주 작은 운동 물체가 그 속력을 조금도 줄이지 않은 채 아주 큰 정지 물체와 충돌해 그 물체를 움직일 수 있다는 틀린 결론이 나온다. 물체는 운동이나 정지에 무관하지 않고 다른 물체가 자신을 움직이는 데 저항한다. 그러므로 라이프니츠는 물체 속에 연장과 같은 순수 기하학 성질 외에도 다른 성질, 즉 힘이라는 성질이 있다고 주장한다. 연장보다 힘이 우선이며 연장이나 운동은 힘의 표현이다. 라이프니츠에 따르면 힘이 물체와 운동 모두의 기본이므로 동력학, 즉 힘의 과학이 자연에 대한 기본 과학이다.[19]

동력학을 힘의 과학 또는 힘으로 운동 변화의 원인을 설명하는 과학이라고 좁게 정의하면 라이프니츠가 데카르트를 비판하는 데서도 잘 드러나듯이 17세기 자연 철학들 사이의 차이를 운동학과 동력학의 차이로 좀더 분명하게 알 수 있다. 그리고 17세기 자연 철학의 흐름도 힘 개념 없이 운동을 설명하는 운동학 기계론에서 동력학 기계론으로 이행한다는 관점에서 새롭게 이해할 수 있다. 나는 운동학 기계론에서 동력학 기계론으로의 이행이라는 관점을 17세기 자연 철학의 흐름을 읽는 틀로 삼을 것이다.

---

19) 자세한 설명은 8장 「라이프니츠의 동력학 기계론」 1절 '능동적 물체론'을 참고.

세 명의 위대한 연금술사. 베네딕토회 수도사인 바질 발랑탱, 토마스 노턴과 웨스트 민스터의 존 크레머 신부가 완연소용 화판 앞에서 대화를 나누고 있다. 1618년 프랑크푸르트에서 출판된 마이어의 『트리푸스 아우레우스』에 있는 그림이며 이 책에는 세 성직자의 글이 실려 있다.

.2장. 자연 마술에서 자연 철학으로

르네상스 시기에 이탈리아의 금세공사, 조각가, 음악가인 벤베누토 첼리니Benvenuto Cellini, 1500~1571가 자서전에서 말한다. "다섯 살 때 아버지는 불을 가만히 응시하다가 불꽃 한가운데서 작은 도마뱀같이 생긴 것을 발견하고는 누이와 나에게 보여 주었다. 그리고 아버지는 내 귀를 주먹으로 후려쳤다. 사랑스런 내 아들아, 네가 못된 짓을 해서 때리는 게 아니라 네가 보고 있는 도마뱀이 불도마뱀이라는 걸 기억하게 만들고 싶어서 그랬다."[1] 16세기 연금술 실험에서 보이는 한 장면이다. 불도마뱀은 연금술에서 금속을 금으로 변성하는 현자의 돌을 상징한다.

문화사의 연구 성과를 반영한 과학사와 철학사 연구에 따르면 17세기 자연 철학자들은 점성술, 연금술, 민간 의술 등 자연 마술과 신플라톤주의, 신피타고라스주의 등 신비주의에 대해 어떤 태도를 가지느냐에 따라 서로 다른 기계론을 생산한다. 자연 마술은 자연에 우리가 직접 감각할 수 없는 교류가 있고 이 교류를 통해 신비한 성질occult qualities이 자연 현상에 작용한다는 믿음을 공유한다. 점성술은 이 교류를 통해 별들의 현상이 지구의 현상에 영향을 미치고 예를 들어 혜성이 흉년을 일으킨다고

---

[1] 앨리슨 쿠더트, 『연금술 이야기』, 박진희 옮김, 민음사, 1995, 221쪽.

본다. 연금술은 돌이 금으로 자라게 만드는 신비한 현자의 돌을 찾고 민간 의술은 뇌의 질병에 뇌와 비슷하게 생긴 호두가 효험이 있다고 여긴다. 17세기 자연 철학자들 가운데 데카르트와 홉스는 자연 마술을 의식적으로 철저히 배격하지만 뉴턴과 라이프니츠는 자연 마술과 신비주의 전통을 수용한다. 자연 철학과 자연 마술은 단절과 연속의 이중 관계 속에서 근대 과학 혁명을 낳는다.

17세기 자연 철학은 철학사, 과학사, 문화사 등 다양한 각도에서 종합적으로 이해할 필요가 있다. 17세기 자연 철학은 내부에서 과학과 철학이 상호 작용하면서 성립한다. 따라서 17세기 자연 철학을 정확히 이해하려면 철학사와 과학사의 연구 성과를 반영해 그 내부에서 과학의 형이상학 배경과 철학의 과학 기초를 모두 탐구해야 한다. 또 17세기 자연 철학은 외부에서 문화의 다른 요소들과도 상호 작용하면서 성립한다. 따라서 17세기 자연 철학이 외부의 다른 문화 요소들에서 어떤 영향을 받아 성립하고, 나아가 이 철학이 하나의 문화 요소로서 다른 문화 요소들에 어떤 영향을 미치는지도 탐구해야 한다. 나는 17세기 자연 철학이 자연 마술이라는 외부의 문화 요소와 어떤 관계를 맺으며 성립하는지 개관할 것이다.

근대 과학 혁명은 16세기에 천문학을 중심으로 일어나고 17세기에 역학을 중심으로 일어난다(1절). 근대 과학 혁명이 일어나는 데 자연 마술이 미친 영향은 연속과 단절의 두 얼굴을 가진다. 과학사 연구자들 가운데 예이츠F. Yates는 자연 철학과 자연 마술의 연속을 강조하지만 로시 P. Rossi는 둘 사이의 단절을 강조한다. 베이컨F. Bacon, 1561~1626은 근대 과학 혁명의 대표 선동가이며 자연 철학과 자연 마술이 맺은 연속과 단절의 관계를 함께 볼 수 있는 철학자다(2절). 또 케플러와 뉴턴도 16세기 자연 마술에서 17세기 자연 철학으로 가는 길을 보여 주는 사례로서 과학사 연구자들이 다시 조명하고 있다(3절).

1. 과학 혁명

과학 혁명은 16, 17세기 과학의 내용과 활동에서 일어난 획기적 변화를 일컫는다. 1500년쯤 유럽에서 사람들은 우주가 유한하고 그 중심은 지구이며 지상계는 불완전하고 변하지만 천상계는 완전하며 불변한다고 믿는다. 또 모든 자연 현상에는 목적이 있고 이 목적을 알아내는 것이 과학의 일이라고 생각한다. 자연에 대한 지식을 얻는 과학 활동은 대학에서 이루어진다. 그러나 1700년쯤 사람들은 지구가 수성이나 화성과 마찬가지로 태양 주위를 도는 행성이고 천상계와 지상계는 구분할 수 없으며 모든 자연 현상은 물체의 운동에 의해 기계적으로 일어난다고 생각한다. 또 영국 왕립 학회, 프랑스 왕립 과학 아카데미 등 새 과학 단체들이 과학 활동의 중심을 차지한다. 과학 혁명은 불과 200년 사이에 과학의 내용과 활동에서 일어난 이런 근본 변화를 가리킨다.[2]

근대 과학 혁명은 천문학과 역학을 중심으로 일어난다. 16세기 천문학 혁명은 코페르니쿠스가 이미 1524년쯤 완성한 『천구의 회전에 관해』 De Revolutionibus Orbium Coelestium, 1543를 죽는 해에 출판하면서 시작된다. 코페르니쿠스는 이 책에서 우주의 중심을 지구 대신 태양으로 바꾼 모델을 제시해 고대 그리스 천문학자 프톨레마이오스가 『알마게스트』Almagest, 130?에서 제시한 지구 중심 모델에 도전한다. '알마게스트'는 "위대한 책"이란 뜻을 가진 아랍어에서 나온 말이고 이 책은 고대 그리스 천문학을 집대성한다.

그러나 코페르니쿠스는 책 이름에 나온 '천구'라는 말이 알려 주듯이, 별이 우주에 있는 큰 공 또는 두꺼운 수정 천구에 박혀 있으며 별이

---

2) 김영식, 『과학 혁명: 전통적 관점과 새로운 관점』, 아르케, 2001, 19~21쪽.

아니라 천구가 회전한다는 아리스토텔레스의 견해에서 아직 벗어나지 못하고 있다. 더욱이 코페르니쿠스는 프톨레마이오스와 마찬가지로 이 천구의 회전 궤도가 완전히 동그란 원이라는 아리스토텔레스의 견해를 고수한다. 코페르니쿠스는 비록 프톨레마이오스의 『알마게스트』에 비해 다양한 천체 현상을 설명하는 데 필요한 크고 작은 원의 수를 줄이지만 아리스토텔레스-프톨레마이오스 천문학을 근본적으로 개혁하지 못한다.

천문학의 전면 개혁은 케플러가 주도한다. 그는 덴마크 천문학자 튀코 브라헤T. Brahe, 1546~1601에게 물려받은 정확한 육안 관측 자료를 바탕으로 코페르니쿠스의 우주 체계를 증명하려고 노력한다. 케플러는 화성에 관해 튀코가 남긴 자료의 관측값을 코페르니쿠스의 우주 모델에서 계산한 이론값과 맞추려는 "화성 전쟁"을 6년에 걸쳐 치르지만 결국 8분의 오차 한계를 용납할 수 없어서 실패한다. 그러나 케플러는 이 실패의 원인이 화성의 궤도가 원이라고 가정한 데 있다는 것을 깨닫는다. 그는 끈질긴 계산을 통해 결국 화성의 궤도가 원형이 아니고 타원형이며 태양은 타원의 두 초점 가운데 하나에 위치해 있다는 원리를 발견한다. 이 원리가 케플러의 유명한 제1행성 운동 법칙이다. 이 법칙은 천상계의 운동이 완전한 원 운동이라는 아리스토텔레스의 관념에 대한 오랜 집착에서 드디어 벗어나는 돌파구다.

케플러의 제1법칙은 행성과 태양을 연결하는 궤도 반지름이 휩쓰는 면적은 경과한 시간에 비례한다는 제2행성 운동 법칙과 함께 『원인들에 근거한 새 천문학 또는 화성의 운동에 관한 해설에서 설명된 천체 물리학』Astronomia Nova seu Physica Coelestis Tradita Commentariis de Motibus Stellae Martis, 1609에 실린다. 행성의 공전 주기의 제곱이 그 행성에서 태양까지 평균 거리의 3제곱에 비례한다는 제3법칙은 10년 뒤 『우주의 조화』Harmonice Mundi, 1619에 발표된다. 케플러의 행성 운동 법칙들, 특히 제2법칙은

1684~1685년 뉴턴이 지구와 달 사이의 중력, 태양과 행성 사이의 중력을 계산할 때 매우 중요한 역할을 한다.

갈릴레오는 천문학에서 새 원리를 발견하지 못하지만 망원경을 제작해 별들을 관측함으로써 코페르니쿠스의 우주 체계가 옳다는 사실을 널리 알리는 데 이바지한다. 갈릴레오는 망원경으로 달의 울퉁불퉁한 표면, 목성의 위성, 태양의 흑점, 금성의 위상 변화, 토성의 띠 등을 관측한다. 달 표면이 고르지 않고 태양에 어두운 부분이 있다는 사실은 달을 포함한 천상계가 완전하다는 아리스토텔레스의 견해를 뒤엎는 충격적인 증거다.

한편 갈릴레오는 천문학에서 코페르니쿠스의 우주 체계를 뒷받침하려고 노력하는 도중에 17세기 역학 혁명의 기폭제가 된 관성 원리를 발견한다. 코페르니쿠스의 우주 체계가 남긴 의문들 가운데 하나는 만일 지구가 자전하면 왜 높은 탑에서 떨어진 공이 탑에서 얼마만큼 벗어난 곳이 아니라 바로 밑에 떨어지느냐는 것이다. 갈릴레오의 대답은 공이 지구의 자전 운동을 공유하고 이 운동을 아래로 떨어지는 동안에도 수평 방향으로 계속하기 때문이라는 것이다. 이 대답이 모든 운동은 외부의 방해가 없는 한 계속된다는 관성 원리의 원형이다.

갈릴레오는 『두 주요 우주 체계에 관한 대화: 프톨레마이오스와 코페르니쿠스』Dialogo Sopra i Due Massimi Sistemi del Mondo, Tolemaico e Copernicano, 1632에 담긴 관성 원리 외에도 『두 새 과학에 대한 논의와 수학 증명』Discorsi e Dimostrazioni Matematiche : Intorno à Due Nuoue Scienze , 1638에서 자유 낙하 원리, 운동의 중합 원리 등을 발견해 역학 혁명에 큰 업적을 세운다. 그러나 갈릴레오의 관성 원리는 원 운동이 완전하고 자연스럽다는 아리스토텔레스의 견해에서 아직 벗어나지 못한 것이다. 탑에서 떨어진 공이 지구의 자전 운동을 공유하기 때문에 그리는 관성 운동의 궤도는 원이다. 관성 운동의 궤도가 직선이라는 원리는 아리스토텔레스주의 자연학에 더욱 철저히 도전한 데카르트가 확립한다.

데카르트는 갈릴레오가 자연 현상이 어떻게 일어나는지를 기술하기만 하고 왜 일어나는지를 설명하지 않는다고 줄기차게 비판한다. 데카르트는 이 불만을 스스로 해소하기 위해 『철학 원리』에서 많은 자연 현상의 원인을 설명하는 자연 철학 체계를 대안으로 제시한다. 그러나 이 대안은 예를 들어 자유 낙하 물체의 가속도가 왜 1초에 약 10m인지를 정량적으로quantitatively 설명하는 체계가 아니다. 데카르트는 세 종류의 물질 입자, 입자들로 꽉 찬 공간인 플레눔plenum, 입자들의 소용돌이vortex 등 자의적인 보조 가설을 동원해 왜 물체가 아래로 떨어질 수밖에 없는지를 정성적으로qualitatively 설명한다.

근대 과학 혁명 이후 과학 원리는 아무리 정성적 설명이 가능하더라도 정량적 공식이 없으면 인정받지 못한다. 과학 원리의 정량적 모델은 뉴턴이 『자연 철학의 수학 원리』에서 힘 개념을 통해 확립한다. 뉴턴은 거리의 제곱에 반비례하는 힘을 도입해 행성이 그리는 궤도가 왜 타원이고 자유 낙하 가속도가 왜 초마다 약 10m인지를 증명한다. 뉴턴의 힘 개념은 천문학 혁명과 역학 혁명을 종합해 근대 과학 혁명을 완성한 디딤돌이다.

과학의 역사는 과학 이론의 변화가 내부 요인에만 의존하지 않는다는 점을 보여 준다. 과학의 변화에는 이론 내부에서 드러난 모순을 해결하는 것이 무엇보다 중요하지만 정치, 경제, 종교, 문화, 철학 등 외부 요인도 큰 영향을 미친다. 더욱이 외부 요인의 영향은 논리로 깔끔하게 설명할 수 없는 비합리적 성질을 많이 지닌다.[3] 근대 과학 혁명도 마찬가지다. 특히 17세기 자연 철학이 성립하는 데는 과학과 정반대의 이미지를 지닌 마술도 큰 영향을 미친다. 단순하게 말하면 서양 문화의 역사에서

16세기는 자연 마술의 시대이고 17세기는 자연 철학의 시대다. 자연 마술과 자연 철학은 어떤 관계를 맺을까?

2. 자연 마술 전통과 베이컨

자연 마술은 점성술, 민간 의술, 연금술 등을 가리키며 넓은 의미에서 마술은 자연 마술 외에도 각종 민간 점술과 신비주의 철학들, 즉 신플라톤주의Neoplatonism, 신피타고라스주의Neopythagoreanism, 카발라주의Cabbalism, 그노시스주의Gnosticism 등을 포괄한다. 신플라톤주의에 따르면 우주는 기하학의 원형에 맞추어 창조되었고 신피타고라스주의에 따르면 우주는 화음의 질서를 가지고 있다. 유대교 신비주의인 카발라주의는 르네상스 시기에는 이탈리아의 피코Pico della Mirandola, 1463~1494가 대표하고 성경에 대한 수비학numerology 탐구를 통해 영원한 진리를 얻으려고 시도한다. 수비학은 수와 생물이나 무생물 사이에 신비한 관계가 있다고 믿고 이 관계를 탐구한다. 그노시스주의는 영적 지혜를 숭상하는 기독교 비정통파이고 영지주의라고 불린다.

마술은 이미 중세부터 있었고 대학 의학부는 전염병을 천체 현상으로 설명하는 점성술을 교육하기도 한다. 르네상스 시기에는 이탈리아 철학자 피치노M. Ficino, 1433~1499가 번역한 『헤르메스 전집』Corpus Hermeticum, 1471이 지식인의 관심을 끈다. 헤르메스 트리스메기스투스Hermes Trismegistus는 실존했는지가 분명하지 않지만 기원전 약 13세기의 이스라엘 종교 지

---

3) 과학에 미치는 외부 요인의 영향을 강조하는 관점은 과학사에서 외재 접근법(external approach)이라 불리고 요즘 과학의 사회 구성주의(social constructionism of science)가 이 관점을 대표한다. 과학의 사회 구성주의를 대표하는 책은 다음이다. S. Shapin and S. Schaffer, Leviathan and the Air-Pump : Hobbes, Boyle, and the Experimental Life, Princeton : Princeton University Press, 1985.

도자 모세Moses와 같은 시대에 산 이집트 성직자이고 플라톤Platon, B.C. 428~B.C. 347까지 전해 온 고대 지혜의 한 원천이라고 여긴 인물이다. 그러나 16세기 이전에 마술은 주로 일반인에게 다양한 민간 점술, 민간 의술 등으로 큰 영향을 미친다.[4]

16세기 들어 지식인도 자연 마술에 관심을 기울이기 시작한 데는 독일 출신 의사이며 연금술사인 파라셀수스의 영향이 크다. 파라셀수스는 어떤 체액의 과부족, 체액들 사이의 균형 파괴로 질병을 설명하는 갈레노스의 견해를 비판하고 외부에서 침입하는 질병원을 중시하는 의화학 체계를 세운다. 질병에 관한 파라셀수스의 견해와 처방은 갈레노스에 비해 진보한 것으로 평가받고 더불어 이 의화학 체계의 바탕을 이루는 신비주의 철학과 자연 마술도 지식인의 눈길을 끈다.[5]

자연 마술은 일반적으로 자연 사물들 사이에 우리가 직접 감각할 수 없는 교류correspondence가 일어나고 있으며 자연 사물의 신비한occult 힘이 이 교류를 통해 자연 현상에 작용한다는 믿음을 공유한다. 그렇다면 사람은 이 교류의 네트워크인 자연을 적극 조작해 원하는 지식과 결과를 얻을 수 있다는 태도도 따라 나온다. 과학사 연구자 예이츠는 이런 믿음과 태도를 공유하는 마술, 수비학, 신플라톤주의, 카발라주의 등을 '헤르메스주의' hermetism라 묶어 부르고 헤르메스주의가 근대 과학으로 가는 길을 닦는다고 주장한다.[6]

---

4) 근대 과학과 마술의 관계에 대한 국내 연구는 다음을 참고. 이종흡, 『마술·과학·인문학』, 지영사, 1999.
5) 이범, 「르네상스~근대 초의 마술과 과학」, 한국과학사학회, 『한국과학사학회지』, 15권 1호, 1993, 97~115쪽.
6) F. Yates, "The Hermetic Tradition in Renaissance Science", ed. C. Singleton, Art, Science and History in the Renaissance, Baltimore : Johns Hopkins Press, 1968, pp. 255~274. 예이츠에 따르면 헤르메스주의는 르네상스 자연 마술의 단계와 그 뒤 파라셀수스가 대표하는 로지크루시안 단계를 거쳐 점차 근대 자연 철학으로 이행한다.

예이츠에 따르면 영국 경험론의 선구자 베이컨의 두 가지 주요 강령, 즉 과학이 자연을 변형하는 힘을 지니며 사람은 이 힘을 개발할 능력이 있다는 강령도 르네상스 마술의 이념에서 나온다. 베이컨은 마술을 모호하고 비밀스럽다고 비판하지만 자연에 조작을 가해 원하는 결과를 얻는 마술의 특성을 실험 방법으로 흡수한다. 베이컨은 실험을 사자의 꼬리를 비트는 것에 비유한다. 그러나 베이컨은 과학 지식을 비밀로 보존, 전수해서는 안 되고 공개해야 한다고 주장한다. 예이츠에 따르면 베이컨의 이 주장은 마술, 특히 로지크루시안Rosicrucian 유형의 비밀주의를 장차 영국 왕립 학회에서 실현될 과학자들의 공개 작업 이념으로 바꿀 뿐 마술의 자연 조작 이념을 이어받는다.[7]

그러나 또 다른 과학사 연구자 로시는 베이컨이 마술, 스콜라 철학, 헤르메스주의의 영향을 받는다고 인정하면서도 '과학자'의 면모를 강조한다.[8] 베이컨은 마술 전통을 분명히 거부하고 새 과학 방법을 제시하기 때문이다. 베이컨은 마술의 현자를 비판하고 과학의 성과를 개인의 업적과 혼동해서는 안 된다고 주장한다. 또 베이컨은 실험 과학의 선구자이지만 아무 의도나 원리 없이 닥치는 대로 하는 실험과 길버트의 자석 실험이나 연금술사의 실험처럼 자연의 한 측면에만 집중하는 실험을 누구보다 단호하게 비판한다.

로시에 따르면 베이컨이 개척한 과학은 엄격한 귀납 방법, 이 방법에 따른 실험과 함께 과학의 조직과 제도, 연구 결과의 공개를 중시한다. 베이컨에 대한 로시의 견해는 자연 마술과 자연 철학의 단절을 강조하지만 둘 사이의 연속을 강조하는 예이츠의 해석도 무시할 수 없다. 앞으로 17

---

7) F. Yates, "The Hermetic Tradition in Renaissance Science", pp. 269~270.
8) P. Rossi, Francis Bacon : From Magic to Science, trans. S. Rabinovitch, Chicago : The University of Chicago Press, 1968, pp. 22~35.

세기 자연 철학자들이 자연 마술과 맺는 단절과 연속의 관계를 하나씩 살펴보겠지만, 베이컨은 단절과 연속의 측면을 모두 가진다. 베이컨은 마술의 신비하고 비공개적인 측면을 비판하고 배제하지만 마술이 자연을 조작해 지식을 얻는 측면을 그가 높이 평가한 실용 기술 지식의 특성으로 흡수한다. 베이컨의 귀납 방법을 좀더 자세히 살펴보자.

베이컨은 철학에서 콜럼버스를 꿈꾼다. 콜럼버스가 새 대륙을 발견하는 길을 열었듯이 베이컨은 과학자들이 새 실험 방법의 가능성을 실현하도록 길을 열겠다고 말한다. 베이컨은 1627년에 펴낸 『새 아틀란티스』Nova Atlantis에서 과학 연구의 이상향인 "솔로몬의 집"을 건설하자고 제안한다. 솔로몬의 집은 과학자들이 시설과 재정을 후원받고 귀납 방법으로 쓸모 있는 지식을 얻어 인류의 복지에 이바지하는 곳을 가리킨다. 베이컨은 마술과 연속과 단절의 이중 관계를 맺지만 새 과학과 방법에 대한 의식을 분명하게 지니고 있다.

『새 오르가논』Novum Organum, 1620은 베이컨이 비록 완성하지 못하지만 과학을 혁신하기 위해 『대개혁』Instauratio Magna이라는 이름으로 쓰려 한 야심작의 일부다. '오르가논'은 수단, 방법을 뜻하며 아리스토텔레스의 논리학을 담은 책 이름이기도 하다. 그러므로 베이컨의 책 이름은 아리스토텔레스의 논리학을 대신할 만한 새 과학 방법을 제시하겠다는 의도를 보여 준다. 『새 오르가논』은 두 부분으로 구성되어 있다. 1부에서 베이컨은 우상들을 자세히 설명한다. 우상은 받들고 섬겨야 할 보물이 아니라 과학을 개혁하고 쓸모 있는 지식을 생산하기 위해 버리고 고쳐야 할 마음의 병이다. 2부에서 새 과학 방법으로 제시하는 귀납은 이 병을 고치는 약이다.[9]

---

9) F. Bacon, Novum Organum, ed. R. Hutchins, Great Books of the Western World, vol. 30, London : Encyclopaedia Britannica, Inc., 1952, pp. 140~153.

우상은 인류의 공통 편견을 의미하는 종족의 우상, 개인의 선입견을 의미하는 동굴의 우상, 의미 없는 말에 얽매이는 시장의 우상, 이전 학문과 학파의 권위에 주눅 드는 극장의 우상 등 네 종류다. 이 가운데 극장의 우상은 베이컨이 마술과 분명한 경계선을 긋는다는 사실도 보여 준다. 베이컨에 따르면 자석을 연구한 길버트의 경험 철학이나 연금술은 풍부한 실험이 아니라 몇 가지 실험만으로 결론을 이끌어 내고, 피타고라스나 플라톤의 미신 철학은 신앙과 전통을 끌어들여 경험을 왜곡한다.

우상을 버리고 고치려면 귀납 방법을 사용해야 한다. 베이컨은 귀납 방법을 사용하기 위해 가장 먼저 필요한 일은 새 사실에 관한 자료를 폭넓게 수집하고 정리하는 것이라고 주장하면서 이렇게 얻은 경험 지식을 '자연사' natural history 또는 '실험사' experimental history라고 부른다. 베이컨은 자료 수집을 위해 과거 서적, 기술 지식, 믿을 만한 보고, 계획된 관찰과 실험 등 모든 수단을 활용해야 한다고 주장한다. 귀납은 이렇게 수집한 자료를 체계적으로 분류해 일반 법칙을 발견하는 방법이다. 베이컨은 귀납을 크게 네 단계로 나누고 특별히 열을 연구 대상으로 삼아 각 단계를 설명한다.

첫 단계는 발견 목록을 작성하는 것이다. 발견 목록은 다시 세 가지, 즉 존재 사례 목록, 부재 사례 목록, 비교 사례 목록으로 나누어진다. 예를 들어 열에 관한 법칙을 발견하려면 우선 열이 나타나는 사례의 목록을 만들어야 한다. 이런 사례는 자연에서 관찰할 수도 있고 실험으로 만들어 낼 수도 있다. 존재 사례 목록에는 태양 광선, 불꽃, 끓는 액체 등이 포함된다. 그다음에는 열이 나타나지 않는 사례의 목록을 만들어야 한다. 그러나 열이 나타나지 않는 모든 사례를 검토하려면 무한히 많은 시간이 걸리므로 부재 사례는 존재 사례와 관련된 것만을 제시해야 한다. 부재 사례 목록에는 태양 광선과 관련해 차가운 것으로 관측된 달, 항성, 혜성의 광선, 끓는 액체와 관련해 물과 황산 등이 포함된다. 두 목록을 만든 뒤에는 열의 강도를 비교하는 목록을 만들어야 한다. 비교 사례 목록에는 황산보다 물이 더 차고 나무보다 금속이 더 차다는 사례 등이 포함된다.

둘째 단계는 앞의 세 목록을 바탕으로 받아들여서는 안 될 주장들의 제거 목록을 작성하는 것이다. 열은 천상 물체 중 태양에는 나타나지만 달이나 항성에는 나타나지 않으므로 모든 천상 물체의 성질이라고 볼 수 없다. 또 열은 지상 물체 중 끓는 액체에는 나타나지만 돌이나 물에는 나타나지 않으므로 모든 지상 물체의 성질이라고 볼 수도 없다. 한편 끓는 액체에는 열이 나타나지만 불꽃이나 빛은 나타나지 않으므로 열의 본성이 불꽃이나 빛이라고 볼 수도 없다. 따라서 제거 목록에는 열이 천상 물체의 성질, 지상 물체의 성질, 불꽃, 빛이라는 주장 등이 포함된다.

셋째 단계는 앞의 목록들을 바탕으로 가설을 만드는 것이다. 베이컨에 따르면 이 단계에서는 이성을 사용해야 한다. 설사 열이 빛도 아니고 불꽃도 아니더라도 제거 목록은 어차피 완벽할 수 없으므로 경험에 기초한 앞의 목록들에서 자동으로 열이 무엇인지에 관한 가설이 나오지 않기 때문이다. 베이컨이 열에 관해 이성으로 얻은 가설은 열이 입자들의 운동이라는 것이다. 끓는 액체의 입자들이 끊임없이 운동하고 입자들의 운동이 멈추면 열도 식는 사례 등이 이 가설을 얻는 데 기초가 된다.

마지막 단계는 가설을 검증하는 것이다. 가설을 바탕으로 새 실험을 시도해 그 가설이 옳다는 것을 증명해야 한다. 만일 새 실험에서 오류를 찾아내면 그 가설은 수정해야 하고 반대 사례를 발견하면 그 가설은 포기해야 한다.

열이 물질 입자들의 운동이라는 베이컨의 가설은 수학 언어로 표현한 정량적 가설이 아니라 열의 본성을 말로 설명한 정성적 가설이지만 귀납 방법이 성공한 보기 드문 경우라고 평가받는다. 그러나 귀납 방법은 베이컨의 기대와 달리 그 자신이나 다른 과학자들이 새 법칙을 발견하는 데 그다지 효과가 없다. 근대 과학 혁명에서 새 법칙의 발견은 자연의 새 작용을 밝히는 실험보다 이미 아는 현상을 보는 새 방법, 특히 수학 방법에 크게 의존하기 때문이다.

과학사와 과학철학 연구자 쿤T. Kuhn에 따르면 근대 과학 혁명은 두 가지 큰 방향이 있다. 하나는 천문학, 역학 등 고전 물리 과학 분야에서 일어난 개념의 변혁이고 또 하나는 새 베이컨 과학 분야의 출현이다. 베이컨 과학은 열, 빛, 소리, 전기, 자기, 화학 등의 분야에서 실험을 중시하는 과학을 가리킨다. 물론 실험은 베이컨 과학 이전에도 있지만 과거의 실험이 주로 이미 아는 결론을 증명하기 위한 것이라면 베이컨 과학의 실험은 외부에서 자연에 제약을 가해 새 작용을 밝히려는 실험이다.

베이컨 과학은 천문학, 역학 등 고전 물리 과학의 변혁에는 거의 공헌하지 못한다. 이 분야에서 새 법칙을 발견하는 데는 실험 방법이 아니라 수학 방법이 큰 역할을 하기 때문이다. 또 베이컨 과학은 18세기까지 실험으로 새 사실을 많이 발견하지만 새 법칙을 발견하는 성과는 크게 거두지 못한다. 그러나 쿤에 따르면 19세기에 성립한 열역학, 전자기학 등은 실험을 중시하는 베이컨 과학이 수학화, 체계화한 것으로 볼 수 있다. 또 지질학과 생물학도 18세기까지 분류학을 중심으로 발전하다가 19세기에 귀납 방법으로 여러 가지 이론을 엮는다. 따라서 근대 과학의 발달에 베이컨 과학과 귀납 방법이 미친 영향은 과소평가할 수 없다.[10]

한편 베이컨은 과학 법칙과 다른 측면, 즉 과학의 활동과 제도의 측면에서 과학 혁명에 크게 이바지한다. 솔로몬의 집에 대한 베이컨의 구상은 영국 왕립 학회, 프랑스 왕립 과학 아카데미의 설립으로 실현된다. 영

---

10) T. Kuhn, The Essential Tension, Chicago : The University of Chicago Press, 1977, pp. 35~52.

국 왕립 학회는 1660년 찰스 2세Charles II, 1630~1685의 헌장을 받아 설립된다. 그러나 왕은 재정을 지원하지 않고 집회, 임원과 회원의 선임, 출판 등에 간섭하지도 않는다. 그 덕분에 오히려 왕립 학회는 자발적 조직을 유지한다. 예산이 부족하기 때문에 실험은 대부분 개인의 시설과 경비로 이루어지고 학회의 모임은 주로 연구 성과를 발표하는 자리다. 이는 왕립 학회가 봉인한 편지의 형태로 지식의 우선권을 확인하고 보호하는 기능을 맡는 계기가 된다. 한편 1666년에 설립된 프랑스 왕립 과학 아카데미는 왕실이 재정을 지원하고 회원을 소수로 제한해 충분한 보수를 지급한다. 그래서 회원들은 적지만 활발한 과학 활동을 펼친다.[11]

과학 혁명으로 성립한 근대 과학은 대학이 아니라 과학 단체가 연구를 주도한다. 예를 들어 뉴턴이 중력 법칙을 담은 『자연 철학의 수학 원리』를 쓴 계기도 왕립 학회의 회원인 훅과 편지를 교환하고 핼리가 학회를 대표해 뉴턴을 방문하는 등 왕립 학회가 장려한 것이다. 베이컨이 제안한 솔로몬의 집은 과학 단체의 출현을 통해 과학 혁명의 요람이 된다.

3. 케플러와 뉴턴

17세기 자연 철학은 자연 마술을 거부하고 계승하는 이중 관계 속에서 성장한다. 케플러는 수를 실재하는 사물과 연결하는 수비학을 거부하고 기하학 도형을 사물과 독립적인 형상으로 받아들인다. 그러나 케플러는 출생일시와 별자리의 연관을 인정할 뿐만 아니라 극심한 추위와 폭동을 정확히 예견하는 책을 낸 유명한 점성술사다. 그가 마술, 특히 신플라톤주의의 영향을 받은 흔적은 천문학에서도 드러난다. 신플라톤주의는 아리

---

11) R. Westfall, The Construction of Modern Science : Mechanisms and Mechanics, New York : John Wiley & Sons, Inc., 1971, pp. 105~119.

스토텔레스주의 일색의 사조에 대한 일종의 반발로서 15, 16세기에 이탈리아를 중심으로 크게 유행하며, 우주가 신비한 힘으로 가득 차 있고 기하학 조화를 지닌다고 본다. 케플러는 우주가 간단한 기하학 질서를 지닌다는 믿음을 초기부터 일관성 있게 유지하고 행성의 궤도들을 정다면체들로 이루어진 구조 속에 맞추어 보려고 시도하기도 한다. 또 신플라톤주의자인 케플러에게는 프톨레마이오스의 우주 체계보다 수학이 더 간단한 코페르니쿠스의 우주 체계가 매력 있다. 더욱이 신플라톤주의는 태양을 우주의 모든 생명력의 근원으로 숭배하는 경향도 지니기 때문에 케플러는 『우주의 신비』Mysterium Cosmographicum, 1596를 쓴 초기부터 코페르니쿠스의 태양 중심 모델을 열렬히 지지한다.

케플러는 행성과 태양을 연결하는 궤도 반지름이 휩쓰는 면적이 경과한 시간에 비례한다는 제2행성 운동 법칙을 도출하기 위해 또 하나의 속도 법칙을 전제한다. 속도 법칙에 따르면 행성의 운동 속도는 태양과 거리에 반비례한다. 훗날 뉴턴에 의해 잘못으로 입증된 이 속도 법칙도 신플라톤주의와 케플러의 연관을 보여 준다. 케플러에 따르면 행성의 운동 속도가 태양과 거리에 반비례하는 원인은 태양에서 행성으로 마치 수레바퀴 살처럼 방사되고 거리에 비례해 세기가 감소하는 힘이 작용하기 때문이다. 케플러는 이 힘을 『우주의 신비』에서 '운동령'anima motrix이라는 다소 신비한 이름으로 부른다.[12] 운동령은 이미 중세부터 천체에 거주하는 일종의 영혼으로 여긴 것인데 케플러는 이 운동령으로 행성의 운동 원인을 설명하려 한다. 케플러의 운동령은 비록 후기에는 물질 힘의 성격을 강하게 지닌 '운동력'vis motrix으로 바뀌지만 초기에는 자기력과 비슷하게 신비한 성질을 지닌다.

---

12) R. Westfall, The Construction of Modern Science: Mechanisms and Mechanics, pp. 3~24.

한편 뉴턴은 복잡한 기하학을 사용해 과학 혁명을 완성하지만 그 핵심 개념인 힘, 즉 "서로 떨어진 상태에서 작용"action at a distance을 받아들이는 데는 그가 오랫동안 연구한 연금술의 영향을 크게 받는다. 뉴턴은 연금술사다. 그는 연금술에 대한 체계적 저작을 남기지 않는다. 그러나 뉴턴은 1660년대 중반부터 1690년대 말까지 연금술을 꾸준히 연구한 것으로 드러나 있고 총 120만 단어에 이르는 연금술 수고를 남긴다. 뉴턴의 연금술 연구는 오랫동안 역학 연구와 무관한 것으로 평가받아 왔지만 웨스트폴, 돕스 등 과학사 연구자들이 뉴턴의 연금술과 과학의 연관을 밝히고 있다.[13]

뉴턴은 1670년대에 남긴 노트에서 자연 현상을 생장vegetation과 기계적 운동으로 구분하고 생장은 영혼에 의한 활동이며 영혼이 없으면 죽은 비활성 물질만 남는다고 주장한다. 여기서 생장은 식물을 모델로 삼은 것일 뿐 아니라 연금술에서 금속의 변성도 염두에 둔 것이다. 연금술에 따르면 금속의 변성은 돌이 어머니의 자궁과 같은 땅속에서 금으로 자라는 것이다. 또 뉴턴의 에테르 개념은 후기에는 중력, 빛, 화학 힘을 전달하는 매질을 가리키지만 초기에는 영혼을 강조하는 고대 스토아 철학의 프네우마pneuma, 즉 모든 물질에 내재하는 정신과 비슷한 것이다.[14]

예이츠는 마술, 수비학, 신플라톤주의, 카발라주의 등 '헤르메스주의'가 근대 과학으로 가는 길을 닦는다고 주장한다. 그러나 로시는 코페르니쿠스, 길버트, 베이컨, 케플러, 튀코 브라헤, 갈릴레오, 데카르트, 라이프니츠, 뉴턴 등에게 비록 마술, 연금술, 점성술 등 르네상스 전통이 스

---

13) B. Dobbs, "Newton's Alchemy and His Theory of Matter", Isis 73, 1982, pp. 511~528. R. Westfall, "The Role of Alchemy in Newton's Career", eds. M. Bonelli and W. Shea, Reason, Experiment and Mysticism in the Scientific Revolution, New York : Science History Publications, 1975, pp. 189~232.
14) 이범, 「르네상스~근대 초의 마술과 과학」, 111~113쪽.

며들어 있지만 이들의 글 속에는 마술의 애매함, 연금술의 환상, 점성술의 사기 등에 대한 공격도 들어 있다고 주장한다. 또 로시에 따르면 이들은 헤르메스주의 전통에서 빌려 온 요소들도 다른 틀 속에서 다른 목적을 위해 변형한다. 예를 들어 케플러가 마술의 상형 문자를 이용한 것은 합리적으로 논의할 수 없는 자연을 이해하고 기술하려는 목적을 지닌다.[15] 17세기 자연 철학자들에 대한 예이츠의 명제는 자연 마술과 자연 철학의 연속을 강조하고 로시의 반론은 단절을 강조한다. 과학의 역사도 다른 역사 분야와 마찬가지로 연속과 단절의 측면이 함께 얽혀 있다. 이제 17세기 자연 철학자들을 한 사람씩 방문해 자연 철학 이론을 분석하고 자연 마술과 맺은 관계도 살펴보자.

---

15) P. Rossi, "Hermeticism, Rationality and the Scientific Revolution", eds. M. Bonelli, W. Shea, Reason, Experiment and Mysticism in the Scientific Revolution, New York : Science History Publication, 1975, pp. 247~273.

갈릴레오는 모든 낙하 물체가 같은 속도로 떨어진다는 법칙을 세운다. 그는 이 법칙을 면밀하게 설계한 실험과 측정으로 검증한다. 갈릴레오는 굴절 망원경을 만들어 달의 분화구들, 금성의 위상 변화, 토성의 고리를 관측한다. 또 그는 목성 주위를 도는 네 개의 위성도 발견한다. 갈릴레오는 지구가 다른 행성들과 함께 태양 주위를 돈다는 코페르니쿠스의 견해를 지지한다. 그러자 로마 가톨릭 교회는 갈릴레오를 이단으로 재판한다.

.3장. 갈릴레오의 기하학 물질론[1]

"그래도 지구는 돈다"Eppur si muove. 1911년 어느 벨기에 사람이 갈릴레오의 종교 재판 장면을 담은 그림을 가지고 있다가 낡은 액자를 바꾸면서 그림의 가장자리가 접혀 있어 펼쳐 보니 이 말이 적혀 있었다. 이 그림은 1643년 또는 1645년 마드리드 유파의 어느 화가가 그린 것이며 그림에서 갈릴레오는 손가락으로 이 말이 적힌 부분을 가리키고 있다.

갈릴레오는 16세기 천문학 혁명의 불길로 17세기 역학 혁명을 점화하는 업적을 세운다. 갈릴레오는 새 천문학과 관련된 문제를 푸는 과정에서 역학 혁명의 출발점인 관성 원리를 발견하기 때문이다. 나는 우선 갈릴레오의 천문학 주저, 『두 주요 우주 체계에 관한 대화: 프톨레마이오스와 코페르니쿠스』에서 갈릴레오의 관성 원리가 천문학 문제와 관련해 어

---

1) 이 장은 다음 두 논문에 기초한다. 김성환, 「갈릴레오의 물질론」, 한국철학사상연구회, 『시대와 철학』, 8권 2호, 1997, 12~35쪽. 김성환, 「갈릴레오와 들뢰즈의 시간」, 한국과학철학회, 『과학철학』, 3권 2호, 2000년 가을, 113~130쪽. 맥멀린에 따르면 17세기 과학에서 물질은 고중세 철학에서 형상과 대비되는 질료의 의미를 잃고 과학이 탐구하는 대상을 일반적으로 가리키는 용어가 된다. E. McMullin, "Introduction", ed. E. McMullin, The Concept of Matter in Modern Philosophy, Notre Dame: University of Notre Dame Press, 1978, p. 3. 이 장에서 물질론이라는 용어는 과학의 17, 18세기 이름인 자연 철학이 다루는 일반 대상에 관한 철학 이론을 뜻하며 물체론, 운동론, 공간론, 시간론 등을 포괄하는 넓은 뜻으로 사용한다. 따라서 물질론은 과학을 뒷받침하는 형이상학 기초를 가리키며 기계론은 근대 과학 또는 근대 자연 철학의 형이상학 기초로서 물질론의 성격을 나타내는 말이다.

떻게 성립하고 어떤 의미를 지니는지 살펴볼 것이다(1절).

또 나는 갈릴레오의 자연 철학의 내부 구조를 해명하기 위해 역학 주저, 『두 새 과학에 대한 논의와 수학 증명』을 중심으로 그의 물질론과 역학의 관계를 분석할 것이다. 물질론은 과학을 뒷받침하는 형이상학 기초를 가리킨다. 나는 갈릴레오의 물질론을 원자론, 공간론, 시간론의 조합으로 재구성하고, 다음 네 측면에서 이 물질론이 그의 역학에 없어서는 안 될 형이상학 기초라고 논증할 것이다.

첫째, 갈릴레오는 진공의 존재를 귀납으로든 연역으로든 증명하는 데 실패하고, 진공을 선험적으로 가정해 물체의 응집력을 설명한다. 둘째, 갈릴레오의 원자론은 기하학의 성격을 지니며 그의 기하학 원자론은 중요한 역학 현상인 물체의 수축과 팽창을 설명하는 데 필요한 형이상학 전제다(2절). 셋째, 아리스토텔레스의 자연 가속 운동 정의에 대한 갈릴레오의 반박은 기하학 원자론에 기초한 공간론을 전제한다. 넷째, 자연 가속 운동에 대한 갈릴레오 자신의 정의는 기하학 원자론에 기초한 시간론을 전제한다(3절). 아쉽게도 갈릴레오의 자연 철학이 자연 마술과 어떤 관계를 맺는지에 대한 과학사, 철학사의 연구 성과는 아직 부족하다.

1. 코페르니쿠스의 우주 체계를 위한 변명

1) 정통 가톨릭 교도의 고민

"그래도 지구는 돈다"는 갈릴레오가 1632년 펴낸 『두 주요 우주 체계에 관한 대화: 프톨레마이오스와 코페르니쿠스』 때문에 로마로 소환되어 무릎을 꿇은 채 코페르니쿠스의 체계를 포기하겠다는 서약서를 읽은 뒤 일어나면서 중얼거렸다고 하는 말이다. 그러나 종교 재판소에서 그가 실제로 이 말을 했다는 증거는 없다. 갈릴레오는 종교 재판소로 가기 전 친구

아스카니오 피콜로미니의 집에 머물렀고 아마 친구에게 이 말을 했을 것이다. 이 말은 친지들 사이에 퍼졌고 아스카니오의 동생 오타비오가 마드리드에 있다가 화가에게 부탁해 종교 재판 장면을 그리게 하고 이 말을 적은 뒤 접어서 숨겼을 것이다.

갈릴레오의 말은 가톨릭 교회에 저항하는 듯한 인상을 주지만 과학사 연구자들에게는 그가 독실한 가톨릭 교도라는 것이 정설이다. 그러나 갈릴레오는 가톨릭 교회가 반대한 코페르니쿠스의 우주 체계를 지지한다. 그가 코페르니쿠스의 체계를 지지한 데는 망원경으로 관측한 자료가 핵심 증거로 쓰이고 아리스토텔레스의 우주관에서 찾아낸 논리 결함도 영향을 미치지만 종교 이유도 중요하다.

갈릴레오가 산 시절에는 성경과 자연이라는 두 텍스트가 일치한다는 생각이 널리 퍼진다. 성경을 글자 그대로 해석한 사람들은 코페르니쿠스의 태양 중심설이 지구를 창조의 축소판으로 보는 성경 해석과 맞지 않는다고 주장한다. 그러나 갈릴레오는 성경이 보통 사람을 위한 책이 아니라는 로마 가톨릭의 견해를 받아들여 성경 구절의 최종 해석은 계몽된 자연 철학자에게 맡겨야 한다고 생각한다. 그래서 갈릴레오는 『두 주요 우주 체계에 관한 대화』의 서문에서 이 책을 토스카니 대공Ferdinando II de' Medici, 1610~1670에게 바치면서 서문에서 철학자와 일반 대중의 차이와 철학자의 성경 해석 능력을 강조한다. 성경과 자연이라는 두 텍스트가 일치한다는 생각은 성경을 글자 그대로 해석하는 사람들에게는 코페르니쿠스의 체계를 거부하게 만든다. 그러나 같은 생각이 정통 가톨릭교도인 갈릴레오에게는 고민스럽지만 오히려 성경을 올바르게 해석하는 철학자로서 코페르니쿠스의 체계를 자연 철학으로 증명하게 만든다.[2]

---

2) R. Hooykaas, Religion and the Rise of Modern Science, Michigan: William B. Eerdmans Publishing Company, 1972, pp. 35~39, 124~126.

갈릴레오는 1564년 피렌체에서 태어나 처음에는 의학을 공부하다가 수학을 배운 뒤 천문학과 역학을 연구한다. 그는 1609년 망원경을 직접 만들어 천체들을 관측하고 1610년 『별세계 보고』 Sidereus Nuncius를 펴내 유명해진다. 이를 계기로 파도바 대학이 종신 교수직을 제안하지만 갈릴레오는 연구에 전념하기 위해 토스카니 대공의 전속 학자가 된다.

갈릴레오는 코페르니쿠스의 우주 체계를 공개 지지하다가 1613년 로마의 종교 재판소로부터 다시는 지지하지 말라고 1차 경고를 받는다. 그는 1632년 『두 주요 우주 체계에 관한 대화』를 조심스럽게 펴내지만 유죄 판결을 받고 피렌체의 집에 감금당한다. 그 뒤 갈릴레오는 천문학 대신 주로 역학을 연구해 1638년 『두 새 과학에 대한 논의와 수학 증명』을 펴낸다. 갈릴레오는 1637년 눈이 멀 때까지 천체 관측을 계속하고 1642년 죽을 때까지 제자 비비아니 V. Viviani, 1622~1703와 토리첼리 E. Torricelli, 1608~1647를 지도한다.

2) 망원경 관측 자료

과학의 역사에서 갈릴레오의 업적은 천문학과 역학 두 분야에 걸쳐 있다. 천문학에서 갈릴레오는 새 원리를 발견하지 못하지만 망원경으로 관측한 자료에 근거해 코페르니쿠스의 우주 체계를 뒷받침한다. 역학에서는 관성 원리, 자유 낙하 원리 등을 발견해 훗날 뉴턴이 완성하는 역학 혁명의 방아쇠를 당긴다. 갈릴레오가 종교 재판에서 유죄 판결을 받고 천문학 대신 역학에 몰두한 것이 후세인들에게는 전화위복이다.

갈릴레오의 천문학 주저 『두 주요 우주 체계에 관한 대화』는 코페르니쿠스의 우주 체계와 아리스토텔레스-프톨레마이오스의 우주 체계를 둘러싸고 세 명의 가상 인물이 나흘 동안 벌이는 대화 형식으로 쓰여 있다. 프톨레마이오스는 아리스토텔레스 자연학을 계승해 지구 중심 우주 체계를 확립한 그리스 자연학자다. 이 책에서 갈릴레오는 아리스토텔레스-프톨레마이오스의 우주 체계를 경험과 논리의 두 방향에서 공격한다.

갈릴레오는 코페르니쿠스의 우주 체계를 경험으로 뒷받침하기 위해 망원경으로 관측한 여러 증거를 제시하는데 첫날에 제시하는 핵심 증거는 태양의 흑점과 달의 울퉁불퉁한 표면이다.[3] 아리스토텔레스의 견해를 받아들인 그 시절 사람들은 달을 포함한 천상계가 완전하며 이런 완전한 세계에 속하는 태양에는 흠이 전혀 없고 달 표면도 거울처럼 매끄럽다고 믿었다. 그러나 갈릴레오는 태양의 표면에 검은 점이 생겼다 사라지고 달 표면이 울퉁불퉁한 것을 관측했다고 밝힌다. 헛것을 보았거나 꾸민 말일지도 모른다는 의심을 받자 갈릴레오는 산마루의 달그림자가 경계선이 들쭉날쭉한 점 등 망원경 대신 눈으로 볼 수 있는 증거도 제시한다. 이 증거들에 따르면 천상계도 아리스토텔레스의 주장처럼 완전한 곳이 아니므로 천상계와 지상계의 엄밀한 구분은 근거가 약해진다.

갈릴레오는 셋째 날에 행성들이 지구가 아니라 태양을 중심으로 공전한다는 여러 증거를 제시하는데 가장 중요한 것은 금성의 크기와 모양의 변화다.[4] 만일 프톨레마이오스의 체계대로 지구가 우주의 중심이라면 금성은 지구와 늘 같은 거리만큼 떨어져 있으므로 크기가 똑같아 보여야 한다. 그러나 코페르니쿠스의 체계처럼 행성들이 태양을 중심으로 공전하면 금성은 지구와 공전 주기가 달라서 지구와 가까울 때도 있고 멀 때도 있으므로 거리에 따라 크게 보이기도 하고 작게 보이기도 해야 한다. 또 코페르니쿠스의 체계에 따르면 금성이 태양 빛을 반사해 나타내는 모양도 태양 건너편에 있을 때는 보름달 모양으로 보이고 태양과 지구 사이

---

3) G. Galilei, Dialogue Concerning the two Chief World Systems, trans. S. Drake, Berkeley: University of California Press, 1970, pp. 53~78.
4) G. Galilei, Dialogue Concerning the two Chief World Systems, pp. 322~339.

에 있을 때는 초승달 모양으로 보여야 한다. 그러나 프톨레마이오스의 체계에서는 금성이 언제나 지구와 태양 사이에 있으므로 초승달 모양이어야 한다. 달에 비해 지구에서 아주 멀리 있는 금성은 눈으로 보면 크기와 모양의 변화를 식별할 수 없다. 그래서 프톨레마이오스의 지지자들은 금성을 코페르니쿠스에 반대하는 근거로 제시한다. 그러나 갈릴레오는 망원경으로 금성의 크기와 모양이 변하는 것을 관측한다.

『두 주요 우주 체계에 관한 대화』에서 갈릴레오는 지구의 운동에 반대하는 사람들을 논리로도 끈질기게 설득한다. 넷째 날에 그는 밀물과 썰물을 지구의 운동으로 설명한다.[5] 나룻배에 물통을 싣고 갈 때 배의 속력이 느려지면 통 속의 물이 앞으로 쏠리고 배의 속력이 빨라지면 물이 뒤로 쏠린다. 갈릴레오는 이 비유를 들면서 바다라는 거대한 물통 속에서 밀물과 썰물이 일어나는 것도 지구의 운동 속력이 하루, 한 달, 한 해를 주기로 달라지기 때문이라고 설명한다. 이 설명은 밀물과 썰물이 달의 중력 때문에 일어난다고 보는 현대 과학에 따르면 틀렸지만 갈릴레오가 지구의 운동에 반대하는 사람들을 설득하려고 얼마나 머리를 짜냈는지를 잘 보여 준다. 가톨릭 교단 예수회가 종교 개혁가 루터M. Luther, 1483~1546와 칼뱅J. Calvin, 1509~1564의 설교를 합친 것보다 더 나쁘다고 혹평한 갈릴레오의 『두 주요 우주 체계에 관한 대화』는 문학과 철학 분야의 걸작으로 전 유럽에 널리 퍼진다.

3) 관성 원리의 출현

『두 주요 우주 체계에 관한 대화』는 갈릴레오의 천문학 주저로 꼽히지만 역학과의 연관도 잘 보여 준다. 이 책의 둘째 날에 나오는 아래의 "돛단배

---

[5] G. Galilei, Dialogue Concerning the two Chief World Systems, pp. 416~446.

이야기"는 천문학에서 아리스토텔레스-프톨레마이오스의 체계를 반박하는 논증이지만 갈릴레오의 역학에서 중요한 업적인 관성 원리도 담고 있기 때문이다. 서양에서는 플라톤의 대화편처럼 서술체가 아니라 대화체로 책을 쓰는 전통이 근대까지 이어지고 갈릴레오도 이 전통에 따라 과학 책을 대화체로 쓴다. 갈릴레오는 『두 주요 우주 체계에 관한 대화』에서 코페르니쿠스와 자신을 대변하는 살비아티와 아리스토텔레스와 프톨레마이오스를 대변하는 심플리치오를 대화 상대자로 내세운다.

심플리치오 : 하지만 지구가 움직이면 수천 가지 문제가 생기는데요. ……
아리스토텔레스는 실험을 통해 자기의 주장을 뒷받침합니다. 무거운 물체를 높은 곳에서 떨어트리면 수직으로 땅에 떨어집니다. 마찬가지로 곧게 위로 던진 물체는 아무리 높이 던져도 같은 수직선을 따라 내려옵니다. 이런 사례들이 이 물체들이 지구 중심을 향해서 움직인다는 증거들이죠. 지구 중심은 조금도 움직이지 않은 채 이 물체들을 기다리고 받아들입니다. ……

살비아티 : 당신 주장은 이런 거지요? 배가 가만히 서 있을 때 돌을 돛대 꼭대기에서 떨어트리면 돌이 돛대 바로 밑에 떨어지지만 배가 움직일 때 떨어트리면 거기서 먼 지점에 떨어진다는 거죠. 거꾸로 돌을 떨어트려 보아서 돛대 바로 밑에 떨어지면 배가 가만히 서 있다고 추론할 수 있고 돛대에서 먼 지점에 떨어지면 배가 움직인다고 추론할 수 있다는 거죠. 배에서 일어나는 일은 땅에서도 마찬가지로 성립하니까 탑에서 돌을 떨어트렸을 때 돌이 탑 바로 밑에 떨어지는 것을 보면 지구가 움직이지 않는다는 것을 알 수 있다는 거죠. 이게 당신의 논증이죠?

심플리치오 : 예. 맞습니다. 아주 간단하고 알기 쉽게 잘 표현하셨어요.

살비아티 : 그렇다면 말해 보세요. 만일 배가 빨리 움직이고 있을 때 돛대

꼭대기에서 돌을 떨어뜨려도 배가 가만히 서 있을 때 떨어진 그 지점에 떨어진다면 돌이 떨어지는 것을 보고 배가 움직이는지 아니면 가만히 서 있는지 판단할 수 있어요?

심플리치오 : 판단할 수 없죠. 그건 마치 어떤 사람이 잠을 자는지 아니면 깨어 있는지를 맥을 짚어 보고 판단하려는 것과 비슷합니다. 맥은 늘 뛰니까 그것을 가지고 판단할 수는 없어요.

살비아티 : 좋아요. 그런데 당신은 실제로 배에 올라가 이 실험을 해봤습니까?

심플리치오 : 아니요. 해보지 않았어요. 하지만 이 실험을 인용한 권위자들은 틀림없이 주의 깊게 관찰했을 거예요. 또 실험 결과들에 차이가 생기는 원인도 정확하게 밝혀져 있으니까 의심할 여지가 없습니다.

살비아티 : 당신을 보면 그 권위자들이 실험을 해보지도 않고 인용했을 가능성이 충분합니다. 당신은 실제로 확인해 보지도 않고 그 실험이 확실하다고 생각하고 권위자들의 견해를 깊이 신뢰하고 있으니까요. 아마 그 권위자들도 당신과 똑같은 방식으로 생각했을 거예요. 틀림없어요. 그들도 전임자를 믿고 기댔기 때문에 거슬러 올라가 봐도 누구 한 사람 실험을 해보지 않았을 거예요. 누구나 실험을 해보면 책에 써 놓은 것과 정반대라는 것을 알 수 있으니까요. 돌은 늘 갑판의 같은 지점에 떨어져요. 배가 가만히 서 있든 어떤 속력으로 움직이든 늘 마찬가지예요. 배에서 타당하게 성립하는 원인은 지구에서도 마찬가지로 타당하게 성립한다고 했으니까 탑 꼭대기에서 떨어뜨린 공이 수직으로 바로 밑에 떨어진다고 해서 지구가 운동하고 있는지 아니면 정지하고 있는지 추론할 수 없어요.[6]

---

6) G. Galilei, Dialogue Concerning the two Chief World Systems, pp. 122~145.

만일 지구가 자전하면 높은 탑 위에서 아래로 떨어트린 돌은 어디에 떨어질까? 돌이 낙하하는 동안에도 지구가 움직일 것이므로 돌은 탑에서 그만큼 먼 곳에 떨어져야 한다고 생각할 수 있다. 그러나 실험해 보면 돌은 탑을 스치듯이 따라 내려가 바로 밑에 떨어진다. 아리스토텔레스와 프톨레마이오스의 지지자들은 이 사실을 지구의 자전에 반대하는 근거로 제시한다. 그러나 갈릴레오는 이 견해를 돛단배 이야기로 다시 반박한다. 갈릴레오가 돛단배 이야기에서 내리는 결론은 지구가 자전한다는 것이라기보다 정확하게는 지구가 자전하지 않는다고 주장할 수 없다는 것인데, 이 이야기가 역학 혁명의 기폭제가 된 관성 원리를 담고 있다. 관성 원리는 외부의 방해가 없는 한 물체는 이미 하고 있는 운동을 계속한다는 것이다. 탑이나 돛대 위에서 떨어트린 돌이 바로 밑에 떨어지는 까닭은 돌이 아래로 떨어지는 동안에도 지구나 배의 운동을 공유해 수평 방향으로 그 운동을 계속하기 때문이다. 갈릴레오 역학의 핵심인 관성 원리는 이와 같이 천문학의 문제를 푸는 과정에서 도입된다.

그러나 갈릴레오의 관성 원리는 아리스토텔레스의 견해에서 철저하게 벗어나지 못한 것이다. 아리스토텔레스에 따르면 우주에는 두 종류의 물질이 있다. 하나는 "하늘 물질"이며 이 물질로 구성된 달, 태양, 행성, 항성 같은 천상 물체는 변하지 않는다. 다른 하나는 "땅 물질"이며 이 물질로 구성된 돌, 나무 같은 지상 물체는 닳고 상하고 변한다. 그러므로 달을 포함해 천상계는 완전한 곳이고 지상계는 불완전한 곳이다. 두 세계에서는 운동도 다르다. 천상계에는 하늘 물질의 본성에 따르는 자연 운동만 있다. 이 자연 운동의 궤도는 별들이 그리는 것처럼 원이다. 그러나 지상계에서 자연 운동의 궤도는 돌이 지구 중심을 향해 떨어지거나 연기가 반대 방향으로 올라가는 것처럼 직선이다. 또 지상계에서는 자연 운동뿐 아니라 대포가 쏘는 포탄의 포물선 운동처럼 외부의 운동 원인 mover에 의한 강제 운동도 일어난다.

갈릴레오는 천상계와 지상계의 엄격한 구분을 반박한다. 그러나 갈릴레오의 반박은 철저하지 않다. 그가 천상계와 지상계의 구분을 반박하는 방식은 두 세계가 완전히 똑같다는 것이 아니라 부분적으로만 똑같다는 것이기 때문이다. 갈릴레오는 지상계에 천상계와 다른 자연 운동, 즉 수직 상승 하강 운동뿐 아니라 천상계와 똑같은 자연 운동, 즉 원 운동도 있다고 주장한다. 그에 따르면 지구 전체가 자연스럽게 원을 그리며 운동하듯이 그 일부인 돌의 자연 운동 궤도도 본래 원이며 직선 궤도는 원 운동에서 벗어났을 때 본래 궤도로 가장 빨리 돌아가는 길이다. 갈릴레오는 원 운동이 자연스럽다는 아리스토텔레스의 견해에서 철저히 벗어나지 못하기 때문에 관성 운동의 궤도를 원이라고 생각한다.

관성 원리는 과학의 역사에서 갈릴레오가 발견한 원리 가운데 아리스토텔레스주의 자연학에 치명타를 가한 원리로 첫손가락에 꼽힌다. 관성 원리와 이 원리가 무너뜨린 아리스토텔레스의 운동 원리 사이의 차이는 현대 물리학자 아인슈타인A. Einstein, 1879~1955의 설명 방식을 빌리면 다음과 같다.

일정한 속력으로 움직이는 자동차가 같은 속력을 유지하려면 액셀러레이터를 밟는 것처럼 외부에서 힘을 가해야 할까, 아니면 아무 힘도 가하지 않아야 할까? 실제 상황에서는 대기의 바람이나 길의 마찰 등 저항이 있기 때문에 외부에서 계속 힘을 가하지 않으면 자동차는 결국 정지하고 말 것이다. 이것이 아리스토텔레스의 운동 원리다. 아리스토텔레스에 따르면 운동하는 물체의 속력은 가한 힘에 비례하고 저항에 반비례한다. 그러나 만일 대기나 길에 아무 저항이 없는 이상 상황이라면 외부에서 가하는 힘은 자동차의 속력을 높이거나 줄일 것이고 오히려 아무 힘도 가하지 않아야 자동차는 같은 속력을 유지할 것이다. 이것이 갈릴레오의 관성 원리다. 관성 원리에 따르면 운동하는 물체는 외부의 작용이 없는 한 이미 가지고 있는 운동 속력을 유지한다.[7]

이 설명은 아리스토텔레스의 운동 원리와 갈릴레오의 관성 원리 사이의 대립이 실제 상황과 이상 상황의 차이에서 비롯한다는 점을 보여 주고 어느 원리가 옳은지를 보여 주지는 않는다. 그러나 근대 자연 철학은 이상 상황에서 도출된 관성 원리를 바탕으로 새 운동 원리, 특히 뉴턴의 운동 원리를 생산하고 이 원리의 특성인 수학 정량화가 근대 이후 지금까지 과학 원리의 필수 자격 요건이라는 점이 중요하다.

갈릴레오의 관성 원리는 비록 원 운동 궤도를 고집하는 한계가 있지만 천상계와 지상계의 구분을 무너뜨리는 길을 연다. 관성 원리는 천상계와 지상계를 가리지 않고 모든 물체가 운동을 유지하는 데는 구성 원소의 내부 본성이든 외부의 운동 원인이든 어떤 원인도 필요하지 않으며 운동의 변화, 즉 가속도에 원인이 필요하다는 의미를 품고 있기 때문이다. 운동 변화의 원인은 마침내 뉴턴에 의해 힘으로 증명된다.

2. 기하학 원자론

1) 갈릴레오 실험의 성격

이제 갈릴레오의 역학으로 넘어가 보자. 갈릴레오의 역학이 어떻게 성립하는지에 대해서는 과학사 연구자들 사이에 대립하는 두 가지 견해가 있다. 하나는 갈릴레오의 역학이 성립하는 데 이상 실험을 포함한 수학 사

---

7) A. Einstein and L. Infeld, The Evolution of Physics, Cambridge : Cambridge University Press, 1938, pp. 6~11.

고가 미친 영향을 강조하는 견해다. 또 하나는 진자, 낙하, 경사면 하강 등에 관한 실험이 미친 영향을 강조하는 견해다. 수학을 강조하는 견해의 대표는 과학사 연구의 선구자 코이레A. Koyré다. 코이레는 갈릴레오가 망원경을 만들어 관찰한 것 말고는 물리 현상을 수학으로 생각하기만 했다고 주장한다.[8] 갈릴레오가 피사 대학 시절에 사탑에서 실험을 통해 자유 낙하 법칙을 발견했다는 소문이 근거가 없다는 과학사 연구의 성과도 이 견해를 뒷받침한다. 과학사 연구자 딕스터휘스E. Dijksterhuis에 따르면 갈릴레오가 한 실험은 법칙을 발견하기 위한 것이 아니라 이미 수학 추론으로 이끌어 낸 법칙을 검증하기 위한 것이다.[9] 이 견해는 1970년대까지 정통이었다.

실험을 강조하는 견해의 대표자는 드레이크S. Drake다. 그에 따르면 갈릴레오는 1604년 진자의 법칙을 발견하고 이 법칙을 낙하 문제에 연결하고 다시 낙하 문제를 경사면에 따른 하강 실험과 관련지어 자유 낙하 법칙을 얻는다. 드레이크는 1604~1609년 갈릴레오의 연구 자료를 근거로 제시한다. 그에 따르면 이 자료는 주로 거리와 시간을 측정하는 것이며 갈릴레오의 실험이 단순한 검증 실험이 아니라는 것을 증명한다.[10]

나는 갈릴레오의 방법이 실험이냐 수학이냐는 문제보다 그의 역학

---

8) A. Koyré, Galileo Studies, trans. J. Mepham, Sussex : The Harvester Press, 1978(프랑스어 원본은 1939), p. 106. 쿤도 갈릴레오가 낙하 법칙을 얻은 것은 실험 때문이 아니라 이미 아는 현상을 새 패러다임으로 보기 때문이라고 주장한다. 쿤에 따르면 아리스토텔레스 학파는 줄에 매달린 무거운 물체가 흔들리는 운동을 "어렵게 떨어지는" 현상에 지나지 않는다고 보지만, 갈릴레오가 이 운동을 진자의 운동으로 보고 여기서 무게가 낙하 속도와 관계 없다는 결론을 이끌어 낸 것은 이미 뷔리당(J. Buridan), 오렘(N. Oresme) 등이 일으킨 중세의 패러다임 변화를 더 개발하기 때문이다. T. Kuhn, The Structure of Scientific Revolution, 2nd ed., Chicago : The University of Chicago Press, 1970, pp. 118~120.
9) E. Dijksterhuis, The Mechanization of the World Picture, trans. C. Dikshoorn, Oxford : Clarendon Press, 1961, pp. 335~336, 344~345.
10) S. Drake, Galileo : Pioneer Scientist, Toronto : University of Toronto Press, 1990, pp. 4~5.

이 어떤 형이상학 원리를 기초로 삼느냐는 문제에 더 관심이 있다. 코이레의 견해와 드레이크의 견해에서 나오는 한 가지 공통 결론은 갈릴레오의 역학이 형이상학과 특별한 관계가 없다는 점이다. 딕스터휘스에 따르면 갈릴레오의 이론 안에서 원자와 진공에 대한 가설은 비교적 고립되어 있고 우연한 것이며, 그는 물질의 구조와 변화에 관해 정합적인 이론을 구하는 형이상학 문제를 제기하지 않는다. 갈릴레오는 형이상학 문제에 매달린 스콜라 철학자들과 뿌리 깊게 갈등하고 역학의 문제에서 신뢰해야 할 사람은 철학자가 아니라 수학자라고 본다. 그렇다면 갈릴레오의 형이상학은 설사 있더라도 역학이 성립하는 데 긍정적으로 작용할 여지가 별로 없다.

그러나 나는 두 견해가 모두 갈릴레오의 역학이 성립하는 데 형이상학의 역할을 과소평가한다고 생각한다. 코이레는 갈릴레오가 특별한 과학 방법, 즉 수학에 기초한 가설 연역 방법을 적용한 것이 역학 법칙을 얻는 데 결정적 영향을 미친다고 본다. 그러나 갈릴레오가 미리 어느 정도 완성한 방법을 적용해 역학 법칙을 얻는다고 보는 것은 직관적으로 석연치 않다. 과학 법칙은 대부분 형이상학을 포함해 좀더 복잡한 성립 요인을 가지고 있기 때문이다. 조금 뒤에 보겠지만 갈릴레오의 과학도 형이상학 또는 물질론에 기초한다.

한편 드레이크의 견해가 옳다면 갈릴레오가 실험으로 얻은 자료는 중립적인 것이고 이 자료에서 도출한 역학 법칙의 의미를 해석하는 데 철학, 특히 우주가 기하학 질서를 가진다고 주장하는 신플라톤주의 전통이 개입한다고 보아야 한다. 그러나 나는 『두 새 과학에 대한 논의와 수학 증명』을 중심으로 갈릴레오에게도 형이상학 원리가 있고 이 원리가 역학 법칙을 도출하는 데 꼭 필요하다고 증명할 것이다.

2) 공간론과 물체의 응집력

공간의 문제는 17세기 자연 철학자들에게 열띤 논쟁거리 가운데 하나다. 논쟁의 초점은 고대와 중세의 아리스토텔레스주의 자연학이 주장하듯이 공간이 물질로 꽉 찬 플레눔이냐, 아니면 16세기에 부활한 원자론이 주장하듯이 진공void이 있느냐는 것이다. 예를 들어 데카르트는 공간이 비어 있다는 생각은 공간을 차지한다는 뜻에서 연장이 본성인 물체 개념과 모순되므로 공간은 꽉 차 있다고 주장한다. 반면 뉴턴은 공간이 그 자체로는 비어 있다고 주장하고 진공을 인정한다.[11]

갈릴레오는 진공이 있다고 인정하지만 그 맥락은 독특하다. 그는 물질 입자들 사이의 응집력을 설명하기 위해 진공의 존재를 인정한다. 갈릴레오 역학의 주저 『두 새 과학에 대한 논의와 수학 증명』은 천문학 저서 『두 주요 우주 체계에 관한 대화』와 마찬가지로 갈릴레오 자신을 대변하는 살비아티(이하 갈릴레오라 함), 그의 동료 사그레도, 아리스토텔레스주의자 심플리치오가 나흘 동안 나누는 대화로 쓰여 있다. 첫날에는 진공의 인정을 둘러싸고 논쟁이 벌어진다. 이 논쟁에서 갈릴레오는 진공의 존재에 대한 귀납 논증과 연역 논증을 제시한다.

갈릴레오는 진공이 있다는 귀납 논증을 제시하기 위해 한 가지 예를 든다. 그 예는 두 개의 깨끗하고 매끄러운 대리석 판을 빈틈없이 겹쳐 놓았다가 두 판의 평행을 유지하면서 위 판을 들어 올리는 것이다.[12] 이 경우 아래 판은 위 판에 달라붙어서 강제로 떼어 내지 않으면 시간이 지나도 떨어지지 않는다. 만일 두 판을 강제로 분리하면 두 판은 주위의 공기가 들어와 채우는 잠시 동안이라도 분리에 저항한다. 갈릴레오는 이런 저

---

11) R. Descartes, Principles of Philosophy, pp. 229~231. I. Newton, Mathematical Principles of Natural Philosophy, trans. A. Motte, revised by F. Cajori, Berkeley: University of California Press, 1962, p. 6.

항력이 있다는 사실을 진공이 존재하는 귀납 증거로 제시한다.

그러나 진공에 대한 갈릴레오의 귀납 논증은 성공한 것으로 볼 수 없다. 그가 든 예에서 저항력의 원인은 진공이라고 볼 수 없기 때문이다. 이 예에서 진공은 두 판이 분리하기 시작해야 생기므로 두 판의 분리 시작이 원인이고 진공은 그 결과다. 그렇다면 두 판이 분리하지 않으려고 하는 것이 진공 때문이라는 갈릴레오의 주장은 아직 없는 진공이 이미 있는 저항력의 원인이라는 뜻이 된다. 어떻게 시간 면에서 나중에 있는 것이 먼저 있는 것의 원인이 될 수 있을까?

이 의문은 갈릴레오의 설명을 듣고 그의 친구로 등장하는 사그레도가 제기한다. 그리고 아리스토텔레스주의자인 심플리치오는 이 저항력의 원인은 진공이 아니라 진공이 생기는 것에 대한 자연의 혐오이므로 이 예는 진공이 있다는 사실이 아니라 진공이 생기는 데 대한 자연의 혐오가 있다는 사실을 증명한다고 주장한다. 갈릴레오는 사그레도가 제기한 의문에 대답하지도 않고 심플리치오의 설명을 반박하지도 않는다. 오히려 갈릴레오는 진공이 대리석이나 금속의 부분들이 단단히 결합하는 데 충분한 원인이 아니라고 말하면서 화제를 돌려 진공에 의존하지 않는 저항력을 논의하기 시작한다. 진공의 존재에 대한 갈릴레오의 귀납 논증은 실패했다.

사그레도의 의문, 즉 나중에 생기는 진공이 어떻게 먼저 있는 저항력의 원인이 될 수 있느냐는 물음에 대한 답은 갈릴레오가 목적인을 중시하는 아리스토텔레스주의 전통에서 아직 완전히 벗어나지 못했다는 데서 찾을 수도 있다. 철학사 연구자 마하머P. Machamer에 따르면 두 대리석 판의 예에서 진공은 시간적으로 선행하는 작용인이 아니라 일어나서는 안

---

12) G. Galilei, Two New Sciences, trans. S. Drake, Wisconsin: The University of Wisconsin Press, 1974, pp. 19~21.

될 최종 상태를 규정하는 목적인으로 보아야 한다. 그래야 아직 없는 진공이 이미 있는 저항력의 원인이고 두 대리석 판은 진공을 만들지 않기 위해 분리에 저항한다고 이해할 수 있기 때문이다.[13]

갈릴레오가 두 대리석 판의 예에서 주장한 진공은 거시 진공이다. 그러나 갈릴레오는 이 예를 설명한 뒤 반론에 부딪히자 거시 진공의 존재를 강하게 주장하지 않고 곧 미시 진공의 존재 가능성을 시사하는 논의로 넘어간다. 그는 거시 진공에 의존하지 않는 저항력, 즉 고체의 부분들 사이에 있는 분리에 대한 저항력의 원인이 미시 진공이라고 주장한다.[14] 미시 진공은 조금 뒤에 보겠지만 갈릴레오의 역학에서 물체의 응집력과 팽창을 설명하는 데 중요한 역할을 한다.

한편 갈릴레오는 진공의 존재를 귀납 방법으로 주장할 뿐 아니라 아리스토텔레스의 진공 부정 논증을 반박하면서 연역 방법으로 논증하기도 한다. 그러나 진공의 존재에 대한 갈릴레오의 연역 논증도 성공한 것으로 볼 수 없다. 왜냐하면 갈릴레오가 아리스토텔레스의 진공 부정 논증을 반박한 뒤에 내리는 결론이 이상하기 때문이다. 이 과정을 좀더 자세히 살펴보자.

아리스토텔레스는 진공이 있어야 운동이 일어날 수 있다는 원자론자들의 견해를 비판하고 오히려 운동이 있으려면 진공은 있을 수 없다고 주장한다. 아리스토텔레스는 『자연학』 Physica에서 운동에 대해 두 가설을 세운 뒤 진공의 존재를 부정하는 논증을 제시한다.[15]

---

13) P. Machamer, "Galileo and the Causes", eds. R. Butts and J. Pitt, New Perspectives on Galileo, Dordrecht : D. Reidel Publishing Company, 1978, pp. 169~171.
14) G. Galilei, Two New Sciences, p. 20.
15) Aristoteles, Physica, 215a~216a, ed. R. McKeon, The Basic Works of Aristotle, New York : Random House, 1941.

아리스토텔레스의 운동 가설 1

무게가 다른 두 물체는 같은 매질에서 운동할 경우 무게에 비례하는 속력으로 운동한다.

아리스토텔레스의 운동 가설 2

무게가 같은 한 물체는 서로 다른 매질에서 운동할 경우 매질의 밀도에 반비례하는 속력으로 운동한다.

아리스토텔레스의 진공 부정 논증

만일 운동 가설 2가 옳고 진공이 있다면 진공은 밀도가 0이므로 시간이 걸리지 않는 운동이 있다.
그러나 시간이 걸리지 않는 운동은 없다.
따라서 진공은 없다.

갈릴레오는 아리스토텔레스의 두 운동 가설을 반박하는 여러 가지 근거를 제시한다. 이 가운데 진공의 존재와 관련된 핵심 반박은 아리스토텔레스의 운동 가설 2가 거짓이라고 귀류법에 의해 증명하는 형식으로 이루어진다. 귀류법은 어떤 명제가 옳다고 가정하고 그릇된 귀결을 추론해 그 명제를 반박하는 방법이다. 갈릴레오는 다음 사고 실험을 통해 운동 가설 2가 옳다면 운동 가설 1과 모순되는 귀결이 나온다고 주장한다.[16]

만일 아리스토텔레스의 운동 가설 2가 옳다면 물과 공기의 밀도 비를 10 대 1로 잡고 공기 중에서 떨어지는 나무 공의 속력을 20으로 잡을 경우 나무 공은 물속에서 2의 속력으로 떨어져야 한다. 그러나 나무 공은

---

16) G. Galilei, Two New Sciences, pp. 70~71.

물 위에 뜬다. 그렇다면 물속에서 2의 속력으로 떨어지는 다른 재질로 된 공을 생각할 수 있다. 물속에 가라앉는 이 공은 물 위에 뜨는 나무 공보다 무게, 정확하게는 비중이 클 것이다. 그리고 이 공의 속력이 물속에서 2라면 공기 중에서는 20이다. 그렇다면 이 공은 나무 공보다 무겁지만 공기 중에서 낙하 속력이 나무 공과 같다는 귀결이 나온다. 이 귀결은 아리스토텔레스의 운동 가설 1, 속력이 무게에 비례한다는 가설과 어긋난다. 갈릴레오는 이 사고 실험에 이어 다음과 같이 결론을 내린다.

> 결론을 내리면, (아리스토텔레스의) 이 논증은 진공에 반대해 아무것도 증명하지 않는다. 만일 증명하는 것이 있다면 이 논증은 지각할 수 있는 크기의 빈 공간만을 없앨 뿐이다. 내 생각에 고대인들은 그런 진공이 자연 속에 있다고 가정하지 않았고 나 자신도 그런 진공이 있다고 가정하지 않는다.[17]

갈릴레오가 아리스토텔레스의 진공 부정 논증을 반박한 뒤 내리는 결론은 이상하다. 왜 갈릴레오는 진공이 없다는 아리스토텔레스의 논증이 타당하지 않으므로 진공이 있다고 결론을 내리지 않고, 아리스토텔레스의 논증은 지각할 수 있는 크기의 진공이 자연 속에 있다는 것을 반증할 뿐이라고 결론을 내릴까? 이 의문에 대답하기 위해서는 다시 거시 진공과 미시 진공을 구분할 필요가 있다. 갈릴레오가 이 결론에서 자연 속에 있다고 가정하지 않는 진공은 지각할 수 있는 크기의 거시 진공이다. 갈릴레오가 거시 진공이 자연 속에 있다고 주장하려면 아리스토텔레스의 진공 부정 논증에서 둘째 전제, 즉 시간이 걸리지 않는 운동이 자연 속에

---

17) G. Galilei, *Two New Sciences*, p. 71.

없다는 전제가 거짓이라고 증명하거나 거시 진공의 존재를 뒷받침하는 다른 근거를 제시해야 한다. 그러나 갈릴레오는 둘째 전제가 거짓이라고 증명하지도 않고 다른 근거를 제시하지도 않는다. 따라서 그는 거시 진공이 자연 속에 있다는 결론을 내릴 수 없다.

    갈릴레오에게 거시 진공은 증명의 대상이 아니라 선험적 가정의 대상이다. 운동 가설 2에 대한 갈릴레오의 반박에서 나오는 또 하나의 귀결은 만일 진공이 있다면 그 속에서 무게가 다른 두 물체는 같은 속력으로 떨어진다는 것이다. 그러나 심플리치오는 설사 진공 속이더라도 양털뭉치가 납덩어리와 똑같은 속력으로 떨어진다는 것을 믿을 수 없다고 주장한다. 갈릴레오는 다음과 같이 심플리치오를 설득한다.

> 우리는 무게가 다른 물체가 저항이 전혀 없는 매질 속에서 운동할 때 무슨 일이 일어나는지를 연구하려 한다. 이런 매질에서 운동 물체들 사이의 속력 차이는 오직 무게와 관계가 있을 수밖에 없다. 우리가 연구하는 것을 보여 주는 데 적합한 공간은 예를 들어 공기가 전혀 없고 아무리 얇고 가늘더라도 물체가 전혀 없는 공간뿐이다. 그러나 이런 공간은 없기 때문에 우리는 대신 저항이 매우 작은 매질에서 일어나는 일과 저항이 더 큰 매질에서 일어나는 일을 비교 관찰해야 한다. 만일 무게가 다른 운동 물체들이 매질의 저항이 약해질수록 속력의 차이가 작게 생긴다면, 그리고 마침내 무게가 아주 다른 물체들이 비록 진공은 아니더라도 극도로 옅은 매질 속에서 속력 차이가 아주 작고 거의 관찰할 수 없을 정도라면 진공 속에서는 모든 속력이 완전히 똑같다고 믿는 것이 아주 그럴듯하다고 나는 생각한다.[18]

---

18) G. Galilei, Two New Sciences, p. 76.

물체의 자유 낙하 속도가 무게와 상관없다는 원리를 담고 있는 이 설득은 갈릴레오에게 거시 진공의 존재가 증명의 대상이 아니라 선험적 가정의 대상이라는 점을 잘 보여 준다. 만일 저항이 전혀 없는 이상 매질, 즉 진공 속이라면 높은 탑에서 떨어지는 양털뭉치와 납덩어리는 똑같이 땅에 닿는다. 그러나 실제 공기 속에서 실험을 되풀이해 보면 두 물체는 똑같이 땅에 닿지 않고 대부분의 경우 납덩어리가 양털뭉치보다 아주 조금이라도 빨리 땅에 닿는다. 그러므로 여기서도 거시 진공은 갈릴레오에게 실제 상황이 아니라 이상 상황으로 가정된 것이다.

갈릴레오는 거시 진공이 자연 속에 있을 가능성을 배제하지만 미시 진공이 있을 가능성은 남긴다. 갈릴레오가 아리스토텔레스의 진공 부정 논증이 거시 진공의 존재 가능성을 반증할 뿐이라고 주장하는 것은 긍정적으로 풀이하면 미시 진공의 존재 가능성이 남아 있다는 뜻이다.

왜 갈릴레오는 미시 진공이 있을 가능성을 남길까?『두 새 과학에 대한 논의와 수학 증명』에서 첫 새 과학은 고체의 강도strength에 관한 이론이다. 갈릴레오는 첫날에 이 이론을 설명하고 둘째 날에는 이 이론을 지레, 저울, 스크루 등 전통적으로 무게의 과학인 역학 또는 기계학에 응용해 11개의 명제를 세운다. 고체의 강도는 그 구성 입자들 사이의 응집력 때문에 생긴다. 그리고 갈릴레오에 따르면 입자들 사이의 응집력은 미시 진공이 원인이다. 갈릴레오는 불이 금속을 녹이는 현상을 증거로 든다.[19] 금속 입자들 사이에는 미시 진공들이 퍼져 있으면서 금속 입자들이 서로 분리하지 못하게 막는다. 그러나 금속에 불을 가하면 불 입자들이 미시 진공들을 채워 없애기 때문에 금속 입자들은 응집력을 잃고 녹는다. 그리고 불 입자들이 원래의 미시 진공들을 남기고 떠나면 금속 입자들 사이의

---

19) G. Galilei, Two New Sciences, p. 27.

응집력은 되살아난다. 갈릴레오는 이 예가 미시 진공의 존재를 증명한다고 주장한다.

그러나 지각할 수 없는 미시 진공의 존재도 귀납으로 증명된 것이 아니라 마치 데카르트의 소용돌이 가설[20]처럼 이미 아는 현상을 설명하기 위해 선험적으로 가정된 것이다. 물질 입자들 사이의 응집력은 반드시 미시 진공의 존재를 가정해야 설명되는 것은 아니다. 훗날 뉴턴은 중력을 미시적으로 축소해 "짧은 거리에서 서로 끌어당기는 힘"을 도입함으로써 물질 입자들 사이의 결합을 설명한다.[21]

갈릴레오는 진공의 존재를 증명하는 귀납 논증과 연역 논증을 제시하지만 모두 실패했다. 그에게 진공은 거시든 미시든 선험적 가정의 대상이다. 그러나 갈릴레오가 물질 입자들 사이의 응집력을 설명하기 위해 미시 진공의 존재를 선험적으로 가정하는 것은 그의 역학과 형이상학 사이의 관계를 보여 준다는 점에서 의의가 있다. 미시 진공의 존재에 대한 갈릴레오의 선험적 가정은 물질 입자들 사이의 응집력이라는 중요한 역학 현상을 설명하는 데 필요한 형이상학 전제이기 때문이다.

데카르트는 갈릴레오가 자연 현상을 기술하기만 하고 그 원인을 설명하지 않는다고 끈질기게 비판한다. 갈릴레오는 자연 현상을 수학으로 정량화하는 길을 열었고 17세기에는 이 길의 끝에 뉴턴의 『자연 철학의 수학 원리』가 서 있다는 점에서 이 비판은 타당하다. 그러나 데카르트의 비판은 어느 정도 오해를 포함한다. 갈릴레오는 비록 뉴턴처럼 자연 현상의 원인을 힘으로 설명하지 않지만 이 원인에 대한 형이상학 설명을 제시

---

20) 데카르트는 소용돌이 가설로 중력 현상, 자기 현상 등 다양한 물리 현상을 설명한다. 자세한 설명은 다음을 참고. 김성환, 「데카르트의 철학 체계에서 형이상학과 과학의 관계」, 서울대 박사 학위 논문, 1996, 95~115쪽.
21) I. Newton, Opticks or A Treatise of the Reflections, Refractions, Inflections and Colours of Light, New York : Dover Publications, Inc., 1952, pp. 375~406.

하기 때문이다. 물질 입자들 사이의 응집력이 미시 진공 때문이라는 갈릴레오의 견해는 그의 공간론이 역학 현상의 원인을 설명하는 형이상학 기초라는 점을 보여 준다. 또 조금 뒤 살펴볼 물질의 팽창과 수축 현상, 자유 낙하 운동 등에 대한 갈릴레오의 견해도 그의 원자론, 공간론, 시간론이 역학 현상의 원인을 설명하는 형이상학 기초라고 입증할 것이다.

3) 원자론과 "정량화할 수 없는 부분"

17세기는 물질론에 큰 진화가 일어나는 시기다. 이 진화는 16세기에 부활한 고대 원자론을 역학 문제들에 적용하면서 이루어진다. 르네상스 이래 널리 퍼진 반反아리스토텔레스주의 사조는 데모크리토스Democritos, B.C. 460?~B.C. 370?, 에피쿠로스Epicuros, B.C. 341~B.C. 270, 루크레티우스Lucretius, B.C. 96?~B.C. 55? 등의 고대 그리스 원자론과 알렉산드리아의 헤론Heron, 10?~70?의 입자론에 대한 관심을 불러일으킨다. 원자론은 물질의 무한 분할 가능성을 부정하고 더 이상 쪼갤 수 없는 원자의 존재를 인정하지만 입자론은 물질의 무한 분할 가능성을 인정한다.

갈릴레오의 원자론이 16세기에 부활한 여러 원자론 가운데 어느 것과 비슷하고 또 어떤 차이가 있는지에 대해서는 다양한 견해가 있다. 철학사 연구자 버트E. Burtt에 따르면 갈릴레오의 원자론은 플라톤의 『티마이오스』Timaios에 나오는 기하학 4원소론보다 데모크리토스와 에피쿠로스의 원자론과 가깝다.[20] 플라톤의 기하학 4원소론은 빈 공간을 인정하지 않고 불, 공기, 물, 흙 등 4원소의 모양이 각각 정4면체, 정8면체, 정20면체, 정6면체라는 이론이다. 데모크리토스와 에피쿠로스의 원자론은 분할 불가능한 원자가 빈 공간 속에서 움직인다는 이론이다. 갈릴레오의 원자론은 플라톤의 정다면체 가설을 도입하지 않는다.

한편 과학사 연구자 마리 홀M. B. Hall에 따르면 갈릴레오의 원자론은 입자들 사이의 미시 진공으로 물체의 성질을 설명한 헤론의 입자론에서 큰 영향을 받는다.[23] 헤론에 따르면 예를 들어 물체가 가진 응집력의 원인은 입자들 사이에 있는 미시 진공이며 불 입자가 이 진공을 통과하면 물체는 녹는다. 갈릴레오도 이 설명을 그대로 받아들이지만 헤론과는 달리 원자론자다. 또 그는 원자의 크기와 모양 외에 운동도 중시한다. 나는 갈릴레오의 원자론이 지닌 독특한 성격을 기하학 원자론으로 규정하고 이 기하학 원자론이 그의 역학에서 어떤 역할을 하는지를 밝힐 것이다.

갈릴레오는 『두 새 과학에 대한 논의와 수학 증명』의 첫날에 고체의 부분들이 응집하는 원인을 원자와 미시 진공으로 설명한 뒤 미시 진공의 수가 무한히 많다는 것을 증명할 필요를 느낀다. 그래야 물체가 무한히 크지 않은 부피를 가지면서도 부수거나 쪼개는 데 매우 큰 저항력을 보이는 현상을 설명할 수 있기 때문이다. 갈릴레오의 기하학 원자론은 이 증명 과정에서 태어난다. 그의 기하학 원자론의 핵심 명제는 다음과 같이 정리할 수 있다.

유한 연속체는 무한히 많고 정량화할 수 없는 분할 불가능자들로 구성된다.[24]

여기서 "분할 불가능자"indivisible는 원자의 중세 이름이고 유한 연속체는 한정된 크기를 가진 물체를 가리킨다. 이 명제는 갈릴레오의 원자가 두 가지 성질을 지닌다는 것을 보여 준다. 하나는 "유한 연속체 속에 무한

---

22) E. Burtt, The Metaphysical Foundations of Modern Physical Science, London: Routledge & Kegan Paul Ltd., 1932, pp. 74~80.
23) M. B. Hall, "The Establishment of the Mechanical Philosophy", Osiris 10, 1952, pp. 435~437.
24) G. Galilei, Two New Sciences, pp. 38~39, 41~42.

히 많이 있다"는 성질이고 또 하나는 "정량화할 수 없다"는 성질이다.

원자가 유한 연속체 속에 무한히 많이 있다는 갈릴레오의 증명은 귀류법에 의존한다. 그는 원자를 점, 유한 연속체를 유한한 길이의 선에 비유한다. 만일 유한한 수의 점을 더해 선을 만들 수 있다면 예를 들어 점을 3개 또는 5개 또는 7개 등 홀수 개를 더해도 선을 만들 수 있다. 그러나 이렇게 만든 선을 이등분하면 분할 불가능한 점이 분할된다는 그릇된 결론이 나온다. 따라서 유한 연속체는 유한한 수의 원자를 더해서는 만들 수 없고 무한히 많은 원자를 더해야 만들 수 있다. 또 원자를 정량화할 수 없다는 갈릴레오의 증명도 귀류법에 의존한다. 정량화한다는 말은 양을 정한다는 뜻이다. 만일 원자의 크기가 조금이라도 양을 정할 수 있다면 이미 무한히 많은 원자로 구성되어 있다고 증명된 유한 연속체가 무한히 커진다는 그릇된 결론이 나온다. 따라서 원자는 정량화할 수 없다.

갈릴레오의 원자론은 두 가지 의문을 불러일으킨다. 첫째, 원자가 분할 불가능하다는 것과 무한히 많다는 것은 서로 모순이 아닐까? 물체의 부분들은 만일 끝없이 분할할 수 있다면 무한히 많겠지만 어느 지점에서 더 이상 분할할 수 없다면 무한히 많을 수는 없다. 예를 들어 물 1cc를 구성하는 수소 원자와 산소 원자의 수는 매우 많지만 무한히 많지는 않다.

이 첫 의문은 아리스토텔레스처럼 가능태dynamis와 현실태energeia를 구분해 해결할 수도 있다. 아리스토텔레스는 어떤 것이 다른 것으로 변하는 것을 가능태가 현실태로 바뀌는 것이라고 설명한다. 예를 들어 나무가 상자로 변하는 것은 상자의 가능태로서 나무가 현실태로 바뀌는 것이다. 아리스토텔레스는 유한 연속체의 부분들이 가능적으로는 무한히 많고 현실적으로는 유한하다고 주장한다. 즉 연속체는 가능적으로는 무한 분할할 수 있지만 현실적으로는 무한 분할할 수 없다. 그러나 갈릴레오에 따르면 연속체의 부분들은 가능적으로든 현실적으로든 무한 분할할 수 없다. 그는 더 이상 분할할 수 없는 원자의 존재를 인정하기 때문이다. 그렇다면 어떻게 이런 분할 불가능자가 유한 연속체 속에 무한히 많이 있을 수 있을까?

이 물음에 대한 갈릴레오의 답은 원자를 정량화할 수 없다는 데 있다. 아리스토텔레스는 물체의 부분들을 정량화할 수 있는 것으로 보기 때문에 가능적으로 무한 분할할 수 있다고 주장한다. 그러나 갈릴레오는 물체의 부분들을 "정량화할 수 없는 부분" parti non quante 으로 보기 때문에 가능적으로도 무한 분할할 수 없다고 주장한다. 유한 연속체 속에 무한히 많이 있을 수 있고 정량화할 수 없으면서도 분할 불가능한 것은 기하학의 점이다. 갈릴레오에 따르면 분할 불가능자는 점이고 크기가 없으므로 더 이상 분할할 수 없고 유한 연속체 속에 무한히 많이 있을 수 있다. 예를 들어 1cm의 선 속에 무한히 많은 점이 있을 수 있듯이 1cc의 물속에도 크기가 없기 때문에 더 이상 쪼갤 수 없는 원자가 무한히 많이 있을 수 있다.

그렇다면 둘째 의문이 생긴다. 선에 적용되는 원리가 어떻게 면이나 입체에도 적용될 수 있을까? 심플리치오는 갈릴레오의 증명이 감각 가능한 물질과 분리된 기하학 증명이므로 자연의 물리 사물에 적용할 수 없다고 반박한다. 그러나 갈릴레오는 기하학의 원리를 물리 사물에도 적용할 수 있다고 주장한다. 갈릴레오는 이 주장을 증명하기 위해 기하학 원자론을 적용해 중요한 역학 현상인 물체의 팽창과 수축을 설명한다.

갈릴레오는 고대 원자론이 거시 물체와 관련된 여러 현상, 특히 팽창과 수축 현상을 설명하는 데 난점이 있다는 것을 발견한다. 만일 물체가 원자들로 구성되어 있다면 물질의 침투 불가능성 원리를 어기지 않을 뿐 아니라 아리스토텔레스주의자들이 꺼리는 진공의 존재도 가정하지 않고 어떻게 팽창과 수축을 설명할 수 있을까? 물질의 침투 불가능성은 원자

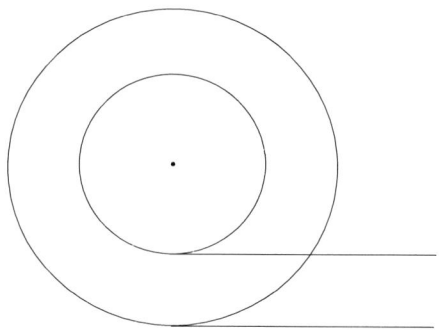

속으로 다른 것이 들어가거나 원자 속에서 다른 것이 나올 수 없다는 뜻이다.

    갈릴레오는 물체의 팽창과 수축 문제를 기하학 문제로 바꾸어 설명한다.[25] 위 그림처럼 공통 중심을 가진 큰 원과 작은 원이 함께 한 바퀴 회전한다고 가정하자. 큰 원이 어떤 직선을 따라 한 바퀴 돌 때 작은 원의 움직임을 생각하면 작은 원은 한 바퀴 돌면서 자기 둘레보다 긴 거리, 즉 큰 원의 둘레만큼 움직인다. 팽창의 문제는 기하학으로 어떻게 작은 원이 한 바퀴 돌면서 자기 둘레보다 긴 거리를 갈 수 있느냐는 것이다. 반대로 작은 원이 어떤 직선을 따라 한 바퀴 돌 때 큰 원의 움직임을 생각하면 큰 원은 한 바퀴 돌면서 자기 둘레보다 짧은 거리, 즉 작은 원의 둘레만큼 움직인다. 수축의 문제는 기하학으로 어떻게 큰 원이 한 바퀴 돌면서 자기 둘레보다 짧은 거리를 갈 수 있느냐는 것이다.

    기하학 원자론에 의하면 원의 둘레는 무한히 많고 정량화할 수 없는 점들의 집합으로 볼 수 있다. 갈릴레오에 따르면 작은 원이 한 바퀴 돌면서 큰 원의 둘레만큼 가는 것은 작은 원 둘레의 점들 사이에 무한히 많고

---

25) G. Galilei, Two New Sciences, pp. 55~57.

정량화할 수 없는 진공들이 삽입된 것으로 이해할 수 있다. 한편 큰 원이 한 바퀴 돌면서 작은 원의 둘레만큼 가는 것은 큰 원 둘레의 무한히 많은 점들이 무한히 많고 무한히 짧은 후퇴를 하면서 나아간 것으로 이해할 수 있다.

갈릴레오는 유한 연속체가 원자들로 구성되어 있다고 가정하면 수축과 팽창을 설명하기 위해 물체의 침투 가능성을 인정할 필요도 없고 진공을 인정할 필요도 없다고 주장한다.[26] 만일 물체의 부분들을 정량화할 수 있는 것으로 본다면 수축은 이 부분들이 서로 침투해 겹치는 것을 인정해야 한다. 따라서 물체의 침투 가능성을 인정하지 않는다는 갈릴레오의 설명에서 핵심은 물체의 부분들을 정량화할 수 없는 것으로 보는 데 있다. 그의 기하학 원자론에 따르면 정량화할 수 없는 부분들은 유한한 크기로 겹치지 않고 줄어들 수 있다. 또 갈릴레오가 팽창을 설명하기 위해 인정할 필요가 없다고 주장한 진공은 정량화할 수 없는 미시 진공이 아니라 정량화할 수 있는 거시 진공이라고 보아야 한다. 그는 정량화할 수 없는 미시 진공들의 삽입으로 물체의 팽창을 설명하기 때문이다.

『두 새 과학에 대한 논의와 수학 증명』에서 갈릴레오가 첫날 길게 설명하는 공간론과 원자론은 갈릴레오 연구자들에게 운동론보다 덜 중요한 것으로 평가받는다. 그러나 갈릴레오의 공간론과 원자론은 물체의 응집력, 수축, 팽창이라는 중요한 역학 현상을 설명하는 데 꼭 필요한 형이상학 기초다. 이런 맥락에서 과학사 연구자 르 그랜드H. Le Grand는 갈릴레오의 물질론이 역학에 대해 부차적이라는 견해가 잘못된 것이고 중요한 역학 문제들에 대해 해결책을 제공한다고 강조한다.[27]

---

26) G. Galilei, Two New Sciences, p. 64.
27) H. Le Grand, "Galileo's Matter Theory", eds. R. Butts and J. Pitt, New Perspectives on Galileo, pp. 199~207.

한편 갈릴레오의 공간론과 원자론은 물체의 응집력, 수축, 팽창 외에 역학의 또 다른 주요 관심사인 물체의 운동과 어떤 관계가 있을까?『두 새 과학에 대한 논의와 수학 증명』에서 갈릴레오가 셋째 날과 넷째 날에 설명하는 또 하나의 새 과학은 등속 운동, 가속 운동, 포물선 운동 등 물체의 운동에 관한 이론이며 이 운동론이 갈릴레오 역학의 핵심 업적으로 유명하다. 따라서 내가 갈릴레오의 물질론이 역학의 성립에 결정적으로 중요하다고 평가하려면 그의 물질론이 운동론에 대해서도 꼭 필요한 형이상학 기초라고 증명해야 한다.

3. 운동론과 시간

1) 자연 가속 운동

『두 새 과학에 대한 논의와 수학 증명』에서 셋째 날의 핵심 주제는 자유 낙하 운동이다. 갈릴레오는 사람들이 물체가 자유 낙하할 때 계속 가속된다는 것을 잘 알지만 정확히 어느 정도로 가속되는지는 모른다고 지적한다. 그는 자유 낙하 법칙, 즉 낙하 물체가 일정한 시간 동안 통과한 거리는 시간의 제곱에 비례한다는 유명한 명제를 증명한다.[28] 갈릴레오의 증명은 자유 낙하 운동에 대한 정의를 전제한다. 그는 자유 낙하 운동을 아리스토텔레스주의 전통에 따라 "자연 가속 운동"이라 부르고 다음과 같이 정의한다.

> 정지에서 벗어나 같은 시간 동안 같은 빠르기 정도를 자신에게 더하는 운동을 동일하게 또는 균일하게 가속되는 운동이라 부른다.[29]

---

28) G. Galilei, Two New Sciences, pp. 166~167.
29) G. Galilei, Two New Sciences, p. 154.

자연 가속 운동에 대한 전통 정의는 아리스토텔레스가 내린다. 아리스토텔레스는 자연 가속 운동을 낙하 속력이 통과한 거리에 비례하는 운동으로 정의한다. 이에 비해 갈릴레오의 정의는 낙하 속력을 거리가 아니라 시간과 연결한 점이 특징이다. 이 정의에 따르면 시간을 일정한 간격으로 자를 때 처음 한 마디 시간이 흐르는 동안 빨라진 속력에 비해 두 마디 시간 동안 빨라진 속력은 두 배이고 세 마디 시간 동안 빨라진 속력은 세 배다. 예를 들어 1초 뒤에 속력이 10m라면 2초 뒤에는 20m, 3초 뒤에는 30m다.

갈릴레오도 초기에는 아리스토텔레스의 정의를 받아들인다. 그는 이미 1604년 파도바 대학 시절에 낙하 물체가 통과한 거리는 걸린 시간의 제곱에 비례한다는 자유 낙하 법칙을 알고 이 법칙을 연역하는 데 필요한 공리를 생각한다. 이때 갈릴레오가 채택한 공리는 낙하 속력이 통과한 거리에 비례한다는 아리스토텔레스의 전통 정의다. 왜 갈릴레오가 초기에는 아리스토텔레스처럼 낙하 속력을 거리의 함수로 볼까? 코이레에 따르면 갈릴레오는 레오나르도 다 빈치Leonardo da Vinci, 1452~1519나 스승 베네데티G. Benedetti, 1530~1590와 마찬가지로 낙하 속력이 시간에 비례한다는 명제와 낙하 속력이 거리에 비례한다는 명제가 등가라고 생각한 듯하다.[30] 시간의 각 순간마다 지나간 거리의 점이 대응하기 때문이다. 게다가 기하학은 전통적으로 공간의 과학이기 때문에 레오나르도, 베네데티, 갈릴레오 등은 낙하하는 물체를 생각할 때에도 속력을 시간의 함수보다 거리의 함수로 생각하는 것이 훨씬 쉽고 자연스럽다.

그렇다면 갈릴레오가 『두 새 과학에 대한 논의와 수학 증명』에서 낙하 속력을 시간의 함수로 바꾼 계기는 무엇일까? 갈릴레오는 파도바 대

---

30) A. Koyré, Galileo Studies, pp. 72~73.

학 시절에 아리스토텔레스의 정의에서 자유 낙하 법칙을 이끌어 내지만 이 증명은 오류를 포함한다. 그러나 코이레에 따르면 갈릴레오가 자연 가속 운동의 정의를 바꾼 계기는 그 오류를 알아차렸기 때문이라기보다 좀 더 단순하게 전통 정의가 자신이 원한 역할을 제대로 하지 못한다고 생각했기 때문이다.[31] 갈릴레오는 파도바 대학 시절부터 자연 가속 운동의 정의에서 많은 운동 법칙을 이끌어 낼 수 있다고 주장한다. 그러나 실패를 거듭하자 갈릴레오는 이 정의를 잘못 채택한 것을 깨닫고 결국 『두 새 과학에 대한 논의와 수학 증명』에서 자연 가속 운동의 정의를 공간이 아니라 시간의 함수로 바꾸어 자유 낙하 법칙과 여러 운동 법칙을 올바르게 연역한다.

자연 가속 운동의 정의를 바꾼 것에 관해 갈릴레오가 『두 새 과학에 대한 논의와 수학 증명』에서 스스로 밝힌 이유는 논리적인 것이다. 그는 아리스토텔레스의 정의를 전제하면 다음과 같이 경험과 어긋나는 결론이 나온다고 반박한다.

> 만일 4브라키아의 거리를 통과한 낙하 물체의 속력 '들'이 처음 2브라키아를 통과한 속력 '들'의 2배라면 앞 거리가 뒷 거리의 2배이므로 이 통과들에 걸리는 시간들은 같다.[32]

이 결론이 경험과 어긋나는 까닭은 실제로는 4브라키아를 낙하하는 데 걸리는 시간이 2브라키아를 낙하하는 데 걸리는 시간보다 더 길기 때문이다. 그러나 왜 아리스토텔레스의 정의를 전제하면 예를 들어 초속 1m의 속력으로 2m의 거리를 통과하는 데 걸리는 시간이 2배의 속력으

---

31) A. Koyré, Galileo Studies, pp. 77~78.
32) G. Galilei, Two New Sciences, p. 160.(강조는 인용자)

로 2배의 거리를 통과하는 데 걸리는 시간과 같다는 결론이 나올까? 낙하 물체는 낙하하는 동안 속력이 일정하지 않고 계속 변한다. 이 사실을 고려하면 갈릴레오의 반박은 이상해 보인다. 갈릴레오가 경험과 어긋난다고 반박하는 결론은 물체가 자연 가속 운동이 아니라 등속 운동을 한다고 가정해야 나온다. 예를 들어 초속 1m의 등속으로 2m의 거리를 통과하는 데 걸리는 시간은 초속 2m의 등속으로 4m의 거리를 통과하는 데 걸리는 시간과 똑같이 2초다. 이 모든 의문을 풀기 위해서는 공간의 무한 분할 가능성을 끌어들일 필요가 있다.

갈릴레오가 낙하 물체의 속력이 계속 변한다는 사실을 잊지 않고 있다는 점은 그가 속력을 단수가 아니라 복수로 표현하는 데서 드러난다. 이 점을 주목하고 공간의 무한 분할 가능성을 끌어들이면 그의 반박은 무한히 많은 다음 명제를 포함한 것으로 볼 수 있다.

> 거리 4를 통과한 속력은 처음 거리 2를 통과한 속력의 2배다.
> 거리 2를 통과한 속력은 처음 거리 1을 통과한 속력의 2배다.
> 거리 1을 통과한 속력은 처음 거리 1/2을 통과한 속력의 2배다.
> 거리 1/2을 통과한 속력은 처음 거리 1/4을 통과한 속력의 2배다.
> ⋮   ⋮

갈릴레오의 반박은 거리를 무한 분할할 수 있고 두 거리를 무한 분할해 생기는 지점들이 서로 1 대 1 대응하며 각 대응 쌍에서 한 지점의 속력이 다른 지점의 속력의 2배라는 점을 전제한다. 또 이 반박의 결론은 낙하 거리 가운데 어느 지점을 잡든 2배의 속력으로 그 지점을 통과하는 데 걸리는 시간이 반의 속력으로 그 지점의 반을 통과하는 데 걸리는 시간과 같다는 뜻이다.

왜 어느 지점을 잡든 2배의 속력으로 그 지점을 통과하는 데 걸리는 시간이 반의 속력으로 그 지점의 반을 통과하는 데 걸리는 시간과 같을까? 이 문제를 풀기 위해서는 자연 가속 운동에 대한 갈릴레오 자신의 정의도 끌어들여야 한다. 그의 정의에 따르면 낙하 속력은 시간에 비례한다. 그리고 갈릴레오는 이 정의에서 거리가 시간의 제곱에 비례한다는 유명한 명제를 연역한다. 따라서 낙하 운동에서 시간의 제곱에 비례하는 거리의 비는 달리 표현하면 속력과 시간의 곱의 비다. 낙하 물체가 2배의 속력으로 어떤 거리를 통과하는 데 걸리는 시간을 a, 반의 속력으로 반의 거리를 통과하는 데 걸리는 시간을 b라 하면 낙하 거리의 비 '2 : 1 = 2a : 1b'의 관계가 성립하고 이 식을 풀면 a = b다. 따라서 아리스토텔레스의 정의에 따르면 2배의 속력으로 어떤 거리를 통과하는 데 걸리는 시간과 반의 속력으로 반의 거리를 통과하는 데 걸리는 시간은 같다. 그리고 이 결론은 2배의 거리를 낙하하는 데 걸리는 시간이 반의 거리를 낙하하는 데 걸리는 시간보다 조금이라도 더 길다는 실제 경험과 어긋난다.

아리스토텔레스의 자연 가속 운동 정의에 대한 갈릴레오의 반박은 이미 자신의 정의를 전제하기 때문에 왜 그가 거리를 포기하고 시간을 이 정의에 도입하는지에 관해 쓸모 있는 정보를 제공하지 않는다. 그러나 갈릴레오의 반박은 그가 『두 새 과학에 대한 논의와 수학 증명』에서 평균 속력 개념 외에 순간 속력 개념을 도입한다는 것을 보여 준다. 평균 속력은 점이 일정한 시간 동안 일정한 거리를 움직일 때 움직인 거리를 걸린 시간으로 나눈 값이고, 순간 속력은 이 평균값을 중심으로 변하는 각 순간에 점의 속력이다. 순간 속력 개념은 자유 낙하 법칙을 올바르게 유도하기 위해 필요하지만 레오나르도나 베네데티와 초기의 갈릴레오에게는 요구하기 힘들다.[33] 이 개념은 갈릴레오의 경우 『두 새 과학에 대한 논의와 수학 증명』에 와서야 등장한다.

나아가 갈릴레오의 반박은 기하학 원자론을 형이상학 기초로 삼는다는 것도 보여 준다. 그의 반박은 공간의 무한 분할 가능성을 전제하고 이런 공간론은 유한 연속체가 무한히 많은 분할 불가능자들로 구성되어 있다는 기하학 원자론에서 도출되기 때문이다. 기하학 원자론은 갈릴레오의 운동론이 성립하는 데도 꼭 필요한 형이상학 기초다.

2) 시간론

자연 가속 운동에 대한 갈릴레오 자신의 정의는 기하학 원자론에 기초한 시간론을 형이상학 배경으로 삼는다. 갈릴레오는 이 정의 하나에서 38개의 정리를 연역한다. 그러나 먼저 이 정의를 둘러싸고 논쟁이 벌어진다. 이 논쟁은 갈릴레오의 정의가 어떤 형이상학 배경을 가지는지를 잘 보여 준다. 이 정의를 둘러싼 논쟁은 갈릴레오의 친구로 나오는 사그레도가 '무한' 개념을 도입하는 데서 비롯한다.[34] 사그레도는 "시간은 무한 분할 가능하다"고 전제하면 갈릴레오의 정의와 어긋나고 실제 경험과도 어긋나는 결론이 나온다고 주장한다. 사그레도의 논증은 다음과 같이 재구성할 수 있다.

> 사그레도의 논증
> 시간은 무한 분할 가능하다.
> 속력은 무한 분할된 시간에 비례해 증가하므로 낙하 물체는 정지에서 벗어나 일정한 속력으로 가속되려면 그 속력보다 작은 무한히 많은 속력들을 모두 거쳐야 한다.

---

33) A. Koyré, Galileo Studies, pp. 72~73.
34) G. Galilei, Two New Sciences, pp. 155~157.

낙하 물체가 무한히 많은 속력들을 거치는 데 걸리는 시간은 무한하다. 따라서 낙하 물체가 정지에서 벗어나 일정한 속력으로 가속되는 데 걸리는 시간은 무한하다.

이 논증의 결론에 따르면 낙하 물체는 아무리 많은 시간이 지나도 일정한 속력으로 가속될 수 없다. 따라서 같은 시간 동안 같은 속력 증가가 일어나고 시간이 어느 정도 지나면 일정한 속력을 넘어서는 자연 가속 운동에 대한 갈릴레오의 정의는 성립할 수 없다. 또 이 결론은 물체가 낙하할 때 시간이 조금이라도 지나면 일정한 속력을 얻는 실제 경험과도 어긋난다. 갈릴레오는 이 논증에 맞서 다음과 같이 재구성할 수 있는 논증을 제시한다.

갈릴레오의 논증
시간은 무한 분할 가능하다.
속력은 무한 분할된 시간에 비례해 증가하므로 낙하 물체는 정지에서 벗어나 일정한 속력으로 가속되려면 그 속력보다 작은 무한히 많은 속력들을 모두 거쳐야 한다.
낙하 물체가 무한히 많은 속력들을 거치는 데 걸리는 시간은 유한하다.
따라서 낙하 물체가 정지에서 벗어나 일정한 속력으로 가속되는 데 걸리는 시간은 유한하다.

사그레도와 갈릴레오의 논증은 첫 전제와 둘째 전제가 같지만 셋째 전제가 다르다. 두 논증에 공통인 두 전제는 갈릴레오의 원자론을 배경으로 이해할 수 있다. 갈릴레오의 기하학 원자론에서 핵심 명제는 "유한 연속체는 무한히 많고 정량화할 수 없는 분할 불가능자들로 구성된다"는 것이다. 갈릴레오는 역학을 기하학화하면서 시간과 속력을 선으로 표현한다. 갈릴레오에게는 유한한 시간과 유한한 속력도 유한 연속체에 속한다. 그리고 유한한 길이의 선으로 표현할 수 있는 유한 연속체는 무한히 많은 점, 즉 분할 불가능자를 포함한다. 따라서 유한한 시간과 유한한 속력도 무한히 많은 분할 불가능자들, 즉 순간들과 이들에 대응하는 순간 속력들을 포함한다. 갈릴레오는 이미 첫날에 사그레도에게 자신의 기하학 원자론을 설득했으므로 두 사람은 첫 전제와 둘째 전제, 즉 시간은 무한 분할 가능하고 낙하 물체는 순간들에 대응하는 속력들을 모두 거쳐야 한다는 데 동의한다.

그러나 갈릴레오는 사그레도와 달리 낙하 물체가 무한히 많은 속력들을 모두 거치는 데 걸리는 시간이 유한하다고 주장한다. 갈릴레오의 원자론에 따르면 유한한 시간 속에는 무한히 많은 순간들이 있고 낙하 물체는 무한히 많은 속력들을 이와 1 대 1 대응하는 순간들에 가진다. 그리고 순간은 분할 불가능자로서 정량화할 수 없다. 낙하 물체가 무한히 많은 속력들을 모두 거치는 데 걸리는 시간이 무한하다는 사그레도의 주장은 낙하 물체가 무한히 많은 각각의 속력을 아무리 짧더라도 일정한 시간, 즉 정량화할 수 있는 시간 동안 가진다고 전제해야 성립한다. 갈릴레오의 표적은 바로 이 전제다.

갈릴레오에 따르면 낙하 물체는 각각의 속력을 정량화할 수 있는 시간 동안 가지는 것이 아니라 정량화할 수 없는 순간에 가진다. 그리고 갈릴레오의 기하학 원자론에 따르면 이런 순간은 무한히 많이 더해도 무한한 시간이 아니라 유한한 시간이 된다. 따라서 갈릴레오는 낙하 물체가 무한히 많은 속력들을 모두 거치는 데 걸리는 시간이 유한하다고 주장한다. 사그레도가 셋째 전제를 갈릴레오와 정반대로 세운 것은 갈릴레오의 기하학 원자론을 충분히 이해하지 못했기 때문이다.

갈릴레오의 기하학 원자론에서 핵심 명제는 사그레도의 반론을 다시 반박하는 갈릴레오의 논증에서 전제들이 성립하는 데 필요하다. 특히 원자의 정량화할 수 없는 성질은 순간들과 대응하는 속력들이 무한히 많더라도 이 속력들을 모두 거치는 데 걸리는 시간이 유한하다는 갈릴레오의 셋째 전제를 이해하는 열쇠다. 갈릴레오의 기하학 원자론은 자연 가속 운동에 대한 정의의 형이상학 기초다.

3) 갈릴레오의 유산

갈릴레오의 역학에 대해서는 전통 해석이 하나 있다. 갈릴레오의 역학은 아리스토텔레스의 역학과 달리 운동 원인을 설명하지 않고 운동 현상을 철저히 기하학으로 기술하기만 한다는 해석이다.[35] 이 해석에 따르면 갈릴레오의 역학은 힘 개념으로 운동의 원인을 설명하는 동력학 dynamics의 성격이 아니라 운동학 kinematics의 성격을 지닌다.[36] 운동학은 물체의 모든 운동을 거리, 시간, 속력 등 기하학화할 수 있는 성질만으로 기술한다.

이런 전통 해석에 대한 반론도 있다. 과학사 연구자 웨스트폴에 따르면 갈릴레오의 역학은 운동학에 묶여 있지 않고 중요한 순간마다 자유 낙하의 동력학에 의존한다. 그리고 갈릴레오의 자유 낙하 동력학에서는 무게 개념이 힘 개념과 같은 역할을 한다. 그러나 웨스트폴에 따르면 갈릴레오는 자유 낙하 운동을 물체의 자연 운동으로 보는 아리스토텔레스의 형이상학에서 완전히 벗어나지 못하기 때문에 낙하 운동을 수평 방향의 가속 운동이나 원 운동에 확대 적용할 수 없고 뉴턴처럼 힘 개념과 제2

---

[35] 코이레에 따르면 갈릴레오가 찾는 것은 물체가 떨어지는 원인이 아니라 운동에 관해 다른 모든 명제를 연역할 수 있는 운동의 원리 또는 정의다. A. Koyré, Galileo Studies, pp. 68~74.
[36] E. Dijksterhuis, The Mechanization of the World Picture, pp. 338~339.

운동 법칙으로 나아가지 못한다.[37]

나는 갈릴레오의 역학이 적어도 형이상학 배경에 비추어 보면 동력학의 성격보다 운동학의 성격이 강하다고 생각한다. 이는 갈릴레오의 역학이 운동의 원인을 설명하지 않는다는 뜻이 아니다. 운동의 원인에 대한 갈릴레오의 설명은 기하학 물질론에 기초한다는 뜻에서 형이상학 성격을 지닌다. 그리고 이 형이상학 설명은 뉴턴처럼 힘 개념으로 환원되지 않고 원자, 공간, 시간 등 기하학화할 수 있는 성질로 환원된다는 뜻에서 동력학이 아니라 운동학의 성격을 드러낸다.

갈릴레오의 물질론은 기하학 원자론을 핵심 이론으로 삼고 이 원자론에 입각한 공간론과 시간론을 포함한다. 갈릴레오의 공간론에서 유한 연속체 속에 무한히 많이 있고 정량화할 수 없는 미시 진공은 물체의 입자들 사이의 응집력과 물체의 팽창을 설명하는 데 필요한 형이상학 기초다. 또 정량화할 수 없는 원자들의 무한히 많고 무한히 짧은 후퇴는 물체의 수축을 설명하는 데 필요하다.

『두 새 과학에 대한 논의와 수학 증명』에서 갈릴레오의 업적으로 각광을 받는 것은 주로 둘째 새 과학, 즉 자유 낙하 법칙과 포물선 운동 법칙이 대표하는 운동론이다. 그러나 갈릴레오는 이 책에서 첫날과 둘째 날에 걸쳐 첫 새 과학, 즉 물체의 강도 solidity에 관한 이론을 운동론에 못지않게 열심히 설명한다. 왜 갈릴레오가 첫 새 과학을 이렇게 열심히 설명할까?

운동에 관한 원리는 물체가 운동하는 도중에 성질이 변하면 성립할 수 없다. 예를 들어 물체가 운동하는 동안 무게가 줄거나 고체에서 액체로 바뀔 수 있다면 운동의 원리는 성립하지 않는다. 운동하더라도 성질이

---

[37] R. Westfall, Force in Newton's Physics : The Science of Dynamics in the Seventeenth Century, pp. 7~9.

변하지 않는 물체가 바로 첫 새 과학에서 갈릴레오가 열심히 설명하는 강체solid body다. 갈릴레오는 물체가 운동하더라도 성질이 변하지 않는 것을 『두 주요 우주 체계에 관한 대화』에서 물체가 운동에 대해 '무관하다'indifferent고 표현한다.[38] 갈릴레오의 이 표현은 운동이 물체의 본성을 실현하는 것이라는 아리스토텔레스의 견해와 달리 운동이 물체의 한 상태라는 견해를 담고 있다. 물체가 운동에 대해 무관하기 때문에 외부의 어떤 것이 물체에 작용해서 변화를 일으키지 않는 한 물체는 같은 상태를 유지한다는 관성 원리가 성립한다. 따라서 갈릴레오가 물체를 강체로 보고 물체를 운동과 분리할 수 있다고 보는 물질론은 운동론의 중요한 전제다.[39]

그러나 강체가 운동론이 성립하는 데 전제라는 점만으로는 갈릴레오의 첫 새 과학이 지닌 의의가 다 드러나지 않는다. 물체의 강도에 관한 첫 새 과학의 더욱 중요한 의의는 운동에 관한 둘째 새 과학과 내용 면에서 정합 관계가 있다는 점이다. 나는 이 관계를 밝혔다. 첫 새 과학에 대한 설명에서 나오는 원자론, 공간론, 시간론으로 구성된 갈릴레오의 기하학 물질론은 운동론의 형이상학 기초다. 자연 가속 운동에 대한 갈릴레오의 정의는 시간과 속력을 무한 분할할 수 있고 낙하 물체가 무한히 많은 속력들을 이와 대응하는 순간들에 가진다고 전제해야 이해할 수 있기 때문이다. 따라서 갈릴레오의 기하학 물질론은 물체의 응집력, 팽창, 수축 등 고대 이래 역학의 핵심 문제들을 설명해 줄 뿐 아니라 근대 역학의 핵심 이론인 운동론의 원리가 성립하는 데도 꼭 필요하다.

갈릴레오에게 자연은 해독해야 할 암호로 쓰인 텍스트이며 그 암호를 푸는 열쇠는 기하학이다. 기하학이 자연의 언어라는 관점은 고대 그리

---

38) G. Galilei, Dialogue Concerning the two Chief World System, p. 120.
39) R. Westfall, The Structure of Modern Science : Mechanism and Mechanics, pp. 19~20.

스의 플라톤에서 비롯해 르네상스 시대에 널리 퍼진 신플라톤주의에서 되살아나며 갈릴레오는 이 전통을 바탕으로 물체의 운동을 기하학으로 정량화하는 길을 연다. 과학 혁명을 완성한 뉴턴도 비록 운동학을 동력학으로 대신하지만 갈릴레오의 길 위에 서 있다.

할스(Frans Hals)가 그린 이 그림은 과학 인물 묘사법의 걸작으로 꼽힌다. 건방진 코, 경멸하는 입, 눈매 등이 우리가 데카르트에 대해 아는 것과 일치하기 때문에 이 그림은 데카르트를 제대로 묘사했을 가능성이 아주 높다. 위대한 프랑스 자연학자 퀴비에(Georges Cuvier)는 이 그림을 기준으로 데카르트의 두개골이 진품인지 검증했다. 데카르트의 두개골은 스웨덴 화학자 베르셀리우스(J. J. Berzelius)가 1821년 프랑스에 가져왔으며 파리 자연사 박물관에 보존되어 있다.(Cohen, Album of Science, New York: Charles Scribner's Sons, 1980)

.4장. 데카르트의 운동학 기계론 I : 물체론[1]

데카르트는 과학자다. 물리학 교과서에 나오는 관성 운동의 궤도가 직선이라는 원리는 데카르트가 발견한 것이다. 그러나 이 원리는 데카르트 과학의 아주 작은 부분이다. 그의 과학은 천문학, 지질학, 물리학, 생물학, 생리학 등 거의 모든 자연 과학 분야를 포함한다. 데카르트의 과학은 아리스토텔레스주의 철학의 낡은 체계를 허물고 세운 새 철학 체계에서 자연학이라는 헌 이름으로 등장하며 아리스토텔레스주의 자연학과 마찬가지로 형이상학 원리들과 결합되어 있다.

그러나 데카르트는 고중세 아리스토텔레스주의 자연학을 허물겠다는 의식이 17세기의 어느 자연 철학자보다 더 분명하고 강하다. 데카르트의 자연학은 비록 거의 모든 내용이 엉터리지만 철학사의 눈으로 보면 근대 과학이 어떤 거시 자연관을 바탕으로 성립하는지를 증언한다는 점에서 귀중한 가치를 지닌다. 이 자연관의 이름이 기계론이고 데카르트의 기계론은 운동학 기계론의 전형이다.

---

1) 이 장과 5장 「데카르트의 운동학 기계론 II: 운동론」은 다음 세 논문에 기초한다. 김성환, 「데카르트의 철학 체계에서 형이상학과 과학의 관계」, 서울대 박사학위 논문, 1996. 김성환, 「근대 자연 철학의 모험 I: 데카르트와 홉스의 운동학적 기계론」, 한국철학사상연구회, 『시대와 철학』 14권 2호, 2003, 313~332쪽. 김성환, 「데카르트들: 생명론에 대한 20세기의 도전과 몇 가지 전망」, 서양 근대 철학회, 『근대 철학』, 3권 1호, 2008, 47~72쪽.

기계론은 근대 과학의 형이상학 기초라는 뜻에서 근대 물질론의 성격을 나타내는 말이다. 데카르트는 자신의 철학 체계를 나무에 비유한다. 철학 나무에서 뿌리는 형이상학이고 줄기는 자연학이며 가지는 의학, 기계학, 도덕 등 나머지 과학이다. 데카르트의 철학 체계에서 형이상학과 과학의 관계를 분석하고 데카르트의 물질론이 지닌 성격을 운동학 기계론으로 논증하는 것이 4장과 5장의 몫이다. 4장은 데카르트의 물체론에서 환원주의 방법을 추출할 것이고 5장은 운동론, 자연 현상에 대한 설명, 생명론을 분석할 것이다. 나는 4장에서 물체의 존재 증명(1절)과 연장론(2절)을 분석해 데카르트의 운동학 기계론이 연장의 양태들로 환원주의 방법에 기초한다고 밝힐 것이다(3절).

1. 물체의 존재 증명

1) 철학 체계와 나무의 비유

데카르트에 따르면 철학은 지혜를 탐구하고 지혜는 사람이 알 수 있는 모든 것에 대한 완전한 지식 체계를 의미한다. 철학이 모든 지식의 체계라면 과학은 철학의 일부다. 그는 철학 체계를 나무에 비유한다. 『철학 원리』Principia Philosophiae, 1644(라틴어 판)의 프랑스어 판(1647) 서문에 나오는 "철학 나무"의 비유다.

> 철학의 첫 부분은 형이상학이며, 형이상학은 신의 주요 속성, 우리 영혼의 비물질적 본성, 우리 안에 있는 모든 명석 판명한 관념 등에 대한 설명을 포함해 지식의 원리를 담고 있다. 둘째 부분은 자연학이며, 여기서 우리는 물질 사물의 참된 원리를 발견한 뒤 전 우주의 일반 구성을 검토하고 특별히 지구와 그 위에서 매우 흔히 보이는 모든 물체, 예를 들어

공기, 물, 불, 자석, 나머지 광물의 본성을 검토한다. 그 다음 우리는 식물, 동물, 무엇보다 사람의 본성을 따로따로 검토할 필요가 있고 그래야 우리는 사람에게 유익한 나머지 과학을 계속 발견할 수 있다. 그러므로 철학 전체는 나무와 같다. 뿌리는 형이상학이고 줄기는 자연학이며 줄기에서 나온 가지는 나머지 모든 과학이고 이 과학은 세 가지 주요 과학, 즉 의학, 기계학, 도덕으로 환원될 수 있다.[2]

이 비유에 따르면 데카르트의 철학 체계는 형이상학, 자연학, 나머지 과학 등 세 가지 주요 부분으로 구성된다.[3] 형이상학의 탐구 대상은 신의 주요 속성, 영혼의 본성, 명석 판명한 관념 등 지식의 세 가지 원리다. 자연학의 탐구 대상은 물질 사물의 원리, 전 우주의 일반 구성, 지구와 지상 물체의 본성, 식물과 동물과 사람의 본성 등 네 가지다. 나머지 과학은 의학, 기계학, 도덕 등 세 가지 주요 과학으로 분류되지만 데카르트는 각 분야의 탐구 대상을 더 자세히 규정하지 않는다.

데카르트는 형이상학이 자연학과 과학에 대해 지식의 세 가지 원리를 담고 있다고 주장한다. 데카르트가 지식의 원리로 꼽은 형이상학의 세 가지 대상에 대한 자세한 설명은 『제1철학에 관한 성찰』Meditationes de Prima Philosophia, 1641이나 『철학 원리』의 1부 속에 들어 있지만 『철학 원리』의 프랑스어 판 서문에 나오는 다음 글은 데카르트의 형이상학 원리를 잘 요약해 준다.

---

2) R. Descartes, Principles of Philosophy, trans. J. Cottingham, R. Stoothoff, and D. Murdoch, The Philosophical Writings of Descartes, vol. 1(2 vols.), Cambridge: Cambridge University Press, 1985, p. 186.
3) 한 가지 이상한 점은 나무의 비유에서 데카르트의 수학이 차지하는 자리가 없다는 점이다. 이 점을 적절하게 이해하는 길은 수학 사유가 내용이 아니라 형식 면에서 데카르트 철학 체계의 기초를 이루기 때문에 나무의 비유에서 빠져 있다는 해석이다. E. Dijksterhuis, The Mechanization of the World Picture : Pythagoras to Newton, p. 404.

이제 나는 (우리가 가장 높은 수준의 지혜에 도달할 수 있게 만드는) 그 원리가 매우 명석하다는 점을 쉽게 증명할 수 있다. 이 점은 내가 그 원리를 발견하는 방식, 즉 내가 의심할 만한 이유를 조금이라도 찾을 수 있는 모든 것을 거부하는 방식에 의해 증명된다. 왜냐하면 우리가 주의 깊게 고찰할 때 이런 방식으로 거부할 수 없는 원리가 있다면 그 원리는 분명히 인간 정신이 알 수 있는 가장 명석하고 확실한 원리이기 때문이다. 그래서 나는 어떤 사람이 모든 것을 의심하고 싶더라도 그가 의심하는 동안 그가 존재한다는 점을 의심할 수는 없다고 생각했다. 또 나는 이런 방식으로 나머지 모든 것을 의심하는 동안 자신을 의심할 수 없다고 추리하는 것은 우리의 몸이라 불리는 것이 아니라 우리의 영혼 또는 우리의 사유라 불리는 것이라고 생각했다. 따라서 나는 이 사유의 있음 또는 존재를 나의 제1원리로 받아들였고 이 원리에서 나머지 원리를 매우 명석하게 연역했다. 세계 안에 있는 모든 것의 창조자인 신이 있다. 더욱이 신은 모든 진리의 원천이므로, 매우 명석하고 매우 판명한 지각을 가진 것에 관해 판단할 때 오류를 범할 수 있는 오성을 우리 안에 창조했을 리가 없다. 이것들만이 비물질 사물 또는 형이상학 사물에 관해 내가 사용하는 원리이며, 이 원리에서 나는 물질 사물 또는 자연학 사물의 원리, 즉 길이, 너비, 깊이 면에서 연장된 물체가 있고 이 물체는 다양한 모양을 지니고 다양한 방식으로 운동한다는 원리를 매우 명석하게 연역한다. 내가 다른 사물의 진리를 연역하기 위해 사용하는 모든 원리는 여기 있다.[9]

데카르트의 이 설명을 고려하면 "철학 나무"의 비유에서 간단히 영혼의 비물질 본성, 신의 주요 속성, 명석 판명한 관념으로 규정된 지식의 세 원리는 다음 세 명제로 표현할 수 있다. 첫째, 나는 존재하며 내 영혼의 본성은 사유다. 둘째, 신은 존재하며 신의 주요 속성은 우리를 속이지 않는 정직함이다. 셋째, 우리가 명석 판명하게 지각한 것은 모두 참이다. 데카르트는 특히 셋째 명제를 "일반 규칙"[5]이라 부른다. 또 그에 따르면 신의 정직한 속성은 우리가 이 일반 규칙에 따라 다른 지식을 얻을 때 오류를 범하지 않도록 보증한다.

한편 데카르트는 이 인용문에서 '연역'이란 표현을 세 차례 사용한다. 그리고 각 경우마다 연역되는 것이 다르다. 이는 데카르트의 철학 체계 전체가 세 단계의 연역을 통해 구성된다는 점을 시사한다. 첫 단계는 "나는 존재하며 내 영혼의 본성은 사유다"라는 형이상학 원리에서 나머지 두 가지 형이상학 원리를 연역하는 단계다. 둘째 단계는 세 가지 형이상학 원리에서 물체의 존재와 성질에 관한 자연학 원리를 연역하는 단계다. 셋째 단계는 자연학 원리에서 나머지 과학 지식을 연역하는 단계다. 그러므로 철학 나무의 비유에서 형이상학이 지식의 세 가지 원리를 담고 있다는 데카르트의 주장은 형이상학의 세 가지 원리가 자연학과 나머지 과학 지식을 연역하는 데 꼭 필요하다는 뜻이다. 데카르트는 자신의 형이상학과 자연학과 과학의 관계를 연역 관계로 주장한다.

데카르트의 자연학은 철학 나무의 비유에 따르면 네 가지 대상을 탐구하지만 『철학 원리』는 이 가운데 세 가지 대상, 즉 물질 사물의 원리, 전 우주의 일반 구성, 지구와 지상 물체의 본성에 관한 내용만을 담고 있다. 자연학의 넷째 대상인 식물, 동물, 사람의 본성에 관한 내용은 『방법서설』Discours de la méthode, 1637, 『정념론』Les Passions de l'âme, 1649 등에 담겨 있

---

4) R. Descartes, Principles of Philosophy, pp. 183~184.
5) R. Descartes, Meditations on First Philosophy, trans. J. Cottingham, R. Stoothoff, and D. Murdoch, The Philosophical Writings of Descartes, vol. 2(2 vols.), Cambridge: Cambridge University Press, 1985, p. 24.

다.[6] 『철학 원리』는 모두 네 부분으로 구성된다. 1부는 이미 『제1철학에 관한 성찰』에서 자세히 설명한 인간 지식의 원리인 형이상학을 요약하고 2, 3, 4부는 자연학의 대상을 탐구한다.

『철학 원리』의 2부는 물체의 존재와 본성을 밝히는 물체론과 운동의 본성과 원리를 설명하는 운동론으로 구성된다. 이 가운데 특히 운동의 원리를 설명하는 이론은 데카르트의 역학으로 볼 수 있다. 3부는 하늘, 항성, 행성, 혜성 등 전 우주의 일반 구성 원리에 대한 설명을 담고 있으며 이 설명은 훗날의 용어를 빌리면 데카르트의 천체 역학celestial mechanics이다. 4부는 지구와 그 위에서 흔히 볼 수 있는 공기, 물, 불, 자석 등의 본성에 대한 설명과 이 물체에서 우리가 관찰할 수 있는 모든 성질, 예를 들어 빛, 열, 무거움 등에 대한 설명을 담고 있다. 4부는 데카르트의 지상 역학 terrestrial mechanics이다. 이제 데카르트의 기계론이 지닌 성격을 해명하기 위해 물체의 존재에 대한 증명부터 분석해 보자.

2) 물체에 관한 명석 판명한 관념

데카르트는 스콜라 철학의 성구집을 대신해 교과서로 읽히기를 기대한 『철학 원리』의 2부에서 물체의 존재를 한 가지 방식으로 증명한다. 그러나 데카르트는 『제1철학에 관한 성찰』의 6성찰에서는 물체의 존재를 '오성', '상상', '감각'에 의해 세 가지 방식으로 증명한다. 이 가운데 물체의 존재가 확실하다고 주장하는 증명은 감각에 의한 증명이고 『철학 원리』의 증명도 이 증명과 비슷하다. 『제1철학에 관한 성찰』의 6성찰에 나오는 감각에 의한 물체의 존재 증명은 다음과 같이 정리할 수 있다.

---

6) 『방법 서설』의 5부와 『정념론』은 자연학의 넷째 대상인 동물과 사람의 본성에 대한 생리학을 담고 있다.

전제 1: 나에게는 감각 관념을 받아들이는 수용 기능passive faculty이 있으며, 내가 이 수용 기능을 사용하려면 이 관념을 산출하는 작용 기능active faculty이 있어야 한다.
전제 2: 내 안에는 작용 기능이 있을 수 없다.
전제 3: 신이나 물체보다 더 고귀한 창조물에도 작용 기능은 있을 수 없다.
결론: 작용 기능을 가진 물체가 존재한다.[7]

데카르트에 따르면 전제 1에 나오는 "감각 관념"은 크게 여섯 가지다. 첫째, 내가 머리, 손, 다리, 나머지 몸 부분을 가진다는 관념, 둘째, 내 몸이 다른 많은 몸 사이에 있다는 관념, 셋째, 다른 몸이 내 몸에 미치는 좋은 효과에 대한 쾌감과 나쁜 효과에 대한 고통의 관념, 넷째, 배고픔, 목마름, 식욕의 관념, 다섯째, 물체의 연장, 모양, 운동의 관념, 여섯째, 물체의 단단함, 열, 나머지 촉감과 빛, 색, 냄새, 소리, 맛의 관념이다.[8] 데카르트는 이 모든 것을 내가 내 정신 속에 있는 관념으로 지각한다고 말한다. 앞의 네 가지 관념은 뇌, 위, 목 같은 내부의 감각 기관으로 지각하고 뒤의 두 가지 관념은 눈, 코, 귀, 혀, 살 같은 외부의 감각 기관으로 지각한다.

그러나 여기서 데카르트는 아직 명석 판명한 관념과 애매하고 혼란스러운 관념을 구분하지 않는다. 그가 제시한 여섯 가지 감각 관념 중에는 연장, 모양, 운동 등 명석 판명한 관념도 있지만 색, 맛, 소리 등 애매하고 혼란스러운 관념도 있다. 색, 맛, 소리는 사람에 따라 다르게 느낄 수 있기 때문에 애매하고 혼란스럽다. 이는 비록 데카르트가 이미 『제1철

---

7) R. Descartes, Meditations on First Philosophy, p. 55.
8) R. Descartes, Meditations on First Philosophy, pp. 51~52.

학에 관한 성찰』의 3성찰에서 "일반 규칙", 즉 내가 명석 판명하게 지각한 것은 모두 참이라는 규칙을 확립하지만 6성찰에서 적어도 감각에 의한 증명의 전제 1에서는 이 규칙을 사용하지 않는다는 것을 보여 준다. 과연 데카르트는 자연학의 첫 원리인 물체의 존재를 증명하면서 세 가지 형이상학 원리 가운데 하나인 일반 규칙의 사용을 철저히 배제할 수 있을까?

이 물음에 대답하기 위해 "작용 기능"의 의미를 살펴보자. 전제 1에서 기능은 수용 기능과 작용 기능으로 분류된다. 데카르트에 따르면 수용 기능은 감각 지각하는 기능이고 작용 기능은 예를 들어 위치를 바꾸거나 다양한 모양을 취하는 기능이다. 전제 2에서 데카르트가 작용 기능이 내 안에 있을 수 없다고 주장하는 근거는 두 가지다. 첫째, 작용 기능은 나의 어떤 지적 행위도 전제하지 않고, 둘째, 감각 지각한 관념은 나의 협조 없이도 그리고 때로는 심지어 나의 의지에 반해 산출되기 때문이다. 이 가운데 둘째 근거는 작용 기능이 내 의지의 사용을 전제하지 않는다는 뜻이다. 만일 어떤 대상이 내 감각 기관 앞에 나타나지 않으면 비록 내 의지가 원하더라도 나는 그 대상을 감각할 수 없고 만일 어떤 대상이 내 감각 기관 앞에 나타나면 비록 내 의지가 원하지 않더라도 나는 그 대상을 감각할 수밖에 없기 때문이다.

첫 근거에서 지적 행위는 『철학 원리』 프랑스어 판의 표현을 빌리면 '사유' 다. 그리고 사유는 나 또는 정신의 본성이다. 데카르트가 작용 기능이 지적 행위 또는 사유를 전제하지 않는다고 주장하는 이유는 "이 기능에 대한 명석 판명한 개념이 연장을 포함하지만 어떤 지적 행위도 포함하지 않기 때문이다."[9] 얼핏 보면 물음과 대답이 동어반복인 듯하지만 이 대답의 초점은 "명석 판명한 개념"에 있다. 데카르트가 작용 기능이 지적

---

9) R. Descartes, Meditations on First Philosophy, p. 55.

행위를 전제하지 않는다고 주장하는 근거는 그가 작용 기능이 지적 행위를 전제하지 않는다고 명석 판명하게 지각하기 때문이다. 따라서 전제 2에서 데카르트는 "일반 규칙"을 사용한다.

작용 기능에 대한 명석 판명한 지각 속에 어떤 지적 행위도 없다면 이 기능은 지적 행위 또는 사유를 본성으로 삼는 실체인 내 안에 있을 수 없다. 그리고 데카르트는 작용 기능을 명석 판명

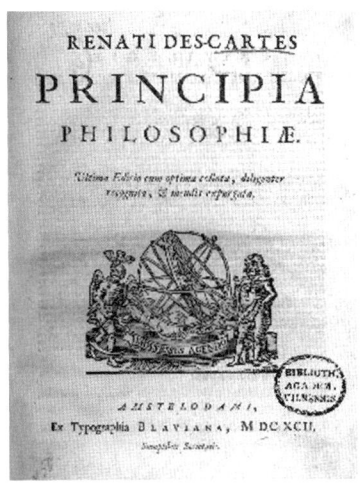

데카르트가 철학의 교과서로 읽히기를 기대한 『철학 원리』(1644)의 초판본 표지.

하게 지각할 때 지적 행위가 없다는 점을 확인하는 데 그치지 않는다. 이때 그는 작용 기능에 대한 명석 판명한 지각 속에 연장이 포함되어 있다는 점도 확인한다. 전제 2는 작용 기능에 대한 명석 판명한 지각이 지적 행위 또는 사유를 포함하지 않고 연장을 포함한다는 것을 의미한다. 따라서 전제 2는 이미 정신과 물체의 구분을 전제한다. 데카르트에 따르면 한 실체 A를 다른 실체 B와 따로 명석 판명하게 지각할 수 있을 때 두 실체 사이의 실재적 구분이 성립한다. 그리고 두 실체를 따로 명석 판명하게 지각하는 것은 A가 B의 본성을 포함하지 않는다고 우리가 명석 판명하게 지각할 수 있고 B가 A의 본성을 포함하지 않는다고 우리가 명석 판명하게 지각할 수 있을 때 성립한다.

작용 기능이 어떤 지적 행위도 전제하지 않기 때문에 내 안에 있을 수 없다는 주장의 근거는 이 기능에 대한 명석 판명한 지각이 어떤 지적 행위도 포함하지 않고 연장을 포함한다는 점이다. 이는 작용 기능에 대한

우리의 명석 판명한 지각에서 지적 행위 또는 사유에 대한 명석 판명한 지각과 연장에 대한 명석 판명한 지각이 서로 배제한다는 것을 의미한다. 그리고 두 지각이 서로 배제한다는 것은 지적 실체와 연장된 실체, 즉 정신과 물체 사이의 실재적 구분을 위한 충분 조건이다. 따라서 감각에 의한 물체의 존재 증명은 일반 규칙뿐 아니라 정신과 물체의 구분이라는 데카르트의 형이상학 원리도 전제한다.

데카르트는 작용 기능이 내 안에 있을 가능성을 부인한 뒤 전제 3에서 남은 대안, 즉 작용 기능이 신이나 예를 들어 천사처럼 물체보다 더 고귀한 비물질 창조물 안에 있을 가능성을 검토한다. 그리고 데카르트는 이 대안마저 배제해 작용 기능이 물체 안에 있을 수밖에 없다고 논증한다. 물체의 존재 증명에서 전제 3을 결론으로 가진 세부 논증은 다음과 같이 재구성할 수 있다.[10]

① 감각 관념을 산출하는 것은 물체이거나 신 또는 어떤 비물질 창조물이다.
② 나에게는 물체가 감각 관념을 산출한다고 믿는 성향이 있다.
③ 신은 나를 속여 물체가 아니라 신 자신이나 어떤 비물질 창조물이 감각 관념을 산출한다고 믿게 만들 수 있다.
④ 그러나 신은 우리를 속이지 않는다.
⑤ 따라서 감각 관념을 산출하는 물체가 있다.

우선 ①에서 "감각 관념을 산출하는 것"은 감각에 의한 물체의 존재 증명에서 나오는 "작용 기능을 가진 것"의 다른 표현이다. 그러므로 ①은

---

10) R. Descartes, Meditations on First Philosophy, p. 55.

작용 기능이 물체 안에 있을 대안과 신이나 비물질 창조물 안에 있을 대안을 지적한다. 이미 물체의 존재 증명의 전제 2에서 이 기능이 내 안에 있을 가능성은 부정되었다. 이제 작용 기능이 신이나 비물질 창조물 안에 있을 대안마저 부정되면 이 기능은 물체 안에 있을 수밖에 없다는 결론이 나온다.

데카르트에 따르면 ②에서 "물체가 감각 관념을 산출한다고 믿는 성향"은 감각 관념이 나의 외부에 있는 사물에서 유래한다고 믿는 "자연 발생 충동"이고 이 충동 또는 성향이 믿는 것은 자연이 나에게 가르쳐 준 것이다. 외부 사물에서 유래한 감각 관념은 데카르트의 표현을 빌리면 "외래 관념"이다. 그는 자연이 나에게 가르쳐 준 것의 예로 외래 관념 외에도 내가 몸을 가진다는 믿음, 나와 몸이 매우 밀접하게 결합되어 있다는 믿음, 나의 몸 주위에 여러 가지 다른 물체가 있다는 믿음 등을 지적한다. 데카르트에 따르면 이런 예는 자연이 나에게 가르쳐 준 것 중에 어느 정도 진리를 포함한다.

그러나 자연이 나에게 가르쳐 준 것 중에는 거짓인 예도 있다. 나의 감각 기관을 자극하는 것이 없는 공간은 비어 있다는 믿음, 어떤 물체에 있는 열이 내 안에 있는 열의 관념과 정확하게 닮은 것이라는 믿음, 별과 탑처럼 멀리 떨어진 물체가 나의 감각 기관에 나타나는 것과 똑같은 크기와 모양을 가진다는 믿음 등이 그 예다.[11] 그러므로 자연의 가르침과 이를 믿는 자연 발생 충동이나 성향은 완전히 신뢰할 수 있는 것이 아니다.

나는 지금까지 감각에 의한 물체의 존재 증명을 분석하면서 데카르트가 이 증명에서 "일반 규칙"의 사용을 철저히 배제하는지를 주의 깊게 살펴보았다. 이 증명의 전제 1에서 감각 관념이 명석 판명한 관념과 애매

---

11) R. Descartes, Meditations on First Philosophy, pp. 56~57.

하고 혼란스러운 관념을 모두 포괄하는 것은 일반 규칙의 배제를 시사한다. 데카르트가 이 증명의 전제 3에서 나의 신뢰할 수 없는 성향을 바탕으로 작용 기능이 신이나 비물질 창조물 안에 없다고 주장하는 것도 일반 규칙의 사용을 배제하는 데 의의가 있다. 그러므로 감각에 의한 물체의 존재 증명은 일반 규칙을 사용한다기보다 사람의 충동 또는 성향의 한계를 이용한 논증이라고 볼 수도 있다.

그러나 데카르트는 감각에 의한 물체의 존재 증명에서 일반 규칙의 사용을 철저히 배제하지 못한다. 왜냐하면 이 증명의 전제 2가 일반 규칙을 사용하지 않으면 성립하지 않기 때문이다. 전제 2, 즉 작용 기능이 내 안에 있을 수 없다는 주장의 근거는 작용 기능이 어떤 지적 행위도 전제하지 않는다는 점이다. 데카르트가 이 점을 어떻게 알까? 대답은 그가 작용 기능이 어떤 지적 행위도 전제하지 않는다고 명석 판명하게 지각한다는 것이다. 그리고 데카르트는 이때 작용 기능이 연장에 대한 명석 판명한 관념을 포함한다는 것도 지각한다. 따라서 감각에 의한 물체의 존재 증명은 일반 규칙을 사용한다.

데카르트의 물체론에서 첫 원리인 물체의 존재 증명은 형이상학의 세 가지 원리 가운데 나의 본성에 대한 원리와 명석 판명한 관념에 대한 일반 규칙 없이는 성립할 수 없다. 나아가 물체의 존재 증명은 신의 주요 속성에 대한 형이상학 원리도 전제한다. ③과 ④에서 데카르트는 신이 우리를 속이지 않는다는 점을 근거로 작용 기능이 신이나 고귀한 창조물 안에 있을 가능성을 배제하기 때문이다. 좀더 자세히 살펴보자.

데카르트의 꿈 논증에 따르면 내가 여기 불 옆에 앉아 드레싱 가운을 입고 이 책을 본다는 감각 지각은 얼마든지 의심할 수 있다. 나는 실제로는 침대 위에 누워 자고 있지만 꿈속에서 내가 여기 불 옆에 앉아 드레싱 가운을 입고 이 책을 본다고 믿을 수 있기 때문이다. 그러나 수학 진리,

예를 들어 "2+3=5", "사각형은 4개의 변을 가진다" 등은 꿈 논증으로도 의심할 수 없다. 이 지식은 내가 깨어 있거나 자고 있거나 똑같기 때문이다. 그렇지만 데카르트는 곧 수학 진리도 의심할 가능성을 찾아낸다. 그 가능성은 신이 우리를 속일 가능성, 즉 실제로는 "2+3=5"가 아니라 "2+3=6"인데 전지전능한 신이 우리를 모두 언제 어디서나 속여 "2+3=5"라고 믿게 만들 가능성이다. 그러나 데카르트는 결국 신이 우리를 속일 가능성을 부정한다. 신의 본성은 완전함인데 신이 우리를 속인다는 것은 무엇인가 불완전함을 의미하므로 신의 본성과 어긋나기 때문이다.

신이 우리를 속이지 않는다는 점이 밝혀지면 물체의 관념이 실제로는 우리 밖에 있는 것에서 오지 않는데 우리가 신에게 속아서 이 관념이 우리 밖에 있는 것에서 온다고 명석 판명하게 지각할 가능성도 사라진다. 따라서 남는 대안은 우리가 감각 관념을 가지게 만드는 작용 기능이 우리 정신도 아니고 신도 아니고 우리 밖에 있는 물체에 있을 가능성뿐이다. 이 가능성을 인정하는 것이 감각에 의한 물체의 존재 증명에서 결론이다. 감각 관념을 산출하는 작용 기능을 가진 물체가 있다.

3) 자연학에서 신의 역할

데카르트의 철학 체계에서 신의 한 가지 역할은 수학 진리를 의심할 수 없게 만드는 것이다. 신의 이 역할은 그의 기계론과 관련해 어떤 의의가 있을까? 데카르트는 『철학 원리』의 2부에서 자연학의 원리를 설명한 뒤 그의 목표가 자연학의 기하학화 또는 수학화라고 밝힌다. "내가 자연학에서 허용하거나 요구하는 원리는 오직 기하학과 순수 수학의 원리뿐이다. 이 원리는 모든 자연 현상을 설명하고 이 원리 덕분에 우리가 이 현상에 관해 매우 확실한 논증을 제공할 수 있다."[12]

우리가 수학 진리를 의심할 수 없게 만드는 신의 역할은 "자연학의 수학화"와 직결되는 듯하다. 그러나 신의 역할과 자연학의 수학화 사이에는 아직 빈틈이 있다. 신 덕분에 우리가 의심할 수 없는 수학 진리는 예를 들어 "2+3=5", "사각형은 4개의 변을 가진다" 등 산술과 기하학의 진리다. 우리를 속이지 않는 신은 엄밀하게 말하면 우리가 산술과 기하학의 진리를 의심할 수 없게 만들 뿐이며 자연학의 진리를 의심할 수 없게 만들지는 않는다.

그러나 만일 자연학이 수학화하면 우리는 자연학의 진리도 수학 진리니까 의심할 수 없다. 그러므로 우리를 속이지 않고 우리가 수학 진리를 의심할 수 없게 만드는 신은 무엇보다 자연학도 수학화해야 한다고 요청하는 데 의의가 있다. 그러나 이 요청만으로 데카르트가 자연학을 수학화할 수 있는 것은 아니며 이 요청을 실현하기 위한 조건이 더 필요하다. 그 조건은 무엇일까? 이제 데카르트의 신을 "속이지 않는다"는 성질에만 묶어 두지 말고 모든 완전한 성질을 갖춘 신으로 폭넓게 볼 필요가 있다. 그러면 데카르트의 신은 자연학의 수학화를 요청하는 것 외에 중요한 의의를 하나 더 지닌 것으로 볼 수 있다. 그 의의는 자연학을 수학화하는 길에 놓인 스콜라 철학의 장애물을 철거하는 것이다.

데카르트는 『제1철학에 관한 성찰』의 4성찰에서 사람의 오류 문제를 다루면서 한 가지 의문을 제기한다. "장인의 솜씨가 훌륭할수록 그가 만든 작품이 더욱 완전하다면 어떻게 모든 사물의 최고 창조자가 만든 것이 모든 면에서 완벽하고 완전하지 않을 수 있을까?"[13] 여기서 최고 창조자가 만든 것은 사람을 가리키고 완벽하고 완전하지 않다는 것은 오류를 범

---

12) R. Descartes, Principles of Philosophy, p. 247.
13) R. Descartes, Meditations on First Philosophy, p. 38.

한다는 뜻이다. 데카르트는 이 의문을 해소하는 두 가지 길을 제시하는데 그 가운데 첫길이 주목할 만하다.

> 무엇보다 먼저 나에게 떠오르는 생각은 비록 내가 신의 몇몇 행위의 이유를 이해하지 못하더라도 이런 일은 전혀 놀랍지 않다는 것이다. 그리고 신이 어떤 것을 왜 또는 어떻게 만들었는지를 내가 파악하지 못하는 다른 경우가 있더라도 그의 존재를 의심해서는 안 된다. 왜냐하면 나는 이제 내 자신의 본성이 매우 약하고 제한되어 있는 반면에 신의 본성은 광활하고 헤아릴 수 없고 무한하다는 것을 알고 있으므로, 나는 그가 내 지식으로는 원인을 알 수 없는 많은 일을 할 수 있다는 점도 쉽게 알 수 있기 때문이다. …… 이 이유만으로도 나는 자연학에서 관례적으로 목적인을 탐구하는 것이 전혀 쓸모가 없다고 생각한다. 내 자신이 신의 통찰할 수 없는 목적을 탐구할 수 있다고 생각하는 것은 아주 경솔한 짓이다.[14]

데카르트의 이 주장이 주목할 만한 까닭은 고대 아리스토텔레스의 자연학 또는 중세 스콜라 자연학의 목적인 탐구를 배제하기 때문이다. 데카르트의 자연학은 물체가 무엇이고 어떻게 운동하는지를 탐구한다. 이는 아리스토텔레스나 스콜라 철학자의 자연학이 탐구하는 것과 크게 다르지 않다.[15] 그러나 데카르트의 자연학과 스콜라 자연학은 한 가지 중요한 차이가 있다. 스콜라 철학자는 아리스토텔레스와 마찬가지로 자연 사

---

14) 또 하나의 길은 우리가 신의 작품이 완전한지를 탐구할 때 언제나 우주 전체를 보아야지 이 작품을 따로따로 보아서는 안 된다는 것이다. 데카르트는 따로 보면 불완전한 작품도 우주의 일부로서 그 기능을 보면 아주 완전하다고 주장한다. 이 길은 데카르트가 목적인의 탐구를 배제하는 대신 작용인의 탐구를 제안하는 주장이라고 해석할 수도 있다. R. Descartes, Meditations on First Philosophy, pp. 38~39.

물이 그 자체 안에 운동과 정지의 원인을 가진다고 보지만 데카르트는 어떤 물체에도 이 원인이 있다고 인정하지 않는다. 왜냐하면 이 원인은 신이 물체에 부여한 것이기 때문이다. 신은 물체에 운동의 원인을 부여하고 우주에서 운동량을 보존하는 역할을 한다.

데카르트가 주장하는 신은 첫째 물체의 목적인 탐구를 배제하고, 둘째 물체에서 운동과 정지의 원인을 박탈하는 역할을 한다. 신의 이 역할은 자연학의 수학화에 충분한 조건을 제공하지 않지만 자연학의 수학화를 요청하는 수준을 넘어 이 목표로 가는 길에 버티고 있는 스콜라 철학의 장애물을 제거해 준다는 데 의의가 있다.

2. 연장론

1) 연장이 물체의 본성인 근거

데카르트의 물체론은 물체의 존재 증명을 출발점으로 삼지만 물체의 본성에 대한 이론을 또 하나의 중요한 구성 부분으로 가진다. 데카르트가 물체의 본성으로 꼽는 것은 연장이고 그 밖에 수학으로 탐구할 수 있는 성질로 꼽는 것은 크기, 모양, 운동이다. 물체의 본성이 연장이라는 데카르트의 명제를 이해하기 위해 다음 세 가지 작은 문제를 생각해 보자. 첫째, 연장은 무엇일까? 둘째, 왜 연장이 물체의 본성일까? 셋째, 연장이 물체의 본성이라면 크기, 모양, 운동 등 나머지 성질은 연장과 어떤 관계가 있을까?

우선 둘째 문제부터 살펴보자. 데카르트가 『철학 원리』에서 연장이

---

15) 스콜라 철학자에게 운동은 양적인 것뿐 아니라 질적인 것도 포함하는 매우 일반적인 의미에서 '변화'를 뜻하지만, 데카르트에게 운동은 위치의 변화만을 뜻한다는 점에서 차이가 있다.

물체의 본성이라고 주장하는 논증은 소거법에 의한 논증이라 할 수 있다. 소거법은 선택지들 가운데 하나씩 제거하면서 해답을 찾는 방법이다. 그는 돌을 예로 들어 돌에 대한 우리의 관념 중 물체의 본성에 속한다고 볼 수 없는 성질을 하나씩 이유를 대면서 제거한다.[16] 이때 제거되는 성질은 단단함, 색, 무거움, 냉기, 열기, 나머지 비슷한 모든 성질이다.

첫째, 데카르트가 단단함을 돌의 본성이 아니라고 보는 이유는 설사 돌이 녹거나 가루로 부서져 단단함을 잃더라도 돌이 더 이상 물체가 아니라고 볼 수 없기 때문이다. 둘째, 색을 배제하는 이유는 돌들 가운데 매우 투명하고 색이 없는 것도 있지만 이런 돌도 여전히 물체이기 때문이다. 셋째, 무거움을 배제하는 이유는 극도로 가벼운 불도 물체로 볼 수 있기 때문이다. 넷째, 냉기, 열기, 나머지 비슷한 모든 성질을 배제하는 이유는 이 성질이 돌 안에 있다고 볼 수 없거나 변하기 때문이다. 데카르트에 따르면 이 성질을 모두 제거하면 돌의 관념에 남아 있는 것은 돌이 길이, 너비, 깊이 면에서 연장된 어떤 것이라는 점뿐이다. 따라서 연장이 돌의 본성이다.

데카르트는 고대 그리스 철학자 데모크리토스에서 유래하고 갈릴레오가 재생한 제1성질과 제2성질의 구분을 받아들인다. 제1성질은 주관의 인식과 무관하게 대상이 가진 성질이고 제2성질은 주관의 감각 기관이 있어야 지각되는 성질이다. 이 구분을 도입하면 데카르트가 제거한 성질 가운데 단단함과 무거움은 물체의 제1성질이고 색, 냉기, 열기, 나머지 비슷한 모든 성질은 제2성질이다. 그가 단단함과 무거움이라는 두 가지 제1성질을 물체의 본성에서 배제하는 이유는 물체가 이 성질을 잃거나 결여할 수 있기 때문이다. 그러므로 데카르트에 따르면 물체가 잃거나 결

---

16) R. Descartes, Principles of Philosophy, pp. 227~228.

여할 수 있고 모든 물체에 반드시 속하지 않을 수 있는 제1성질은 물체의 본성이 될 수 없다.

한편 제1성질에는 단단함과 무거움 외에도 크기, 모양, 운동 등이 있고 로크J. Locke, 1632~1704의 분류법에 따르면 연장도 제1성질에 속한다. 그렇다면 같은 이유에 의해 크기, 모양, 운동, 연장은 물체의 본성에서 배제될 수 있을까? 우선 크기와 모양은 단단함, 무거움과는 다른 이유 때문에 물체의 본성에서 배제될 수 있다. 데카르트는 돌의 예와 비슷한 밀랍의 예에서 밀랍을 불에 녹이면 크기와 모양이 변할 수 있다는 이유로 크기와 모양을 물체의 본성으로 보지 않는다.[17] 돌은 녹이거나 가루로 부수면 단단함을 잃을 뿐 아니라 크기와 모양도 바뀐다. 그러므로 변할 수 있는 크기와 모양은 물체의 본성에서 배제된다.

운동은 어떨까? 이 물음에 대한 데카르트의 답은 없지만 운동은 무거움과 같은 이유로 물체의 본성에서 배제될 수 있다. 무거움의 반대는 가벼움이고 무거움이 물체의 제1성질이라면 가벼움도 제1성질이다. 그리고 무거움이 없는 물체는 가벼움이 있는 물체다. 그러므로 무거움과 가벼움이 물체에 속하더라도 그 가운데 어느 하나가 반드시 모든 물체에 속하지는 않는다. 마찬가지로 운동의 반대는 정지이고 운동이 물체의 제1성질이라면 정지도 물체의 제1성질이며 운동 없는 물체는 정지하고 있는 물체다. 그러므로 운동과 정지 가운데 어느 하나가 반드시 모든 물체에 속하지는 않는다는 점에서 운동도 물체의 본성에서 배제될 수 있다.

마지막으로 연장은 어떨까? 우리는 지금까지 물체의 본성이 갖추어야 할 두 가지 조건을 알아냈다. 하나는 그 본성이 "모든 물체에 반드시 속한다"는 조건이고 또 하나는 그 본성이 "변하지 않는다"는 조건이다.

---

17) R. Descartes, Meditations on First Philosophy, pp. 20~21.

데카르트는 연장이 첫 조건을 만족한다는 점을 보여 주기 위해 "빈 공간"에 관해 설명한다. 연장된 물체가 차지하고 있다가 사라진 빈 공간은 연장이 없는 것으로 보인다. 그렇다면 우리는 빈 공간처럼 연장이 속하지 않는 것이 있다고 인정해야 한다. 그러나 데카르트는 빈 그릇의 예를 들어 우리가 생각하는 빈 공간도 연장을 가지므로 물체이고 엄밀한 의미에서 빈 공간은 없다고 주장한다. 그에 따르면 만일 빈 그릇이 연장을 갖지 않는다면 빈 그릇의 안쪽 면들 사이에는 조금도 거리가 없을 것이므로 그릇의 면들은 맞닿아 버릴 것이다. 그러나 이런 일은 일어나지 않고 빈 그릇의 안쪽 면들 사이에도 거리가 있으므로 빈 그릇은 연장을 가진다.[18]

한편 데카르트는 연장이 둘째 조건을 만족한다는 점을 보여 주기 위해 '희박'과 '응축'에 관해 설명한다. 어떤 물체, 예를 들어 공기가 희박해지기도 하고 응축되기도 하는 것은 우리에게 그 물체의 연장이 변하는 것으로 보인다. 그러나 데카르트는 이 경우에도 연장이 변하지 않고 모양이 변할 뿐이라고 주장한다. 그에 따르면 희박해진 물체는 그 물체의 부분 또는 입자 사이에 있는 많은 틈 속으로 마치 스펀지에 물이 스며드는 것처럼 다른 물체가 들어온 것일 뿐이고 응축된 물체는 이 틈 속에 있는 다른 물체가 빠져나간 것일 뿐이다. 그러므로 제각기 고유한 연장을 가진 부분과 틈으로 이루어진 그 물체의 본래 연장은 희박해지거나 응축되더라도 변하지 않는다.[19]

데카르트는 희박과 응축에 관한 설명을 통해 연장의 불변성을 주장하지만 연장이 변하지 않는다는 것이 도대체 무엇을 의미하는지는 조금

---

18) 빈 공간이 없다는 데카르트의 이 논증은 "무(nothingness)는 어떤 연장도 가질 수 없다"는 명제에 근거한다고 볼 수 있다. 즉 연장을 가진 것이면 "어떤 것"(something)이지 '무'가 아니다. 그러므로 연장을 가지지 않은 빈 공간은 없다. R. Descartes, Principles of Philosophy, pp. 229~231.
19) R. Descartes, Principles of Philosophy, pp. 225~226, 231.

뒤에 보겠지만 불분명하다. 그러나 연장이 물체의 본성이라는 그의 논증 속에는 한 가지 주목할 점이 있다. 데카르트는 물체의 제1성질 사이에 일종의 위계를 모색한다. 그는 물체의 여러 제1성질을 동등하게 취급하지 않고 그 가운데 나머지 성질과 구분되는 하나의 주요 성질을 찾는다. 돌의 예에서 그는 물체의 제1성질 가운데 연장을 단단함이나 무거움과 구분하고 밀랍의 예에서는 연장을 크기와 모양과도 구분한다. 또 그의 논리에 따르면 연장은 운동과도 구분된다. 나아가 연장은 나머지 제1성질과 달리 물체의 본성이 될 조건도 갖추고 있다.

2) 연장의 정의

물체의 본성이 될 조건을 갖춘 연장 자체는 무엇일까? 데카르트는 『정신지도를 위한 규칙』에서 연장을 다음과 같이 정의한다.[20]

> 연장의 정의 1 : 연장은 길이, 너비, 깊이를 가진 것이다.

데카르트는 이 정의에 이어 길이, 너비, 깊이를 가진 이것이 실재하는 물체냐 아니면 공간일 뿐이냐는 문제는 중요하지 않다고 주장한다. 연장이 물체든 공간이든 심지어 빈 공간이든 길이, 너비, 깊이를 가진 것이라면 우리는 연장을 기하학에서 가로, 세로, 높이를 가진 부피volume로 생각할 수 있다. 그렇다면 물체뿐 아니라 물체로 꽉 찬 공간과 빈 공간도 부피를 가지니까 우리는 물체와 공간과 특히 빈 공간도 연장을 가진다는 그의 주장을 쉽게 이해할 수 있다. 그러나 이 생각은 조금 부정확하다. 왜냐

---

20) R. Descartes, Rules for the Direction of the Mind, trans. J. Cottingham, R. Stoothoff, and D. Murdoch, The Philosophical Writings of Descartes, vol. 1(2 vols), Cambridge : Cambridge University Press, 1985, p. 59.

하면 데카르트는 부피뿐 아니라 길이만을 가진 선과 길이와 너비를 가진 면도 연장이라고 주장하기 때문이다.[21]

한편 연장의 정의 1은 '차원' dimension이라는 기하학 용어를 도입하면 간단하게 바꿀 수 있다. 데카르트에 따르면 차원은 어떤 대상에서 측정 가능하다고 보이는 측면을 의미한다. 예를 들어 물체의 차원은 길이, 너비, 깊이이다. 그러므로 길이만 가진 것은 하나의 차원을 가진 것, 길이와 너비를 가진 것은 두 개의 차원을 가진 것, 길이와 너비와 깊이를 가진 것은 세 개의 차원을 가진 것이다. 그렇다면 측정 가능한 차원을 적어도 하나 이상 가진 것은 모두 연장이므로 연장의 정의 1은 다음과 같이 바꿀 수 있다.

연장의 정의 2 : 연장은 차원(들)을 가진 것이다.

연장에 대한 정의 2는 연장이 갖추어야 할 조건들을 만족할까? 물체, 물체로 꽉 찬 공간, 심지어 데카르트에 따르면 우리가 잘못 생각하는 빈 공간도 세 개의 차원을 가진 것이므로 이 정의는 연장이 반드시 물체에 속한다는 조건을 만족한다. 그러나 이 정의가 연장이 변하지 않는다는 조건도 만족하는지는 분명하지 않다. 우리는 물체의 구체적 차원이 여러 가지 방법에 의해 변하더라도 물체가 이러한 차원을 가지고 있다는 점만은 변하지 않는다고 해석할 수 있다.[22] 그러나 이 해석은 엄밀히 말해서

---

21) 데카르트는 선이 너비가 없고 면이 깊이가 없다고 판단하면서도 선으로 면을 만들려 하는 기하학자들을 비판하면서 그들은 면을 만들어 내는 선이 실재하는 물체라는 것을 모른다고 주장한다. R. Descartes, Rules for the Direction of the Mind, pp. 61~62.
22) 이 해석의 근거는 '연장'과 "연장된 것" (that which is extended)의 의미가 똑같다는 데카르트의 주장이다. 그는 "연장된 것"이라는 표현이 어떤 주체가 연장되어 있기 때문에 장소를 차지한다는 점을 판명하게 담지 못하므로 이 표현보다 '연장'이라는 표현을 사용하겠다고 주장한다. R. Descartes, Rules for the Direction of the Mind, pp. 59~60.

물체의 연장이 변하지 않는다는 뜻이 아니라 물체가 연장을 가진 어떤 것이라는 점이 변하지 않는다는 뜻이다. 만일 우리가 이 해석을 받아들이면 같은 논리에 의해 물체가 모양을 가진 어떤 것, 크기를 가진 어떤 것이라는 점도 변하지 않는다고 해야 한다. 따라서 데카르트가 제시한 연장이 갖추어야 할 조건 가운데 연장이 변하지 않는다는 조건은 의미가 분명하지 않다.

3) 연장과 나머지 성질의 관계

데카르트는 『철학 원리』에서 '실체', '본성', '양태', '구분' 등 형이상학 개념의 용법을 체계화하면서 구분 개념을 세 종류, 즉 실재적 구분, 양태적 구분, 개념적 구분으로 나누어 제시한다.[23] 물체의 제1성질 가운데 연장과 나머지 성질의 구분은 이 세 가지 구분 가운데 어디에 속할까? 데카르트가 이 물음을 던지지 않지만 우리는 답을 구해 볼 수 있다. 우선 그가 제시하는 세 가지 구분의 기준은 다음과 같이 일반화할 수 있다. 각 구분의 기준은 두 가지씩이다.[24] 다음 명제들에서 '없이'는 "따로 분리해"라는 뜻과 가장 가깝고, "알 수 있다"(또는 없다)는 "상상할 수 있다"(또는 없다)는 뜻이 아니라 "오성으로 이해할 수 있다"(또는 없다)는 뜻이다.

> 실재적 구분의 기준 1: A와 B 가운데 A를 B 없이 알 수 있고 B를 A 없이 알 수 있다.

---

23) R. Descartes, Principles of Philosophy, pp. 213~215.
24) 각 구분에 관해 데카르트가 직접 든 예는 다음과 같다. 실재적 구분 1의 예는 물질 실체와 정신 실체 사이의 구분이다. 실재적 구분 2의 예는 어떤 물체의 운동과 다른 물체나 정신 사이의 구분이다. 양태적 구분 1의 예는 물질 실체와 모양 사이의 구분이나 물질 실체와 운동 사이의 구분이다. 양태적 구분 2의 예는 물질 실체의 모양과 운동 사이의 구분이다. 개념적 구분 1의 예는 실체와 지속 사이의 구분이다. 개념적 구분 2의 예는 물질 실체의 연장과 분할 가능성 사이의 구분이다. R. Descartes, Principles of Philosophy, pp. 213~215.

실재적 구분의 기준 2: A와 B 가운데 A를 B 없이 알 수 있고 B를 A 없이 알 수 있지만 A를 C 없이 알 수 없고 B를 C 없이 알 수 있다.

양태적 구분의 기준 1: A와 B 가운데 A를 B 없이 알 수 있지만 B를 A 없이 알 수 없다.

양태적 구분의 기준 2: A와 B 가운데 A를 B 없이 알 수 있고 B를 A 없이 알 수 있지만 A와 B를 C 없이 알 수 없다.

개념적 구분의 기준 1: A와 B 가운데 A를 B 없이 알 수 없고 B를 A 없이 알 수 없다.

개념적 구분의 기준 2: A와 B 가운데 A를 B 없이 알 수 없고 B를 A 없이 알 수 없으며 A와 B를 C 없이 알 수 없다.

다음으로 이 일반화한 기준에 예를 들어 A는 연장, B는 모양, C는 물체를 대입해 보면 다음 명제들이 나온다. 연장과 나머지 성질의 구분이 연구 대상이므로 A와 B는 연장과 나머지 성질 하나를 대입해야 하며 물체를 대입할 수 없다.[25]

① 연장과 모양 가운데 연장을 모양 없이 알 수 있고 모양을 연장 없이 알 수 있다.
② 연장과 모양 가운데 연장을 모양 없이 알 수 있고 모양을 연장 없이 알 수 있지만 연장을 물체 없이 알 수 없고 모양을 물체 없이 알 수 있다.
③ 연장과 모양 가운데 연장을 모양 없이 알 수 있지만 모양을 연장 없이 알 수 없다.

---

25) 순서를 바꾸어 A에 나머지 성질 하나, B에 연장을 대입해도 상관없지만 이 경우 데카르트가 받아들일 수 있는 명제가 하나도 성립하지 않는다.

④ 연장과 모양 가운데 연장을 모양 없이 알 수 있고 모양을 연장 없이 알 수 있지만 연장과 모양을 물체 없이 알 수 없다.
⑤ 연장과 모양 가운데 연장을 모양 없이 알 수 없고 모양을 연장 없이 알 수 없다.
⑥ 연장과 모양 가운데 연장을 모양 없이 알 수 없고 모양을 연장 없이 알 수 없으며 연장과 모양을 물체 없이 알 수 없다.

이 여섯 명제 가운데 데카르트가 받아들일 수 있는 명제는 ③뿐이다. 그는 정신 실체와 물질 실체가 그 본성을 이루는 하나의 주요 성질을 가지며 물질 실체의 본성은 연장이고 나머지 성질은 연장을 전제한다고 주장한다. "예를 들어 모양은 연장된 것 안에 있을 때를 제외하고는 알 수 없다. 그리고 운동은 연장된 공간 안에서 운동을 제외하고는 알 수 없다. 반대로 모양 또는 운동 없는 연장을 이해하는 일은 가능하다."[26] 그러므로 연장과 나머지 성질의 구분은 양태적 구분의 기준 1에 속한다.

본래 데카르트는 이 기준에 따른 구분의 예로 실체와 양태의 구분, 즉 물질 실체와 모양이나 운동 사이의 구분 또는 정신 실체와 긍정이나 기억 사이의 구분을 든다. 그러나 연장과 나머지 성질 사이의 구분이 양태적 구분이라면 이 둘 사이에도 실체와 양태의 관계와 비슷한 관계가 성립한다. 비록 나는 한 가지 개념 조작을 통해 이 결론을 얻었지만, 형이상학 개념의 사용법을 다소 혼란스럽게 만드는 데카르트의 다음 주장이 나의 결론을 뒷받침한다. "연장의 다양한 양태들 또는 연장에 속하는 양태들이 있으며 이들은 모든 모양, 부분의 위치, 부분의 운동 등이다."[27] 따라

---

26) R. Descartes, Principles of Philosophy, pp. 210~211.
27) R. Descartes, Principles of Philosophy, p. 216.

서 이제 물체의 본성인 연장과 나머지 성질 사이의 관계는 다음과 같이 간단하게 표현할 수 있다.

물체의 나머지 성질은 연장의 양태들이다.

지금까지 나는 첫째, 연장이 물체의 본성이라는 데카르트의 논증을 분석해 물체의 본성이 갖추어야 할 조건을 밝히고 그가 물체의 제1성질 사이에 일종의 위계를 모색한다고 지적했다. 둘째, 나는 '차원' 개념을 도입해 연장에 대한 데카르트의 정의를 재구성하고 이 정의를 실마리로 연장과 나머지 성질 사이의 관계 문제를 제기했다. 셋째, 나는 데카르트의 '구분' 개념을 빌어 연장과 나머지 성질 사이의 구분이 양태적 구분이고 나머지 성질은 "연장의 양태들"이라고 논증했다.

데카르트가 모양, 위치, 운동이 연장의 양태들이라고 주장할 때 연장과 나머지 성질의 관계를 실체와 양태의 관계에 비유하는 것인지 아니면 양태가 실체뿐 아니라 실체의 본성에도 있다고 생각하는지는 분명하지 않다. 그러나 분명한 것은 데카르트가 실체와 양태 사이의 관계와 연장과 나머지 성질 사이의 관계를 어떤 측면에서 비슷하게 본다는 점이다. 그 측면은 우리가 실체를 양태 없이 알 수 있지만 양태를 실체 없이 알 수 없듯이, 연장을 나머지 성질 없이 알 수 있지만 나머지 성질을 연장 없이 알 수 없다는 것이다. 그러므로 데카르트의 물체론에서 물체의 본성이 연장이라는 명제의 한 가지 의의는 다음과 같이 정리할 수 있다.

물체의 제1성질들 사이에 일종의 위계가 있으며 이 위계는 우리가 연장 없이는 나머지 성질을 알 수 없다는 점에서 성립한다.

3. 연장의 양태들로 환원주의

1) 기계론의 역사에서 데카르트의 위치

기계론의 역사에서 데카르트는 어떤 위치를 차지하고 있을까? 과학사 연구자 마리 홀에 따르면 데카르트의 위치는 베이컨, 갈릴레오, 베에크만I. Beeckman, 1588~1637과 같고 가상디P. Gassendi, 1592~1655의 위치와 보일R. Boyle, 1627~1691과 뉴턴의 위치 사이에 있다.

마리 홀에 따르면 우선 가상디는 고대 에피쿠로스 원자론의 체계를 17세기에 되살린 가장 영향력 있는 인물이지만 고대 원자론을 근본적으로 수정하지 못한다. 그는 고대 원자론자처럼 원자가 운동한다고 가정한다. 그러나 가상디는 물체의 성질을 이 운동으로 설명하지 않고 주로 원자의 크기와 모양으로 설명한다. 그는 예를 들어 불이 많은 불 원자의 집합이고 빛이 매우 빨리 움직이는 아주 작은 입자로 구성되며 차가움은 날카로운 피라미드 모양의 원자에서 생긴다고 주장한다.[28]

마리 홀에 따르면 물체의 성질을 입자의 크기와 모양뿐 아니라 운동으로도 설명하려 한 기계론 철학은 17세기 초에 세 사람, 베이컨, 갈릴레오, 베에크만에 의해 따로따로 만들어진다. 이들의 기계론은 모두 알렉산드리아의 헤론에게 영향을 받는다. 헤론은 원자론자가 아니라 입자론자다. 입자론은 원자론과 달리 물질 입자를 무한히 쪼갤 수 있다고 본다. 헤론은 물체의 성질을 설명하기 위해 그 입자들 사이에 작은 진공이 있다고

---

28) 마리 홀에 따르면 가상디는 에피쿠로스의 원자론에서 반아리스토텔레스주의 자연학과 철학을 개발할 가능성을 본다. 가상디는 에피쿠로스의 무신론을 거부하지만 에피쿠로스와 마찬가지로 진공의 존재를 믿고 데카르트와 달리 물질을 연장뿐 아니라 단단함, 저항, 침투 불가능성 등으로 규정하며 형상을 끌어들이지 않고 원자의 크기와 모양으로 물체의 성질을 설명하려 한다. M. B. Hall, "The Establishment of the Mechanical Philosophy", Osiris 10, 1952, pp. 429~431.

가정한다. 베이컨은 헤론의 영향을 받아 열을 입자 자체로 보지 않고 입자의 운동으로 본다. 갈릴레오는 예를 들어 불이 물체를 액체로 만드는 것은 불 원자가 물체의 원자 사이에 있는 작은 진공을 통과하면서 진공의 응집력을 파괴하기 때문이라고 설명한다. 베에크만은 아리스토텔레스의 4원소와 대응하는 4종류의 원자를 모양에 따라 구분하고 예를 들어 열은 물체 안에서 불 원자의 운동에 의해 생긴다고 설명한다.[29]

데카르트는 비록 원자론자가 아니지만 베에크만의 영향을 받아 입자의 다양한 운동으로 물체의 여러 성질을 설명한다. 마리 홀에 따르면 데카르트는 입자의 모양을 규정하는 데 관심이 없지만 입자의 모양이 일정한 역할을 한다는 점을 부인하지 않는다. 데카르트는 예를 들어 액체의 입자가 끊임없이 운동하는 까닭은 입자의 모양이 미끄러지기 쉽게 생긴 때문이라고 설명한다. 그러나 마리 홀은 데카르트가 입자의 모양을 다른 원자론자만큼 중시하지 않고 열, 빛, 무거움, 탄성 등 물체의 성질을 설명할 때 물질 입자의 운동을 가장 중시한다고 주장한다.[30]

한편 마리 홀에 따르면 뉴턴은 중력이 물체의 성질을 설명하는 데 가장 중요하다는 점을 보여 준다. 중력은 운동의 변화, 즉 가속도의 원인이다. 따라서 물체의 성질을 설명하는 데 중력이 중요하다는 것은 운동보다 운동의 변화가 더 중요하다는 뜻이다.[31]

마리 홀는 입자의 크기, 모양, 운동, 운동의 변화 등 네 가지 개념 가운데 데카르트의 기계론이 지닌 특징을 뚜렷하게 보여 주는 개념은 운동이라고 평가한다. "물질의 모든 다양성, 물질 형상의 모든 다양성은 운동에 의존한다"[32]는 데카르트의 주장이 마리 홀의 평가를 뒷받침한다.

---

29) M. B. Hall, "The Establishment of the Mechanical Philosophy", pp. 431~442.
30) M. B. Hall, "The Establishment of the Mechanical Philosophy", pp. 442~451.
31) M. B. Hall, "The Establishment of the Mechanical Philosophy", p. 509.

나는 마리 홀의 평가에 반대하지 않지만 데카르트의 기계론이 지닌 특징을 평가하는 데 운동 개념의 역할을 지나치게 강조해서는 안 된다고 생각한다. 데카르트가 물체의 성질과 자연 현상을 설명할 때 입자의 크기나 모양이 결정적인 역할을 하는 경우도 있기 때문이다. 그가 물체의 충돌을 설명할 때는 크기가 결정적 역할을 하고 자기 현상을 설명할 때는 입자의 모양이 결정적 역할을 한다.[33]

2) 연장과 운동으로 환원주의

나는 연장이 물체의 본성이라는 데카르트의 명제를 분석해 "물체의 제1성질 사이에 일종의 위계가 있으며 이 위계는 우리가 연장 없이는 나머지 성질을 알 수 없다는 점에서 성립한다"는 결론을 얻었다. 그런데 이 결론 속에 포함되어 있는 작은 명제, 즉 "우리가 연장 없이는 나머지 성질을 알 수 없다"는 명제는 무엇을 의미할까?

이 명제는 강하게 해석하면 물체의 연장에 대한 앎이 우리가 물체의 나머지 성질을 아는 데 필요 충분 조건이라는 것을 의미한다. 그리고 이 해석에 따르면 우리가 물체의 모든 성질과 현상을 설명하는 데 연장 개념 하나만으로 충분하다는 의미에서 "연장으로 환원주의"가 성립한다. "연장으로 환원주의"는 두 측면을 가진다. 하나는 크기, 모양, 운동 등 물체의 나머지 제1성질을 연장 개념으로 설명할 수 있다는 측면이다. 또 하나는 자연의 모든 현상을 연장 개념으로 설명할 수 있다는 측면이다. 이 두 측면의 타당성은 데카르트의 운동론과 자연 현상에 대한 설명을 분석한 다음에야 정확하게 평가할 수 있다. 그러나 데카르트의 기계론이 지닌 특

---

32) R. Descartes, Principles of Philosophy, p. 232.
33) 자세한 설명은 이 책 5장 1, 2절을 참고.

성을 규정하기 위해 "연장으로 환원주의"를 여기서 조금 더 살펴보자.

먼저 염두에 둘 점은 데카르트가 운동 개념을 설명하면서 연장 개념을 전혀 사용하지 않는다는 사실이다. 이 사실을 해석하는 한 가지 방법은 연장을 제외한 물체의 나머지 성질 가운데 운동에 특별한 지위를 부여하는 것이다. 데카르트에 따르면 연장은 어떤 의미에서든 변하지 않는다는 조건을 갖춘 것이므로 물체의 다양성을 설명하는 개념 또는 원리가 될 수 없다. 그래서 데카르트는 운동이라는 제2의 대등한 원리를 도입해 연장 개념 없이 설명한다고 볼 수 있다. 그렇다면 운동은 비록 연장의 양태들 가운데 하나지만 연장과 대등한 역할을 하는 원리다. 이런 해석에 따르면 "연장으로 환원주의"는 성립하지 않으며 굳이 말하면 "연장과 운동으로 환원주의"가 성립한다.[34] 데카르트는 『세계』Le Monde에서 다음과 같이 주장한다.

> 나에게 연장과 운동을 다오. 그러면 나는 세계를 구성할 것이다.[35]

그러나 나는 "연장과 운동으로 환원주의"도 데카르트의 기계론에 대한 부정확한 해석이라고 생각한다. 그가 운동 개념을 다른 개념에 의존해 설명하는 경우도 있기 때문이다. 예를 들어 데카르트가 운동하는 물체와 정지하고 있는 물체의 충돌을 설명할 때는 '크기' 개념이 결정적 역할을 한다. 운동하는 물체와 정지하고 있는 물체가 충돌하는 경우 정지하고 있는 물체는 그 크기가 운동하는 물체의 크기보다 조금이라도 크면 충돌 후 움직이지 않고 조금이라도 작으면 충돌 후 움직인다.

---

34) R. Blackwell, "Descartes' Concept of Matter", ed. E. McMullin, The Concept of Matter in Modern Philosophy, Notre Dame: University of Notre Dame Press, 1978, p. 68.
35) R. Blackwell, "Descartes' Concept of Matter", p. 67에서 재인용.

연장의 한 양태인 운동을 설명하는 데 연장의 다른 양태인 크기 개념이 필요하고 게다가 이 개념은 경우에 따라 결정적 역할을 하기도 한다. 크기는 변할 수 있는 것이므로 연장과 다르고 운동과는 대등하게 연장의 양태에 속하는 개념이다. 따라서 크기 개념의 역할은 물체의 모든 성질과 현상을 물체의 본성인 연장 개념과 그 양태 가운데 하나인 운동 개념으로 설명할 수 있다는 "연장과 운동으로 환원주의"와 양립할 수 없다.

3) 연장의 양태들로 환원주의

"우리가 연장 없이는 나머지 성질을 알 수 없다"는 명제는 약하게 해석하면 연장에 대한 앎이 우리가 나머지 성질을 아는 데 필요한 조건들 가운데 하나일 뿐이라는 것을 의미한다. 연장은 측정 가능한 차원을 가진 것이다. 만일 우리가 물체에 측정 가능한 차원을 가진 연장이 있다고 전제하지 않으면 나머지 성질을 알려는 시도는 무의미해진다. 이런 의미에서 연장에 대한 앎은 우리가 나머지 성질을 아는 데 필요한 조건이라고 볼 수 있다. 그러나 이는 연장 개념이 나머지 성질을 아는 데 실제로 필요하다는 뜻이 아니라 원칙으로 필요하다는 뜻일 뿐이다. 만일 실제로 필요하다면 우리는 데카르트가 운동을 설명하는 데 연장 개념을 전혀 사용하지 않는다는 사실을 이해할 수 없기 때문이다.

그리고 더욱 중요한 것은 이때 우리가 연장만으로는 나머지 성질을 실제로 알 수 없다는 점이다. 데카르트에 따르면 어떤 의미에서든 연장은 변하지 않는다는 조건을 갖춘 것이므로 그는 이 개념만으로 물체의 다양한 성질과 현상을 설명할 수 없다. 데카르트는 물체의 다양한 성질과 현상을 설명하기 위해 연장의 양태 개념을 동원할 수밖에 없다. 그에 따르면 실체의 성질을 표현하는 '속성', '질', '양태' 가운데 양태는 실체가 변하는 것으로 볼 때 그 성질을 표현하는 개념이다.[36] 양태의 이 용법을 도입하면 연장의 양태도 변하지 않는다는 조건을 가진 연장이 구체적 물체에서 변하는 측면을 표현하는 개념이라고 볼 수 있다.

물체에서 변하는 측면을 표현하는 데 필요한 연장의 양태 개념은 하나로 제한될 수 없다. 물체의 운동을 설명하는 데는 크기 개념이 필요한 경우도 있기 때문이다. 연장의 한 양태인 운동을 설명하는 데 제한된 경우지만 결정적 역할을 하는 또 다른 연장의 양태 개념이 필요하다는 것은 무엇을 의미할까? 이는 운동에 대한 설명이 연장 개념으로 환원될 수 없을 뿐 아니라 운동 개념이 자연 현상에 대한 설명에서 홀로 중심 개념이 될 수 없다는 것도 의미한다.

정리해 보자. 우리가 연장 없이는 나머지 성질을 알 수 없다는 명제는 연장에 대한 앎이 우리가 나머지 성질을 아는 데 원칙으로 필요한 조건일 뿐이라는 약한 의미로 해석해야 한다. 그리고 우리가 나머지 성질을 아는 데 실제로 필요한 개념은 운동 개념으로 제한할 수 없다. 데카르트에게 물체의 모든 성질과 현상을 몇 개의 기본 개념으로 설명하려는 환원주의의 의도가 있다면 이 환원의 중심 개념은 연장의 양태를 표현하는 복수의 개념일 수밖에 없다. 이러한 의미에서 환원주의는 "연장의 양태들로 환원주의"라 할 수 있다. 데카르트에게 환원주의의 의도가 있다는 것은 "나에게 연장과 운동을 다오. 그러면 나는 세계를 구성할 것이다"라는 주장에서 분명히 드러난다. 그러나 이 주장은 더욱 정확하게 다듬어야 한다.

나에게 연장의 양태들을 다오. 그러면 나는 세계를 구성할 것이다.

---

36) R. Descartes, Principles of Philosophy, p. 211.

데카르트 연구자 그로숄츠E. Grosholz는 데카르트의 환원 방법이 자연학에서 동력학의 요소를 배제해 자연학을 빈곤하게 만든다고 평가한다.[37] 데카르트의 환원 방법은 지식의 단위들을 한 이론 안에서, 그리고 이론들을 전체 지식 체계 안에서 이성의 질서에 따라 조직하는 방법이다. 여기서 이성의 질서는 의심할 수 없이 명석 판명한 관념에서 출발해 추론을 진행하는 순서다. 그리고 데카르트가 자연학에서 의심할 수 없이 명석 판명한 관념으로 채택한 것은 물체의 본성인 연장과 그 양태인 크기, 모양, 운동이다.

물체의 다양한 성질과 현상에 대한 데카르트의 설명에서 실질적 출발점은 연장이 아니라 연장의 양태다. 연장의 양태인 크기, 모양, 운동은 기하학의 개념일 뿐 아니라 힘을 도입하지 않고 운동을 다루는 운동학kinematics의 개념이기도 하다. 그러므로 그로숄츠의 평가는 바꾸어 말하면 데카르트의 방법이 환원의 중심 개념으로 기하학과 운동학의 개념을 채택함으로써 자연학에서 동력학의 요소를 배제한다는 뜻이다.

"연장과 운동으로 환원주의"나 "연장의 양태들로 환원주의"는 모두 데카르트가 자연 현상을 설명할 때 운동학의 개념을 사용한다는 것을 보여 준다. 다만 데카르트의 환원주의가 "연장의 양태들로 환원주의"라고 규정하는 것은 환원의 중심 개념이 연장과 운동처럼 서로 다른 위계에 속하는 개념이 아니라 대등한 양태 개념들이고, 그가 실제로 물체의 다양한 성질과 현상을 설명할 때 연장 개념이 아니라 크기, 모양, 운동 등 연장의

---

[37] E. Grosholz, Cartesian Method and the Problem of Reduction, Oxford: The Clarendon Press, 1991, pp. 99~101. 그로숄츠는 데카르트의 기하학을 분석해 그가 기하학의 모든 문제를 직선의 길이만으로 푸는 환원 방법을 채택한다고 밝힌다. 그로숄츠에 따르면 이러한 환원 방법은 비록 기하학과 대수학의 통합에 이바지하지만 면적, 곡선, 무한소량 등을 포함하는 비례를 세울 가능성을 배제하면서 자연학을 수학화하는 데 방해가 된다.

양태 개념들을 사용한다는 사실을 좀더 정확하게 반영한다. 데카르트의 자연학은 자연 현상을 설명할 때 아리스토텔레스처럼 목적 개념을 도입하지 않고 물체의 운동에 의존한다는 점에서 기계론이라 불린다. 데카르트의 기계론은 이제 더욱 정확하게 크기, 모양, 운동 등 운동학의 개념을 중심으로 자연 현상을 설명한다는 뜻에서 운동학 기계론이라 부를 수 있다. 연장의 양태들로 환원주의는 데카르트의 운동학 기계론을 구성하는 핵심 원리다.

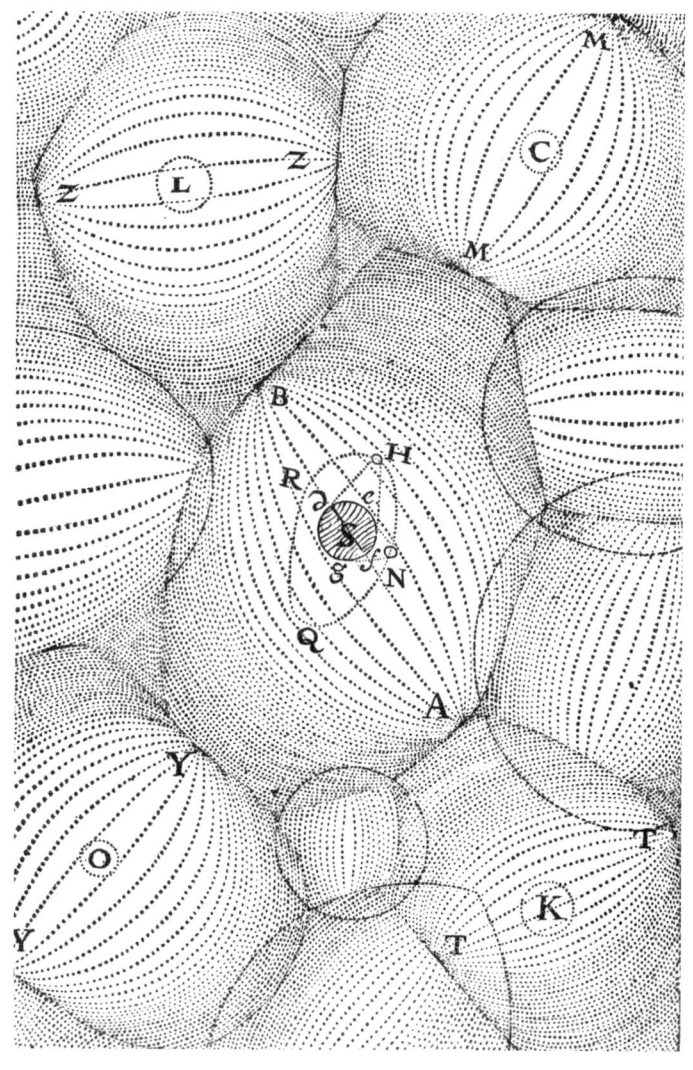

우주에 관해 17세기 사람들이 널리 받아들인 설명은 데카르트의 소용돌이계에 기초한다. 소용돌이는 공간을 꽉 채우는 희박한 물질이나 에테르 물질이 회전하는 거대한 흐름이다. 소용돌이는 행성과 위성을 가지고 다니며 하늘의 운동을 산출할 수 있다. 태양 S가 소용돌이 AYBM의 중심에 있고 그 주위에 중심 C, K, O, L인 소용돌이계가 둘러싸고 있다. 이 체계는 데카르트가 『철학 원리』(1644)에서 자세히 설명한다. 이 그림은 『철학 원리』에 나온다.(Cohen, Album of Science, New York: Charles Scribner's Sons, 1980)

.5장. 데카르트의 운동학 기계론 II: 운동론

데카르트는 프랑스의 투렌 지역에서 대법원 판사의 아들로 태어난다. 어머니는 그가 태어난 뒤 1년 만에 마른 기침과 창백한 안색을 물려준 채 폐결핵으로 세상을 떠난다. 데카르트는 몹시 허약해서 의사들도 오래 살지 못할 거라고 진단하지만 유모가 극진히 돌본 덕분에 목숨을 건진다. 그래도 병약한 데카르트는 학교에 다닐 때 아침 늦게까지 침대에 누워 있은 적이 많다. 이때부터 침대에 누워 생각하는 버릇을 평생 지닌다. 또 아버지가 어린 데카르트에게 '철학자'라는 별명을 지어주기도 한다.

데카르트의 마지막 작품은 『정념론』이다. 데카르트는 이 책을 읽고 감동한 스웨덴 여왕 크리스티나Christina, 1626~1689가 해군 제독과 군함까지 보내 초청하는 바람에 1649년 마지못해 스웨덴으로 간다. 데카르트는 크리스티나의 궁정에서 매일 오전 5시에 여왕에게 철학을 강의한다. 아침의 휴식과 명상을 평생 습관으로 지닌 데카르트는 감기에 걸리고 폐렴으로 악화하는 바람에 1650년 스톡홀름에서 숨을 거둔다.

데카르트의 과학은 온갖 자연 현상에 대한 그의 구체적 설명을 가리킨다. 데카르트는 『철학 원리』의 3부와 4부에서 빠트린 현상이 없다고 자신할 정도로 매우 다양한 자연 현상을 설명한다. 3부는 태양, 항성, 혜성, 행성, 지구, 달의 형성, 크기, 빛, 위치, 모양, 운동과 특별히 태양의 흑점 등을 다룬다. 4부는 지상 물체의 형성, 무거움, 빛, 열과 공기, 물, 불, 광물, 지진, 유리, 자석의 성질과 특별히 감각의 성질 등을 다룬다. 데카르트는 이 모든 현상을 설명한 뒤 모양, 크기, 운동의 관념에서 이 현상에 대한 지식을 필연적으로 도출했다고 스스로 평가한다.

자연 현상에 대한 데카르트의 구체적 설명은 운동학 기계론을 구성하는 두 가지 핵심 원리, 즉 연장의 양태들로 환원주의와 수동적 물체론에 기초한다. 그러나 데카르트가 이 두 가지 원리만으로 자연 현상을 설명하지는 않는다. 그는 실제로 자연 현상을 설명하기 위해 운동학 기계론에 기초해 운동의 본성과 원리를 규정하는 운동론을 제시한다. 또 데카르트는 운동학 기계론과 운동론에 어긋나지 않는 보조 가설들, 예를 들어 물체는 세 가지 종류의 입자로 구성된다는 입자론, 공간은 물질 입자로 꽉 차 있다는 플레눔 이론, 물질 입자들이 회전하고 있다는 소용돌이 가설을 도입한다.

나는 다양한 자연 현상에 대한 데카르트의 구체적 설명을 살펴보기 전에 그의 운동론을 분석해 그 귀결로 운동학 기계론에서 또 하나의 핵심 원리인 수동적 물체론을 제시할 것이다(1절). 그다음 나는 데카르트가 설명한 많은 자연 현상 중 자연 마술 전통을 배제하는 것을 잘 보여 주는 두 현상, 중력 현상과 자기 현상에 대한 설명을 분석할 것이다(2절). 나는 데카르트가 운동학 기계론을 생명론으로 어떻게 확장하는지도 살펴볼 것이다(3절).

1. 운동론

1) 운동의 제3특수 법칙

데카르트의 자연학에서 운동론은 크게 두 부분으로 구성된다. 하나는 운동의 본성을 정의하는 부분이고 또 하나는 운동의 원리를 규정하는 부분이다. 그는 운동의 '원리'라는 용어 대신 운동의 '원인'이라는 용어를 사용한다. 그렇다면 운동의 본성은 이 운동 원인의 결과라고 볼 수도 있다.[1]

데카르트는 운동의 원인을 일반 원인과 특수 원인으로 나눈다. 운동의 일반 원인은 모든 물체의 모든 운동의 1차 원인으로서 신이고, 특수 원인은 특수한 물체의 다양한 운동의 2차 원인으로서 세 가지 운동 법칙이다. 그 가운데 제1법칙과 제2법칙은 근대 역학의 직선 관성 운동 원리를 표현한다. 제1법칙의 내용은 모든 물체가 외부 원인의 작용이 없는 한 같은 상태를 지속하려 한다는 것이다. 제2법칙의 내용은 이 상태[2] 가운데 운동에 주목해 모든 물체는 기울어진 경로가 아니라 직선을 따라 계속 운동하려 한다는 것이다. 제3법칙은 두 물체가 충돌할 때 일어나는 운동의 변화를 규정한다. 데카르트는 제3법칙에 따라 일어나는 운동의 변화를 계산하는 방법으로 7가지 충돌 규칙을 제시한다.

데카르트가 운동의 원인을 설명하는 부분에서 내가 주목하는 문제는 물체의 본성인 연장과 그 양태들인 크기, 모양, 운동의 개념이 이 설명에서 어떤 역할을 하느냐는 것이다. 나는 이 문제를 검토하기 위해 특별히 두 가지 원리, 즉 운동의 제3특수 법칙과 충돌 규칙 4를 분석할 것이다. 이 두 가지 원리를 분석하면 데카르트의 '힘' power 개념이 밝혀지고 그의 운동론의 한 가지 특징이 드러나는데 이 힘 개념과 특징은 그의 기계론을 이해하는 데 중요하기 때문이다. 데카르트의 힘은 물체의 상태를

---

1) R. Descartes, Principles of Philosophy, p. 240. 운동의 원리와 본성을 원인과 결과로 구분하는 것은 데카르트의 운동론에서 운동의 원인이 물체 안에 속하지 않는다는 것을 이해하는 데 도움을 준다. D. Garber, Descartes' Metaphysical Physics, Chicago: The University of Chicago Press, 1992, pp. 161~162.
2) 데카르트는 이 상태의 예로 운동과 정지뿐 아니라 모양도 든다. R. Descartes, Principles of Philosophy, pp. 240~241.

바꾸려는 경향이 아니라 그 상태를 지속하려는 경향이므로 물체는 그 상태를 바꾸는 원인을 내부에 가질 수 없다는 뜻에서 수동적인 것이다. 데카르트의 운동론은 그의 기계론을 구성하는 수동적 물체론과 일치한다.

운동의 제3특수 법칙과 충돌 규칙을 이해하기 위해서는 운동의 일반 원인을 조금 더 살펴볼 필요가 있다. 데카르트에 따르면 모든 운동의 일반 원인은 신이고, 신은 물질 또는 물질의 부분인 물체를 창조할 때 운동과 정지를 부여했다. 그리고 신의 작용은 항상 똑같고 불변하므로 물질의 운동량은 신이 물질을 처음 창조한 때와 똑같은 양으로 보존된다. 데카르트에 따르면 물체의 운동량은 물체의 크기와 속력의 곱으로 결정된다. 그러므로 물체의 집합인 물질의 운동량이 보존된다는 것은 우주 전체에서 모든 물체의 크기와 속력의 곱의 합이 언제나 똑같다는 뜻이다.[3] 데카르트는 운동의 특수 원인 가운데 제3원인 또는 제3법칙을 두 경우로 나누어 설명한다.[4] 편리하게 (가)와 (나)라고 부르자.

(가) "만일 어떤 물체가 자기보다 더 강한 다른 물체와 충돌하면 그 물체는 자신의 운동을 잃지 않고" 운동의 방향만을 바꾼다.

(나) "만일 그 물체가 더 약한 다른 물체와 충돌하면 그 물체는 일정한 운동량을 잃고 그만큼 운동량을 다른 물체에 나누어 준다."

제3법칙의 (가)에 대한 데카르트의 증명은 다음과 같이 정리할 수 있다. 어떤 물체는 다른 물체와 만나 운동이 파괴되지 않는 한 운동을 지속하려 한다. 물체의 운동이 지속되는 동안 운동의 방향은 변할 수 있기 때

---

[3] R. Descartes, Principles of Philosophy, p. 240.
[4] R. Descartes, Principles of Philosophy, p. 242.

문에 물체의 운동과 그 방향 결정은 서로 다르다. 따라서 어떤 물체가 다른 물체의 극복할 수 없는 저항을 만나면 그 물체의 운동 방향이 변하지만 운동은 변하지 않는다.

이 증명에서 데카르트가 운동과 방향 결정을 구분하는 것은 얼핏 보면 운동 속력뿐 아니라 방향의 변화도 고려하는 것 같지만 사실은 그의 역학에서 방향의 변화라는 중요한 요인을 제거하는 결과를 낳는다. 운동과 방향을 구분하면 방향의 변화가 운동에 어떤 변화도 일으키지 않기 때문이다.[5] 이 증명에서 주목해야 할 점은 운동 방향의 변화가 어떻게 일어나느냐는 것이다. 운동 방향의 변화는 어떤 물체가 다른 물체의 극복할 수 없는 저항을 만날 때 일어난다. 그러므로 어떤 물체(B)가 자기보다 더 강한 다른 물체(C)를 만난다는 것은 어떤 물체가 극복할 수 없는 저항을 가진 다른 물체를 만난다는 뜻이다.

이때 C의 저항과 비교되는 것은 B의 무엇일까? 데카르트는 '힘' 개념을 도입한다. "어떤 물체가 다른 물체와 충돌할 때 만일 그 물체가 직선으로 계속 운동하려는 힘이 다른 물체의 저항보다 작으면 그 물체는 방향을 바꾸지만 운동량을 유지한다."[6] C의 저항과 비교되는 것은 B의 계속 운동하려는 힘이다. 따라서 제3법칙에 나오는 "어떤 물체(B)보다 다른 물체(C)가 더 강하다(또는 약하다)"는 명제는 "B의 계속 운동하려는 힘보다 C의 저항이 더 크다(또는 작다)"는 뜻이다.

힘과 저항을 비교할 수 있는 근거는 둘의 원천이 같다는 데 있다. 힘과 저항은 모두 제1법칙이 규정한 "똑같은 상태를 지속하려는 경향"에서 유래한다. 제3법칙은 서로 비교할 수 있는 힘과 저항 가운데 어느 쪽이

---

5) R. Westfall, Force in Newton's Physics : The Science of Dynamics in the Seventeenth Century, pp. 64~68.
6) R. Descartes, Principles of Philosophy, p. 242.

큰가에 따라 다르게 나타나는 결과를 규정한다. 그러나 힘과 저항은 비록 원천이 같더라도 서로 비교하려면 계산하는 방법이 있어야 한다. 힘과 저항은 어떻게 계산할 수 있을까?

　데카르트에 따르면 제1법칙은 운동의 일반 원인인 신의 불변성에서 도출된다. 그리고 신의 불변성 때문에 우주 전체 물질의 운동량이 보존된다. 물론 개별 물체의 운동량은 처음에 신이 부여하지만 충돌에 의해 변할 수 있다. 그러나 개별 물체는 운동을 포함한 자신의 상태를 가능한 한 지속하려는 경향이 있다. 데카르트가 이 상태의 예로 드는 것은 운동, 정지, 모양 등이다. 운동이 이 상태 가운데 하나이고 물체가 계속 운동하려는 힘이 상태를 지속하려는 경향에서 유래한다면 데카르트의 힘은 신이 처음에 물체를 만들 때 부여하고 그 물체가 지속하려는 운동량으로 볼 수 있다. 물체의 운동량은 그 물체의 크기와 속력의 곱으로 결정된다. 따라서 운동하고 있는 물체가 계속 운동하려는 힘도 크기와 속력의 곱으로 계산할 수 있다.

　데카르트는 물체가 계속 운동하려는 힘을 계산하는 방법을 제시하지만 저항을 계산하는 방법은 제시하지 않는다. 그러나 우리는 지금까지 논의와 충돌 규칙에 대한 데카르트의 설명을 바탕으로 저항을 계산하는 방법을 추측해 볼 수 있다. 먼저 운동하는 물체의 저항과 정지하고 있는 물체의 저항을 구분할 필요가 있다. 데카르트가 제3법칙에 이어 설명하는 7가지 충돌 규칙 중에는 규칙 4, 5, 6처럼 한 물체가 운동하고 다른 물체는 정지한 경우도 있지만, 규칙 1, 2, 3, 7처럼 서로 반대 방향이든 같은 방향이든 두 물체가 모두 운동하는 경우도 있다. 그리고 데카르트는 이 모든 경우 "물체가 겪는 변화의 모든 특수 원인은 이 제3법칙에 포함되어 있다"[7]고 주장한다. 그러므로 제3법칙에서 저항은 정지 물체의 저항과 운동 물체의 저항을 포괄한다. 저항이 두 종류라면 저항을 계산하는 방법도 두 종류로 나누어서 살펴볼 필요가 있다. 두 종류의 저항을 계산하는 방법이 같으면 문제가 없지만 다를 수도 있기 때문이다.

운동 물체의 저항은 그 물체가 계속 운동하려고 하는 힘과 다르지 않다. 왜냐하면 이 저항과 힘은 모두 제1법칙이 규정한 자신의 상태를 지속하려는 경향에서 유래하고 이 저항과 힘이 지속하려는 물체의 상태는 그 물체의 운동이기 때문이다. 그러므로 운동 물체의 경우 저항은 물체가 계속 운동하려는 힘과 마찬가지로 물체의 크기와 속력의 곱으로 계산할 수 있다.

정지 물체의 저항을 계산하는 방법은 두 가지 가능성이 있다. 첫 가능성은 정지 물체의 저항도 운동 물체의 저항 또는 힘과 마찬가지로 크기와 속력의 곱으로 계산하는 것이다. 그러나 첫 가능성은 성립하지 않는다. 이 점은 데카르트의 충돌 규칙, 특히 규칙 4를 분석해 보면 드러난다.

2) 충돌 규칙 4

만일 첫 가능성, 즉 정지 물체의 저항을 계산하는 방법이 운동 물체의 저항을 계산하는 방법과 똑같이 크기와 속력의 곱으로 계산할 가능성이 성립하면 제3법칙의 내용은 다음과 같이 바꿀 수 있다.

> (가)' B와 C가 충돌할 때 만일 B의 크기와 속력의 곱보다 C의 크기와 속력의 곱이 더 크면 B는 운동량을 잃지 않고 운동의 방향만을 바꾼다.
> (나)' B와 C가 충돌할 때 만일 B의 크기와 속력의 곱보다 C의 크기와 속력의 곱이 더 작으면 B는 운동량을 잃고 그만큼 운동량을 C에게 나누어 준다.

---

7) R. Descartes, Principles of Philosophy, p. 242.

한편 데카르트가 운동의 제3법칙에 이어 설명하는 7가지 충돌 규칙 가운데 충돌 규칙 4는 다음과 같다.

만일 물체 C가 완전히 정지해 있고 C가 B보다 조금이라도 더 크면 B가 C 쪽으로 접근하는 속력이 아무리 크더라도 B는 C를 움직일 수 없고 오히려 C에 의해 반대 방향으로 튕겨 날 것이다.[8]

충돌 규칙 4가 첫 가능성을 부정한다는 점은, 데카르트의 대답을 잠시 접어 두고 우리가 (가)'와 (나)'를 바탕으로 규칙 4의 경우에 일어날 일을 추론해 보면 알 수 있다. 규칙 4의 경우 B가 운동하고 따라서 속력이 0보다 크므로 B의 크기와 속력의 곱은 0보다 크다. 그리고 C는 정지하고 있고 따라서 속력이 0이므로 C의 크기와 속력의 곱은 0이다. 그러므로 규칙 4는 B의 크기와 속력의 곱보다 C의 크기와 속력의 곱이 조금이라도 작은 경우니까 (나)'를 적용해야 한다. 그렇다면 이 경우 B는 일정한 운동량을 잃고 그만큼 운동량을 C에게 나눠 주며, 따라서 B는 조금 감소한 속력으로 본래 방향으로 운동하고 C도 B와 같은 속력을 지니고 같은 방향으로 운동한다. 이것이 우리가 추론할 수 있는 충돌 후의 결과다.

그러나 데카르트의 대답은 이 추론과 다르다. 그에 따르면 규칙 4의 경우 충돌 후 C는 조금도 움직이지 않고 B는 반대 방향으로 튕겨 난다. 규칙 4의 경우 우리의 추론과 데카르트의 대답 사이의 차이는 어디서 비롯할까?

제3법칙은 (가)와 (나)의 두 경우로 나누어져 있다. (가)는 "어떤 물

---

[8] 앞의 영역본에서 번역이 생략되어 있는 7가지 충돌 규칙과 『철학 원리』의 3, 4부는 다음 영역본에서 인용하고 괄호 안에 MM으로 표기한다. R. Descartes, Principles of Philosophy, trans. V. Miller and R. Miller, Dortrecht: D. Reidel Publishing Company, 1984, p. 66.

체가 자기보다 더 강한 다른 물체와 충돌"하는 경우이고, (나)는 "그 물체가 더 약한 다른 물체와 충돌"하는 경우다. 우리의 추론은 규칙 4의 경우가 제3법칙의 (나)와 일치한다고 본 것이고 데카르트의 대답은 규칙 4의 경우가 제3법칙의 (가)와 일치한다고 본 것이다. 달리 말해서 우리는 정지 물체의 저항이 0이라고 계산하지만 데카르트는 이 저항이 0이 아니고 운동 물체의 힘보다 더 크다고 계산한다. 왜 데카르트가 이렇게 계산할까? 데카르트는 규칙 4를 설명하면서 다음과 같이 주장한다.

> 정지 물체는 낮은 속력보다 높은 속력에 대해 더 큰 저항을 보인다. 그리고 이 저항은 속력의 차이에 비례해 증가한다. 따라서 저항하는 C에는 추진하는 B보다 항상 더 많은 힘이 있다.[9]

이 주장에 따르면 정지 물체의 저항은 자신과 충돌하는 운동 물체의 속력에 비례해 증가한다. 정지 물체의 저항은 그 물체의 크기와 속력의 곱으로 계산되는 것이 아니라 그 물체의 크기와 충돌하는 운동 물체의 속력의 곱으로 계산된다.[10] 그래서 데카르트는 정지 물체의 운동량이 운동 물체의 운동량보다 크다고 계산한다. 그는 이 계산을 바탕으로 제3법칙의 (가)를 적용해 충돌 후 정지 물체는 그대로 있고 운동 물체는 같은 속력으로 튕겨 난다는 결론을 내린다.

지금까지 분석은 첫 가능성, 정지 물체의 저항을 계산하는 방법이 운동 물체의 계속 운동하려는 힘이나 운동 상태를 바꾸려는 것에 저항하는 힘을 계산하는 방법과 같을 가능성을 부정하고 두 방법이 서로 다를 둘째 가능성을 뒷받침한다. 또 이 분석은 데카르트의 기계론을 이해하는 데 중

---

9) R. Descartes, Principles of Philosophy (MM) p. 66.
10) D. Garber, Descartes' Metaphysical Physics, p. 241.

5장. 데카르트의 운동학 기계론 II: 운동론 **137**

요한 실마리를 제공한다. 그 실마리는 데카르트가 충돌 규칙 4를 설명하는 데 크기 개념이 결정적인 역할을 한다는 점이다.[11]

충돌 규칙 4는 운동 물체의 크기가 정지 물체의 크기보다 조금이라도 작은 경우다. 데카르트에 따르면 이 경우 운동 물체의 힘이 정지 물체의 저항보다 조금이라도 작으므로 제3법칙의 (가)에 따라 정지 물체는 그대로 있고 운동 물체는 충돌 후 반대 방향으로 튕겨 난다. 그렇다면 규칙 4의 경우 제3법칙의 (가)와 (나) 가운데 어느 것을 적용해야 하는지를 결정하는 것은 두 물체의 크기다. 데카르트가 운동 물체와 정지 물체의 충돌을 설명하는 데 크기 개념이 결정적 역할을 한다는 점을 기억해 두자.

3) 물체의 수동성

데카르트가 제3법칙을 설명하면서 도입한 힘은 어떤 물체가 다른 물체에 작용하는 힘이나 다른 물체의 작용에 저항하는 힘이며, 이 힘은 제1법칙에서 규정된 "모든 것이 가능한 한 똑같은 상태를 지속하려는 경향"에서 유래한다. 이 힘 개념을 둘러싸고 데카르트 연구자들이 벌이는 논쟁의 초점은 과연 그가 힘을 운동하는 물체에 인과 작용인causal agency으로 부여하느냐는 점이다. 인과 작용인은 어떤 결과를 낳는 원인을 의미하고 예를 들어 집의 인과 작용인은 집을 짓는 건축가나 그의 작업을 가리킨다.

철학사 연구자 하트필드G. Hatfield는 우선 라이프니츠에 의거해 동력학을 힘의 과학으로 정의한다. 그리고 하트필드는 데카르트가 운동하는 물체를 라이프니츠와 같은 의미에서 동력학으로 이해하지 않는다고 주장

---

11) 충돌 규칙 5에서도 크기 개념이 결정적 역할을 한다. 충돌 규칙 5는 운동 물체의 크기가 정지 물체의 크기보다 조금이라도 큰 경우다. 이때 충돌 후 운동 물체는 정지 물체와 함께 조금 감소하지만 똑같은 속력으로 본래 방향으로 움직인다. R. Descartes, Principles of Philosophy(MM), pp. 66~67.

한다. 그 근거는 데카르트가 힘을 물체에 인과 작용인으로 부여하지 않기 때문이다. 데카르트에 따르면 물체의 힘, 즉 작용하는 힘이나 저항하는 힘은 물체가 똑같은 상태를 지속하려는 경향에서 유래하며 이 경향의 원인은 신이다. 하트필드는 데카르트의 경우 인과 작용인이 물체가 아니라 신이나 인간 영혼에 속하며 물체는 인과 작용인이 될 수 없기 때문에 수동적인 것이라고 주장한다.[12] 하트필드는 데카르트의 힘 개념에 대한 과학사 연구자 웨스트폴의 견해를 비판한다.

웨스트폴에 따르면 운동에 대한 데카르트의 분석은 동력학의 핵심 문제를 제기한다. 웨스트폴은 운동의 특수한 제1법칙에 대한 데카르트의 다음 설명을 인용한다. "우리는 왜 돌이 던지는 사람의 손을 떠난 뒤 잠시 동안 계속 움직이는지를 설명하려 할 때 스콜라 철학자들이 빠진 어려운 처지에서 벗어나 있다. 왜냐하면 우리는 오히려 왜 그 돌이 영원히 계속 운동하지 않는지를 질문해야 하기 때문이다."[13] 웨스트폴은 이 설명 속에 동력학이 지향하는 핵심 문제가 들어 있다고 주장한다. 그 문제는 운동을 일으키는 원인이 무엇이냐는 문제가 아니라 운동의 변화를 일으키는 원인이 무엇이냐는 문제다. "왜 그 돌이 영원히 계속 운동하지 않는지"는 그 돌의 운동이 변하는 원인을 의미하기 때문이다. 또 웨스트폴에 따르면 데카르트는 거의 모든 운동 변화를 단 하나의 인과 작용인, 즉 충돌로 환원하는 데까지 나아간다. 그러나 데카르트는 정량적quantitative 동력학을 정식화하지 못한다. 웨스트폴에 따르면 그 이유는 데카르트가 사용한 동

---

12) G. Hatfield, "Force (God) in Descartes' Physics", ed. G. Moyal, René Descartes: Critical Assessments, vol. 4(4 vols.), London: Routledge, 1991, pp. 124~128. 인과 작용인이 인간 영혼에 속할 수 있는 이유는 인간 영혼은 특별히 몸과 결합해 몸을 움직이기 때문이다.
13) R. Westfall, Force in Newton's Physics: The Science of Dynamics in the Seventeenth Century, p. 59에서 재인용.

력학 의미를 지닌 듯한 개념들이 이 정식화를 방해하기 때문이다.[14] 웨스트폴은 이런 개념들 가운데 하나로 데카르트의 '힘'을 든다. 웨스트폴은 데카르트의 힘 개념이 어떤 물체가 겪는 운동의 변화가 아니라 어떤 물체가 다른 물체에 작용하는 능력에 초점을 맞춘다고 지적한다. 따라서 데카르트의 힘 개념은 정량적 동력학을 정식화하는 데 쓸모가 없다.

하트필드와 웨스트폴의 견해는 데카르트가 운동의 분석을 통해 정량적 동력학을 정식화하지 못한다고 보는 점에서 일치한다. 그러나 하트필드는 데카르트가 정량적 동력학을 정식화하지 못하는 이유가 힘을 물체에 인과 작용인으로 부여하지 않기 때문이라고 본다. 반면 웨스트폴은 그가 비록 힘을 물체에 인과 작용인으로 부여하지만 이 힘을 운동 변화의 원인이 아니라 다른 물체에 작용하는 능력으로 보기 때문이라고 주장한다. 그렇다면 하트필드가 웨스트폴을 비판하는 초점은 웨스트폴이 데카르트의 물체를 인과 작용인을 지닌 능동적인 것으로 본다는 데 있다. 하트필드는 웨스트폴을 비판한 뒤 다음과 같이 결론을 내린다.

> 결국 데카르트에게 속하는 견해는 물질과 운동을 완전히 기하학으로 취급하는 견해다. …… 데카르트는 물질 세계에서 인과 작용인을 제거했고 이 작용인을 신과 창조된 정신의 수중에 놓았으며 달리 말해서 물질에 작용하는 능력을 갖춘 비물질 실체의 수중에 놓았다.[15]

---

14) 웨스트폴이 이런 개념들의 대표로 꼽는 것은 '작용하다'(agir)라는 라틴어 개념이다. 웨스트폴은 이 개념과 어원적으로 관련된 개념인 agité, agitation, action의 용법도 분석하면서 다음과 같이 주장한다. "그에게 '작용' action이 의미한 것은 어떤 물체가 다른 물체에 대해 그 물체의 운동 상태나 정지 상태를 바꾸는 기능이다. 물질의 관성 때문에 물체는 자신의 운동 상태를 바꿀 수 없다. 그러므로 물체가 '작용하기' 위해서는 다른 물체에 '작용해야' 한다." 웨스트폴의 이 주장은 데카르트의 작용 개념이 어떤 물체 자체의 운동 변화보다 다른 물체에 대한 그 물체의 기능에 초점을 맞추기 때문에 정량적 동력학의 정식화에 방해가 된다는 점을 지적한다. R. Westfall, Force in Newton's Physics: The Science of Dynamics in the Seventeenth Century, pp. 63~64.

나는 데카르트의 물체를 수동적인 것으로 보는 하트필드의 견해에 동의하고 물체가 수동적인 것이라는 명제는 데카르트 기계론의 핵심 명제 가운데 하나라고 생각한다. 그러나 나는 데카르트의 경우 물체가 수동적인 것이라는 명제와 물체에 힘이 속한다는 명제는 양립 불가능한 것이 아니라고 생각한다.

웨스트폴은 데카르트의 힘 개념이 어떤 물체의 운동 변화를 측정하는 개념이 아니라 어떤 물체가 다른 물체에 작용하는 능력을 측정하는 개념이라고 정확하게 지적한다. 그러나 물체가 이런 힘을 가진다고 해서 능동적인 것이라고 볼 수는 없다. 왜냐하면 데카르트의 힘은 물체의 상태를 지속하려는 힘이지 그 상태를 바꾸려는 힘이 아니기 때문이다. 데카르트의 힘은 물체가 가능한 한 똑같은 상태를 지속하려는 경향에서 유래한다. 물체가 자신의 상태를 똑같이 지속하려는 힘을 가진다면 그 물체는 자신의 상태를 바꾸는 원인을 내부에 가질 수 없다. 물체의 상태 변화는 외부의 원인에 의해서만 일어나고 이런 힘을 가진 물체는 자신의 상태를 지속하면서 다른 물체의 상태를 바꾸려 한다.

데카르트의 힘 개념은 뉴턴의 힘 개념과 구별해야 한다. 왜냐하면 뉴턴의 힘은 상태 변화, 특히 운동 변화 또는 가속도의 원인이지만 데카르트의 힘은 물체의 상태를 바꾸지 않고 지속하려는 경향의 표현이기 때문이다. 오히려 데카르트의 힘 개념은 물체에서 상태 변화의 원인을 배제한다는 의미에서 물체가 수동적이라는 데카르트의 기계론 원리를 뒷받침한다. 이때 '수동적'은 "상태 변화의 원인이 내부에 없다"는 뜻이다.

물체를 수동적인 것으로 보려는 데카르트의 노력은 운동의 본성에 대한 설명에서도 잘 나타난다. 데카르트는 운동의 본성을 설명하면서 운

---

15) G. Hatfield, "Force (God) in Descartes' Physics", pp. 134~135.

동에 대한 두 가지 정의를 제시한다. 하나는 "일상 의미"에서 운동의 정의이고, 다른 하나는 "엄밀한 의미"에서 운동의 정의다. 데카르트는 운동의 일상 의미를 비판하고 엄밀한 의미를 채택하는데, 두 정의는 다음과 같다.[16]

> 일상 정의 : 운동은 단순히 어떤 물체가 한 장소에서 다른 장소로 가게 만드는 작용action이다.
> 엄밀한 정의 : 운동은 물질의 어떤 조각 또는 어떤 물체가 그것과 직접 접촉하며 정지하고 있다고 보이는 다른 물체의 근처에서 또 다른 물체의 근처로 이동하는transfer 것이다.

두 정의는 여러 가지 논쟁거리[17]를 포함하지만 여기서는 한 가지 문제만 다루어 보자. 운동은 일상 정의에 따르면 '작용'이고 엄밀한 정의에 따르면 '이동'이다. 작용과 이동의 차이는 무엇일까? 데카르트는 이 차이를 다음과 같이 말한다.

> 그리고 내가 이동을 야기하는 힘force이나 작용 대신 '이동'이라고 말하는 까닭은 운동이 움직임을 야기하는 물체와 대립해 움직이는 물체 속에 언제나 있다는 점을 보여 주기 위한 것이다.[18]

---

16) R. Descartes, Principles of Philosophy, p. 233.
17) 대표적인 논쟁거리는 데카르트의 운동 정의에 따르면 운동과 정지를 엄밀하게 구분할 수 없다는 운동의 상대성 문제다. 이 문제에 관해서는 다음 논문을 참고. T. Prendergast, "Descartes and the Relativity of Motion", ed. G. Moyal, René Descartes: Critical Assesment, vol. 4(4 vols.), London: Routledge, 1991, pp. 101~109.
18) R. Descartes, Principles of Philosophy, p. 233.

운동이 움직임을 야기하는 물체가 아니라 움직이는 물체 속에 있다는 것은 무슨 뜻일까? 물체들 중에는 움직임을 야기하는 원인으로서 물체도 있고 그 원인에 의해 움직이는 결과로서 물체도 있다. 그리고 움직임을 야기하는 물체가 있다는 것은 데카르트의 운동론과 아무 모순도 없다. 왜냐하면 물체는 충돌에 의해 다른 물체에 일정한 운동량을 전달해 다른 물체를 움직일 수 있기 때문이다. 그러나 움직임을 야기하는 원인으로서 물체는 자신의 움직임이 아니라 다른 물체의 움직임을 야기한다. 그러므로 결과로서 움직이는 물체는 스스로 움직이는 것이 아니다. 운동이 움직이는 물체 속에 있다는 주장은 물체 속에는 결과로서 움직임이 있을 뿐 그 움직임의 원인은 없다는 뜻이다.

작용과 이동의 중요한 차이는 작용이 움직임을 야기하는 원인인 반면 이동은 그 원인의 결과라는 점이다. 따라서 운동의 본성이 작용이 아니라 이동이라는 데카르트의 주장도 물체가 자신의 운동 원인을 내부에 가지고 있지 않다는 것을 의미하기 때문에 물체가 수동적이라는 그의 기계론 원리와 일치한다.

2. 자연 현상에 대한 설명

1) 신비한 성질

아리스토텔레스주의 철학은 "신비한 성질"occult quality과 "명백한 성질" manifest quality을 구분하는 전통이 있다. 명백한 성질은 감각 기관으로 직접 지각되지만 신비한 성질은 직접 지각되지 않는다. 신비한 성질의 좋은 예는 자석의 힘이나 화학 약물의 치료 효과다. 자석은 쇠붙이를 끌어당기는 힘이 있지만 이 힘은 우리 눈에 보이지 않으며 감각 기관이 지각할 수 있는 것은 이 힘의 결과뿐이다. 또 설사를 일으키는 화학 약물이 배설을 촉

진하는 것도 예를 들어 그 약물의 흰 색이나 쓴 맛 등 명백한 성질이 아니라 감각할 수 없는 성질 때문이다. 아리스토텔레스주의 철학은 신비한 성질의 존재를 부정하는 경향이 있고, 설사 인정하더라도 사람의 지성으로는 신비한 성질을 알 수 없다고 주장한다. 아리스토텔레스주의를 계승한 중세 스콜라 철학자 토마스 아퀴나스는 물질 세계에 자석의 인력처럼 감각 불가능한 작용이 있다고 인정하지만 이런 작용은 "사람이 설명할 수 없는 신비한 효력"이며 자연 현상처럼 보이지만 사실은 초자연 현상이라고 주장한다.[19]

그러나 16, 17세기 과학 혁명을 이끈 새 과학자들은 전통 철학자들과 달리 신비한 성질도 감각 기관이 아니라 사람의 지성으로 알 수 있다고 주장한다. 길버트는 자석의 힘을 감각 지각할 수 없고 이 힘의 원인이 "영적 형상" 또는 살아 있는 영혼과 비슷한 것이라고 주장하지만,[20] 자석 현상을 실험으로 연구할 수 있다는 것을 보여 준다. 그리고 데카르트는 조금 뒤에 살펴볼 감각할 수 없는 미시 메커니즘을 동원해 자석의 성질을 신비한 성질 없이 설명한다.

한편 뉴턴의 역학에서 핵심 역할을 하는 중력은 질량을 가진 모든 두 물체 사이에 서로 떨어진 상태에서 작용하는 힘이다. 뉴턴이 천문학과 역학을 통일해 태양, 항성, 행성 등의 운동과 지상 물체의 운동을 수학으로 표현하는 데 성공한 비결 가운데 하나는 바로 "서로 떨어진 상태에서 작용" action at a distance 을 받아들인 것이다.[21] 그러나 이 작용은 데카르트처럼 빈 공간을 인정하지 않고 모든 작용이 접촉에 의해서만 일어난다고 생각

---

[19] K. Hutchison, "What Happened to Occult Qualities in the Scientific Revolution?", Isis 73, 1982, p. 237에서 재인용.
[20] W. Gilbert, On the Loadstone and Magnetic Bodies, trans. & ed. P. Mottellay and R. Hutchins, Great Books of the Western World, vol. 28, Chicago: Encyclopaedia Britannica, 1952, p. 104.

하는 철학자는 쉽게 받아들일 수 없는 것이다.

뉴턴 역학이 태어난 뒤 데카르트주의자들은 중력이 신비한 성질이라고 공격한다. 뉴턴주의자들은 자연 현상 배후의 미시 메커니즘에 대한 가설을 세우는 것을 꺼리고[21] 중력의 원인을 탐구하지 않으려 한다. 데카르트주의자들에 따르면 중력의 원인을 탐구하지 않는 것은 사람의 지성으로 이 원인을 알 수 없다고 여기는 태도다.[23] 데카르트를 비롯한 17세기 새 과학의 지지자들은 신비한 성질을 인간 지성의 범위 안으로 끌어들여 설명하는 것이 새 과학의 우수성을 증명한다고 생각한다. 나는 『철학 원리』에서 데카르트가 설명한 많은 자연 현상 가운데 신비한 성질에 속하는 자기 현상과 중력 현상에 대한 설명을 분석해 그의 과학 설명이 지닌 특징을 밝히겠다.

2) 중력 현상과 자기 현상에 대한 설명

우리가 흔히 볼 수 있는 중력 현상은 공기 중에 떠 있는 물체가 지구 중심 방향으로 떨어지는 것이다. 데카르트는 이 현상을 무거운 물체 또는 무거움gravitas[24]을 가진 물체가 지구 중심 방향으로 떨어지는 것으로 보고 이

---

21) 과학사 연구자들에 따르면 뉴턴이 이런 작용을 쉽게 받아들인 데는 그가 연금술을 연구한 것이 큰 영향을 미친다. R. Westfall, The Construction of Modern Science: Mechanism and Mechanics, Chs. 7~8. B. Dobbs, "Newton's Alchemy and His Theory of Matter", Isis 73, 1982, pp. 511~528.
22) 이런 태도는 뉴턴의 다음 주장에서 비롯한다. "그러나 지금까지 나는 현상에서 중력의 이런 성질의 원인을 발견할 수 없었으며, 나는 가설을 만들지 않는다. 왜냐하면 현상에서 연역되지 않은 것은 무엇이든 가설이라 부를 수 있고 가설은 형이상학의 것이든 자연학의 것이든, 신비한 성질에 관한 것이든 기계적 성질에 관한 것이든 실험 철학에서 차지할 자리가 없기 때문이다." I. Newton, Mathematical Principles of Natural Philosophy, trans. A. Motte, revised by F. Cajori, Berkeley: University of California Press, 1962, p. 547.
23) 17세기에 '성질'(qualitas)은 대상의 속성을 가리키지만 아리스토텔레스의 의미에서는 그 속성의 원인 또는 형상을 가리키기도 한다. K. Hutchison, "What Happened to Occult Qualities in the Scientific Revolution?", p. 234.
24) 스콜라 철학자와 데카르트에게 라틴어 gravitas는 뉴턴의 중력과 같은 인력이 아니라 무거움(heaviness)을 의미한다.

현상을 설명하기 위해 독특한 입자론과 소용돌이 가설을 제시한다.

데카르트는 원자와 빈 공간의 존재를 인정하지 않기 때문에 원자론자가 아니지만 이 세계의 모든 물체가 감각할 수 없는 작은 입자로 구성된다고 보는 입자론자다. 데카르트에 따르면 공간은 입자들로 꽉 찬 플레눔이며 입자는 한 종류가 아니라 세 종류다.[25] 세 종류의 입자는 크기와 운동 속도가 다르다. 크기가 큰 입자일수록 운동 속도가 느리고 크기가 작은 입자일수록 운동 속도가 빠르다. 또 공간을 꽉 채우는 입자들은 정지해 있지 않고 어떤 중심 주위로 회전하고 있다. 이렇게 회전하는 물질 입자들의 집합이 '소용돌이' vortex다.[26] 데카르트에 따르면 신은 물질 또는 그 입자를 창조할 때 처음부터 어떤 중심 주위로 회전하게 만들었다.[27]

소용돌이를 이루는 물질 입자들은 마치 줄에 매달린 돌이 원심력을 가지듯이 소용돌이의 중심에서 벗어나려는 성향propensio을 가진다.[28] 이 성향은 입자의 회전 속도가 빠를수록 더 강하다. 데카르트에 따르면 공기 중에 떠 있는 물체는 세 종류의 입자 가운데 주로 크고 느린 입자로 구성되고 공기는 주로 작고 빠른 입자로 구성된다. 그렇다면 공기가 소용돌이의 중심에서 벗어나려는 성향이 물체의 같은 성향보다 더 강하기 때문에

---

25) R. Descartes, Principles of Philosophy(MM), p. 110.
26) R. Descartes, Principles of Philosophy(MM), p. 107.
27) R. Descartes, Principles of Philosophy(MM), pp. 106~107. 데카르트는 신이 태초에 이 입자를 회전하게 만들 때 각 입자가 자기의 중심 주위로 회전하게 만들면서 동시에 여러 입자가 공통의 중심 주위로 회전하게 만들었다고 가정한다. 그에 따르면 신은 예를 들어 지구 주위의 공기 또는 공기를 구성하는 입자가 지구를 중심으로 회전하게 만들면서 동시에 이 공기가 지구와 나머지 행성과 그 주위의 대기 등과 함께 태양 주위를 회전하게 만들었다. 데카르트가 지구 대기의 이중 회전을 도입한 것은 지구의 자전과 공전을 설명하기 위한 것으로 보인다.
28) R. Descartes, Principles of Philosophy(MM), pp. 112~113. 데카르트는 이 성향을 '의도'(conatum)라는 말로 표현하기도 한다. 또 그는 이 예와 비교해 회전하는 자 위에서 직선으로 나아가려는 개미가 그리는 경로는 원의 접선 방향의 직선이라는 또 하나의 예를 든다. 데카르트가 개미의 예를 제시하는 이유는 돌의 예에서 줄이 끊어지면 돌이 그리는 경로도 개미와 마찬가지로 그 지점에서 접선 방향의 직선이라는 것을 보여 주는 데 있다.

공기가 지구 중심에서 먼저 벗어날 것이다. 그리고 입자들로 꽉 찬 공간에서 이 과정이 연속되면 물체는 공기에 의해 지구 중심 방향으로 계속 밀려난다. 이것이 우리 눈에는 물체가 떨어지는 현상으로 보인다.

한편 데카르트는 자석의 현상 또는 성질을 34가지로 정리해 하나씩 원인을 설명한다. 이 가운데 데카르트가 반대 극을 가진 두 자석이 서로 접근하는 현상을 어떻게 설명하는지 살펴보자. 우리가 가장 흔히 볼 수 있는 자기 현상은 자석이 쇠붙이를 끌어당기는 현상이다. 그러나 데카르트는 길버트와 마찬가지로 이 현상을 자석이 쇠붙이를 일방적으로 끌어당기는 현상이 아니라 자석과 쇠붙이가 서로 접근하는 현상으로 본다.[29] 그러므로 이 현상은 반대 극을 가진 두 자석이 서로 접근하는 현상과 메커니즘이 같다. 자석의 나머지 현상 또는 성질도 이 현상과 기본 메커니즘이 같다.[30]

데카르트는 자기 현상을 설명하기 위해 독특한 모양을 가진 "홈 입자"grooved particles를 도입한다.[31] 홈 입자의 특징은 세로 방향으로 마치 고둥의 껍질이나 수나사처럼 꼬인 세 개의 홈을 가진다는 점이다. 홈 입자는 자기와 치수가 맞는 암나사 모양의 '구멍'pores을 통과하면서 운동한다. 데카르트에 따르면 자석에는 홈 입자가 통과하기에 적합한 구멍이 많이 있다.[32]

두 자석의 활동 영역이 한 영역으로 결합하면, N극을 가진 자석 1을

---

29) R. Descartes, Principles of Philosophy(MM), pp. 265. 길버트는 자석의 이 현상을 상호 인력이라는 의미에서 'coition'이라 한다. W. Gilbert, On the Loadstone and Magnetic Bodies, 26.
30) 기본 메커니즘은 데카르트의 입자론과 소용돌이 이론을 가리킨다. 그러나 자석의 나머지 성질 또는 현상의 설명에는 또 다른 보조 가설이 도입되는 경우가 많다. 예를 들어 데카르트는 두 자석이 서로 미는 현상을 설명할 때 한 자석에서 나온 홈 입자가 본래의 극으로 돌아가기 위해서는 두 자석 사이에 공간이 조금 필요하다는 보조 가설을 도입한다. R. Descartes, Principles of Philosophy(MM), pp. 256~257.
31) R. Descartes, Principles of Philosophy(MM), pp. 132~134.

통과해 두 자석의 중간 지역으로 오는 홈 입자는 계속 직선을 따라 S극을 가진 자석 2를 통과하고 자석 2를 통과해 중간 지역으로 오는 홈 입자는 계속 직선을 따라 자석 1을 통과한다. 이때 각 자석을 통과한 홈 입자는 중간 지역에 있는 공기[33]를 쫓아낸다. 홈 입자가 두 자석의 중간 지역에 있는 공기를 쫓아내면 그 지역에 빈 장소가 생긴다. 데카르트에 따르면 빈 공간이 있을 수 없으므로 이 장소는 즉시 자석이 채울 수밖에 없다. 두 자석에서 제각기 온 수나사 모양의 홈 입자가 자기 치수에 맞는 암나사 모양의 구멍을 통과할 때 두 자석은 마치 수나사와 암나사처럼 서로 끌어 빈 장소를 채운다. 이것이 우리 눈에는 두 자석이 서로 끌어당기는 현상으로 보인다.

3) 운동학 기계론

데카르트의 기계론은 수동적 물체론과 연장의 양태들로 환원주의가 핵심 원리다. 데카르트가 중력 현상과 자기 현상을 설명하는 데 기계론의 원리는 어떻게 관철되고 있을까? 데카르트는 중력 현상과 자기 현상을 설명하기 위해 입자론과 소용돌이 이론을 가정한다. 그리고 데카르트의 입자론과 소용돌이 이론은 다시 물체의 본성이 연장이라는 형이상학 원리의 귀결 가운데 하나인 빈 공간이 없다는 견해를 전제한다.

    데카르트에 따르면 '무'nothingness는 어떤 연장도 가질 수 없으며 연

---

32) 데카르트는 왜 자석에 홈 입자를 받아들이기에 적합한 구멍이 많이 있는지 설명한다. 이 문제는 자석 이외의 다른 물체가 쇠붙이를 끌어당기지 않는다는 사실을 해명하기 위해 대답할 필요가 있다. 데카르트에 따르면 이 구멍은 지상 물체를 구성하는 모난 입자들이 결합해 형성된다. 모난 입자는 지구 형성 초기에는 지구 내부에 많았으나 그 뒤 증기 등의 발산물에 밀려 금속 광맥을 따라 지각으로 올라왔다. 그리고 금속 가운데 부피가 크면서도 그다지 단단하지 않은 입자로 구성된 쇠붙이가 이 구멍을 많이 가지고 있다. R. Descartes, Principles of Philosophy(MM), pp. 243~245.
33) 데카르트는 이 공기를 '에테르'라고 부르기도 한다. R. Descartes, Principles of Philosophy(MM), pp. 138~139.

장을 가진 것은 "어떤 것"something이지 '무'가 아니다. 그러므로 연장을 가지지 않는 빈 공간은 있을 수 없다. 그에 따르면 물체가 전혀 없는 공간을 생각하는 것은 계곡 없는 산을 생각하는 것과 마찬가지로 불가능하다.[34] 데카르트의 입자론에 따르면 신이 물질을 창조한 태초에 물질 입자는 똑같은 평균 크기를 가지고 분할되어 있었다. 그러나 그 뒤 이 입자가 서로 충돌하면서 공 모양의 입자와 모난 모양의 입자가 형성되고 모난 입자가 서로 결합해 홈 입자나 모양이 불규칙한 입자도 형성된다. 데카르트가 태초에 물질 입자의 크기가 똑같다고 가정한 것은 입자 사이에 빈 공간이 남을 가능성을 없애기 위한 것이다. 또 그가 물질 입자의 모양을 공 모양, 모난 모양, 홈 모양, 불규칙한 모양 등 다양하게 설정하는 것도 공간을 꽉 채우기 위한 것이다. 데카르트가 중력 현상과 자기 현상을 설명하기 위해 가정한 입자론은 빈 공간이 없다는 견해를 전제로 삼는다.

데카르트의 소용돌이 이론도 빈 공간이 없다는 견해를 전제한다. 그는 물질 입자가 원 운동하는 이유가 신이 태초에 그렇게 만들었기 때문이라고 주장한다. 그러나 데카르트는 신을 끌어들이지 않더라도 빈 공간이 없다는 견해를 바탕으로 입자의 비슷한 운동을 도입할 수 있다. 만일 공간이 물체로 꽉 차 있으면 어떤 물체가 비운 장소는 동시에 그 장소로 밀려든 다른 물체가 채워야 하고 이 물체가 비운 장소는 동시에 제3의 물체가 채워야 한다. 첫 물체가 비운 장소를 동시에 마지막 물체가 채울 때까지 이런 일이 계속되면 이 계열의 모든 물체는 닫힌 곡선을 이루며 움직일 수밖에 없다.[35] 따라서 데카르트가 가정한 소용돌이 이론도 빈 공간이 없다는 견해를 전제로 삼는다.

---

34) R. Descartes, Principles of Philosophy, pp. 229~231.
35) R. Descartes, Principles of Philosophy, pp. 237~239.

그러나 빈 공간이 없다고 해서 물질 입자가 반드시 세 종류의 크기, 모양, 운동 속력을 가지고 원 운동을 해야 하는 것은 아니다. 물질 입자는 크기, 모양, 운동 속력이 똑같거나 무한히 다양하더라도 공간을 빈틈없이 채울 수 있다. 또 빈 공간이 없을 때 물질 입자의 운동은 원이 아니라 다양한 닫힌 곡선을 그릴 수 있고 따라서 이 입자는 전체적으로 질서 있는 소용돌이를 형성하지 않고 아주 무질서하게 뒤엉킬 수도 있다. 그러므로 물체의 본성이 연장이라는 원리와 빈 공간이 없다는 데카르트의 견해에서 입자론과 소용돌이 이론이 반드시 따라 나오지는 않는다.

데카르트가 입자론과 소용돌이 이론을 도입하는 또 하나의 이유는 물체에서 정신 요소를 배제하고 물체를 수동적인 것으로 보기 때문이다.[36] 데카르트가 중력 현상과 자기 현상을 설명하기 위해 도입하는 입자론과 소용돌이 이론은 빈 공간이 없다는 견해를 전제하더라도 반드시 이 견해에서 연역되지 않는 자의적이고 복잡한 이론이다. 우리는 이렇게 자의적이고 복잡한 이론을 가정하지 않고 물체에 서로 끌어당기는 힘, 즉 '인력' attraction을 부여하는 간단한 대안을 생각해 볼 수 있다. 이 대안에 따르면 우리는 공중의 물체와 지구 사이에 어떤 종류의 인력이 있기 때문에 중력 현상이 나타나고, 반대 극을 가진 자석과 자석 또는 쇠붙이 사이에도 다른 종류의 인력이 있기 때문에 자기 현상이 나타난다고 설명할 수 있다.[37]

---

36) 에이턴에 따르면 "기계론의 용어로 행성의 운동을 일반적으로 설명하는 소용돌이 이론은 참으로 데카르트가 실체 형상을 제거한 가장 중대한 산물이다". E. Aiton, The Vortex Theory of Planetary Motions, London : Macdonald, 1972, p. 58.
37) 인력 개념은 데카르트 시대에도 낯선 것이 아니다. 예를 들어 케플러는 행성이 태양에서 멀수록 천천히 운동하는 현상을 설명하기 위해 태양에서 행성으로 방사되는 힘을 도입해 이 힘의 세기가 거리에 비례해 감소한다고 주장한다. 케플러는 이 힘을 초기에 '운동령' (anima motrix)이라 부르고 후기에는 '운동력' (vis motrix)이라 부른다. R. Westfall, The Construction of Modern Science : Mechanisms and Mechanics, p. 9.

그러나 우리는 인력 개념을 도입하는 데 대한 데카르트의 반응도 어렵지 않게 예상할 수 있다. 데카르트는 인력을 물체의 "신비한 성질"로 방치하지 않기 위해 인력의 원인을 다시 묻고 대답하려 할 것이다. 데카르트의 이런 반응은 중력 현상과 자기 현상의 원인을 인력으로 보고 이 인력의 원인을 다시 밝히려는 태도로 해석하는 것보다 자연 현상의 설명에서 인력 개념 자체를 배제하려는 태도로 해석하는 것이 더 정확하다. 데카르트는 물체에 인력을 부여하는 견해가 물체에 일종의 정신 요소를 허용한다고 비판하기 때문이다.

> 마지막으로 우주 물질의 모든 입자 속에 서로 당기고 그 입자로서는 서로 끄는 어떤 성질이 있다고 가정하고, 특히 지상 물질의 각 입자 속에 다른 지상 입자와 관련해 비슷한 성질이 있으며 이 성질이 앞의 성질을 방해하지 않는다고 가정하는 것은 매우 어리석다. 왜냐하면 우리가 이 가정을 이해하기 위해서는 물질의 각 입자가 영혼을 가진다고 …… 생각해야 하기 때문이다. 또 이 영혼이 어떤 중개자 없이도 아주 먼 장소에서 무슨 일이 일어나는지를 알고 그 힘을 그 장소에 행사할 수 있으려면 이 영혼은 의식적이며 실로 신적이라고 생각해야 하기 때문이다.[38]

중력 현상과 자기 현상에 대한 데카르트의 설명에는 두 가지 주목할 측면이 있다. 첫째, 이 두 현상에 대한 설명은 물질 입자의 크기, 모양, 운동이라는 연장의 양태 개념들에 의존하지만 이 개념들은 두 가지 설명에서 똑같은 비중을 차지하지 않는다. 중력 현상에 대한 설명에서는 무엇보다 '운동'이라는 연장의 양태 개념이 결정적 역할을 한다. 물질 입자가

---

38) R. Descartes, "From the letter to Mersenne, 20 April 1646", trans. & ed. A. Kenny, Descartes : Philosophical Letters, Oxford : Clarendon Press, 1970, p. 191.

지구 중심에서 벗어나려는 성향은 그 입자의 운동 속력에 비례하기 때문이다. 한편 자기 현상에 대한 설명에서는 무엇보다 '모양'이라는 연장의 양태 개념이 결정적 역할을 한다. 두 자석이 서로 접근하는 현상은 세 개의 홈이 꼬인 홈 입자의 모양에 의존하기 때문이다. 둘째, 중력 현상과 자기 현상에 대한 데카르트의 설명은 물질 입자의 원 운동을 가정하지 않으면 성립할 수 없다. 물질 입자가 지구 중심에서 벗어나려는 성향을 가지는 이유와 홈 입자의 모양이 꼬여 있는 이유는 모두 이 입자가 소용돌이 속에서 원 운동하기 때문이다.[39]

이 두 가지 측면은 데카르트의 설명이 연장의 양태들로 환원주의라는 명제와 일치한다. 설명 대상에 따라 연장의 양태 개념 가운데 어떤 개념이 다른 개념에 비해 더 큰 역할을 할 뿐이다. 또 물질 입자의 운동 궤도가 특별히 원이라는 점은 원 운동의 원인을 신으로 보고 동력학적 힘 개념을 고려하지 않는다는 의미에서 데카르트의 운동학적 운동 개념과도 일치한다.

데카르트는 "영적 형상", "살아 있는 영혼", '인력' 등 정신 요소를 포함하는 개념 대신 크기, 모양, 운동 등의 개념으로 중력 현상과 자기 현상을 설명한다. 크기, 모양, 운동은 모두 힘을 고려하지 않고 자연 현상을 설명하는 운동학의 개념이다. 운동학의 개념은 수동적 물체의 현상을 설명하는 데 적합하다. 운동학의 개념으로 설명할 수 없는 자연 현상이 없다는 연장의 양태들로 환원주의는 물체가 수동적인 것이라는 기계론의 관점과 어울리는 방법론 전략이다. 데카르트는 중력 현상과 자기 현상을 비롯한 많은 자연 현상을 설명하면서 이 전략을 실천한다. 『철학 원리』의

---

39) 데카르트에 따르면 홈 입자의 모양이 꼬여 있는 이유는 홈 입자가 통과할 틈을 남기는 공 모양의 입자가 소용돌이의 축 주위를 회전하고 있기 때문이다. R. Descartes, Principles of Philosophy(MM), pp. 132~134.

맺음말 부분에 나오는 다음 주장은 데카르트가 이 전략의 성공을 확신한다는 것을 보여 준다.

> 무엇보다 먼저 나는 우리의 오성이 물질 사물에 관해 가질 수 있는 모든 명석 판명한 관념을 폭넓게 살펴보았다. 그리고 나는 모양, 크기, 운동에 관해 우리가 지닌 관념들과 이 셋이 서로에 의해 변할 수 있는 규칙 — 기하학과 기계학의 원리인 규칙을 제외하고는 아무것도 발견할 수 없었다. 그 결과 나는 우리가 자연 세계에 관해 가진 모든 지식이 이 관념들에서 필연적으로 도출될 수밖에 없다고 판단했다.[40]

3. 생명론으로 확장

1) 심장

데카르트의 운동학 기계론은 동물과 사람을 포함하는 그의 생명론에 어떤 영향을 미칠까? 『방법 서설』 5부는 데카르트의 동물론을 포함한다. 그는 해부학에 익숙하지 않은 독자에게 『방법 서설』 5부를 더 읽기 전에 동물 심장을 해부해 보라고 권한다.[41] 데카르트는 해부학에 익숙했다. 그는 현대 동물 보호론자들에게 마취도 하지 않고 동물을 해부하는 실험을 했다고 악명이 높다. 데카르트는 사람의 몸이 영혼의 도움 없이 하는 기능을 가지고 있으며 이 기능은 "이성 없는 동물들도 우리와 비슷하다"[42]고

---

40) R. Descartes, Principles of Philosophy, p. 288.
41) R. Descartes, Discourse on the Method, trans. J. Cottingham, R. Stoothoff, and D. Murdoch, The Philosophical Writings of Descartes, Vol. 1(2 Vols.), Cambridge: Cambridge University Press, p. 134. 데카르트가 해부해 보라고 권한 것은 허파를 가진 동물의 심장이다. 허파를 가진 동물은 사람과 같이 2심방, 2심실의 심장을 가지고 허파로 호흡하는 조류, 포유류이며 데카르트가 자주 실험한 동물은 개다.

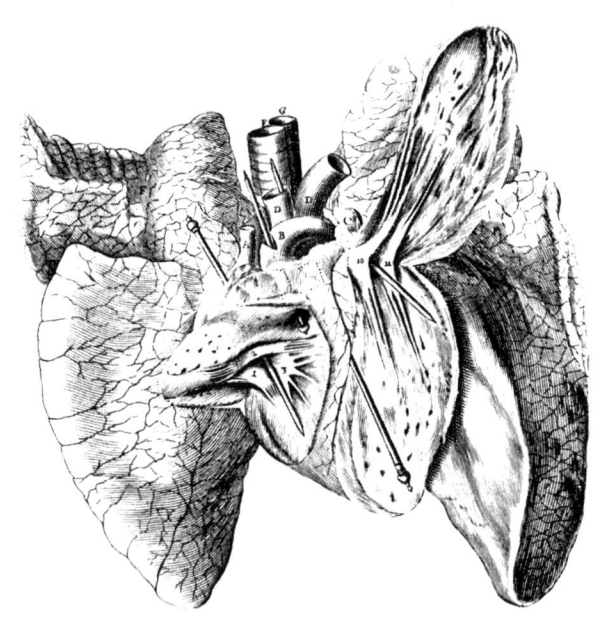

데카르트는 1629년 암스테르담에 있을 때 동물의 기관, 특히 심장을 많이 해부했다. 이 그림은 데카르트의 『인간론』 라틴어판(1662)에 있다. 한 쌍의 종이 날개가 책에 붙어 있다. 종이 날개를 접으면 심장의 겉모습이 보이고 이 그림처럼 펼치면 심장의 내부 구조가 보인다. 핀들은 기관의 내부 구성을 이해하는 데 도움을 주는 장치다. (Cohen, Album of Science, New York: Charles Scribner's Sons, 1980)

주장한다. 영혼이 사유하지 않더라도 몸이 저절로 하는 기능은 호흡, 소화 등 내장 운동이나 뜨거운 불에서 손 떼기, 날아오는 주먹 앞에서 눈 감기 등 본능 운동이다. 데카르트는 『방법 서설』 5부에서 영혼의 도움 없는 몸 기능이 사람과 동물에서 비슷하게 나타난다고 전제하고 피의 순환, 심장 박동, 호흡, 소화, 근육 운동 등을 설명한다.

데카르트는 피의 순환을 발견한 영국 생리학자 하비를 칭찬한다.[43] 데카르트는 핏줄의 피가 계속 심장 안으로 흘러가는데 왜 핏줄이 텅 비지 않고 또 동맥은 피가 심장에서 계속 흘러드는데 왜 넘치지 않는지를 하비가 설명한다고 말한다. 이 의문의 해법은 동맥의 끝에 있는 작은 통로들,

즉 실핏줄들을 거쳐 동맥의 피가 정맥으로 흘러가면서 피가 순환한다고 보는 것이다. 하비는 실핏줄을 확인할 만큼 현미경의 배율이 높지 않은 시절에 살았기 때문에 팔을 묶는 실험으로 동맥과 정맥을 이어주는 통로들이 있다고 증명한다. 데카르트는 이 실험도 높이 평가한다.

그러나 데카르트는 하비가 올바르게 파악한 피의 순환 원인을 틀린 원인으로 다시 바꾼다. 하비는 심장의 수축이 피가 순환하는 원인이라고 보지만 데카르트는 심장의 팽창이 원인이라고 주장한다. 하비는 심장의 운동을 일종의 펌프로 이해한다는 점에서 기계론자다. 그러나 하비는 피의 순환이 대우주의 원 운동과 비슷한 소우주, 사람의 운동이고 이 순환에 생명의 유지라는 목적이 있다고 생각하는 점에서 아리스토텔레스주의자다. 또 하비는 피가 "생명 원리"를 지닌 "영혼 자체"라고 주장하는 점에서 생기론자다.[44]

데카르트는 하비의 생리학에서 목적론과 생기론의 요소를 철저히 제거한다. 데카르트의 생리학에는 순환의 '목적'이나 "생명 원리"가 나오지 않는다. 데카르트가 피의 순환을 설명하는 데 필요한 것은 심방, 심실 등 심장에 있는 기관들, 심장의 열, 피, 핏줄뿐이고 모두 다 물체다.[45] 데카르트에 따르면 피를 순환하는 심장의 운동은 시계의 운동과 같다.[46] 데

---

42) R. Descartes, Discourse on the Method, p. 134.
43) R. Descartes, Discourse on the Method, pp. 136~137.
44) W. Pagel, "William Harvey and the Purpose of Circulation", pp. 28~31.
45) 심장의 팽창으로 피가 순환하는 과정에 대한 데카르트의 설명은 다음과 같이 정리할 수 있다. ①심장의 방들이 피로 꽉 차 있지 않으면 반드시 핏방울들이 흘러온다. 핏방울들은 대정맥을 타고 우심방에 흘러오고 허파 정맥을 타고 좌심방에 흘러온다. ②좌심방과 우심방에 들어온 핏방울들은 심장의 열을 만나 희박해지고 팽창되며 그 결과 심장 전체가 팽창하고 대정맥과 허파 정맥의 입구를 막아 핏방울들이 심장에 더 이상 들어오지 않게 한다. ③핏방울들은 더 희박해지고 팽창되어 허파 동맥과 대동맥의 입구를 열고 심장에서 흘러나간다. 그러면 심장이 수축하고 대정맥과 허파 정맥의 입구가 다시 열리면서 또다른 핏방울들이 들어온다. 이 단계들은 되풀이한다. R. Descartes, Discourse on the Method, pp. 135~136.

카르트가 심장의 팽창을 중시하는 까닭도 심장에서 피가 나오는 것을 끓는 물주전자에서 수증기가 나오는 것처럼 철저히 기계 과정으로 설명하려 하기 때문이다. 데카르트의 생리학에서 기계론은 "동물 정기"animal spirits로 몸의 움직임을 설명하는 데서 한 걸음 더 나아간다.

2) 동물 정기

데카르트에 따르면 동물 정기는 심장의 열이 피를 희박하게 만들어 생기는 피의 미세한 부분이며 파이프 같은 신경 속에서 매우 빨리 움직인다. 동물 정기는 아리스토텔레스와 갈레노스의 생리학부터 하비의 생리학까지 계속 쓰인 개념이며 몸에 생기를 불어넣는 신비한 성질을 지닌 것이다. 그러나 데카르트의 생리학에서 동물 정기는 신비한 성질을 벗고 철저하게 물체의 성질을 지닌다.[47]

데카르트는 『방법 서설』 5부에서 동물 정기로 몸의 움직임을 설명한다. 동물 정기는 "심장에서 뇌로 계속 올라가고 뇌에서 신경을 거쳐 근육으로 나아가 몸의 모든 부분을 움직인다".[48] 동물 정기가 동물과 사람 몸을 움직인다는 원리는 데카르트의 『정념론』에서도 변하지 않는다.[49]

데카르트는 『방법 서설』에서 말한 영혼의 도움 없이 몸이 저절로 하는 기능을 『정념론』에서는 "의지의 도움 없이 일어나는 모든 움직임"[50]이

---

46) 시계의 운동은 평형추와 톱니바퀴의 힘, 위치, 모양의 산물이다. 시계에서는 평형추의 진자 운동이 힘을 낳아 톱니바퀴가 움직이며 시계 침이 돌고 심장에서는 피 입자의 운동이 열을 낳아 심방과 심실과 핏줄이 움직이며 피가 순환한다. R. Descartes, Discourse on the Method, p. 136.
47) "정기는 매우 빨리 움직이는 극도로 작은 물체라는 속성만을 가진다." R. Descartes, The Passions of the Soul, trans. J. Cottingham, R. Stoothoff, and D. Murdoch, The Philosophical Writings of Descartes, Vol. 1, Cambridge: Cambridge University Press, 1988, pp. 331~332.
48) R. Descartes, Discourse on the Method, p. 138.
49) R. Descartes, The Passions of the Soul, p. 332.

라 부르고 이 움직임도 동물 정기로 설명한다. 예를 들어 눈 앞에 주먹이 날아올 때 우리가 눈을 감는 것은 영혼의 중개에 의한 것이 아니라 몸의 메커니즘 때문이다. 몸의 메커니즘은 "우리 눈을 향한 손의 움직임이 우리 뇌 속에 다른 움직임을 만들고 이 움직임이 동물 정기가 우리 눈꺼풀을 내리는 근육 쪽으로 향하게 만드는"[51] 것이다. 그에 따르면 숨쉬기, 걷기, 먹기 등 "사람과 짐승의 똑같은 행위는 심장의 열로 생긴 동물 정기가 뇌, 신경, 근육에서 따르는 경로와 사지의 배열에만 의존"[52] 한다. 동물과 사람의 몸은 『방법 서설』의 표현을 빌리면 "자동 장치automatons 또는 움직이는 기계moving machines"[53]다.

데카르트의 동물론은 여기서 끝나지 않는다. 『방법 서설』 5부에서 그는 사람이 동물과 다른 특성을 밝힌다. 데카르트는 원숭이 모양으로 잘 만든 기계가 동물이 아니라고 단정할 수 없지만 사람 모양의 기계는 사람이 아닌 것을 알아내는 방법이 있다고 주장한다. 그 방법은 사람 모양의 기계가 낱말이나 기호를 사용해 자기 생각을 남에게 전할 수 있는지를 테스트하는 것이다. 이 테스트는 사람만이 통과할 수 있다. 데카르트의 동물론에서 결론은 동물이 의사소통할 수 없기 때문에 이성 또는 지성intelligence을 가지고 있지 않다는 것이다.[54]

3) 솔방울 샘

동물 정기는 데카르트가 『정념론』에서 인간 영혼을 설명하는 데서도 중요한 역할을 한다. 그가 영혼의 정념을 동물 정기로 설명하기 때문이다.[55]

---

50) R. Descartes, The Passions of the Soul, p. 335.
51) R. Descartes, The Passions of the Soul, pp. 333~334.
52) R. Descartes, The Passions of the Soul, p. 335.
53) R. Descartes, Discourse on the Method, p. 139.
54) R. Descartes, Discourse on the Method, p. 141.

데카르트는 정념이 "영혼과 특수하게 관련되고 정기의 어떤 움직임에 의해 생기고 유지되며 강해지는 지각, 감각 또는 감정"[56]이라고 정의한다.

사람의 정념에 대한 데카르트의 생리학은 동물 정기와 더불어 또 하나의 중요한 개념에 의존한다. 솔방울 모양처럼 생겼다고 송과선 또는 솔방울 샘이라 부르는 생리 선이다.[57] 솔방울 샘은 두 뇌 사이에 하나만 있는 간뇌에 돌출해 있으므로 데카르트에 따르면 두 눈, 두 귀, 두 손에서 오는 두 이미지가 영혼에 이르기 전에 한 이미지로 결합하는 곳이다. 데카르트는 솔방울 샘을 영혼의 주요 자리principal seat라 부른다. 그에 따르면 솔방울 샘은 뇌에서 동물 정기가 움직이는 통로에 있다. 그래서 이 생리 선이 조금만 움직여도 동물 정기의 경로에 변화가 일어나고 거꾸로 동물 정기의 경로에 조금만 변화가 일어나도 솔방울 샘이 움직인다. 이렇게 솔방울 샘과 동물 정기가 서로 영향을 미치는 생리 구조는 몸과 영혼의 관계에도 중요한 결과를 낳는다.

데카르트가 정념이 영혼에서 일어나는 방식을 보여 주기 위해 제시한 예를 살펴보자.[58] 어떤 동물의 모습이 무서우면 두려움의 정념이나 용

---

55) 데카르트는 영혼의 기능을 영혼의 작용인 의지와 영혼의 수용인 정념으로 구분한다. 그는 정념을 넓은 뜻과 좁은 뜻으로 나누어 쓴다. 넓은 뜻에서 정념은 지각과 같다. 정념이나 지각은 영혼이 만든 것이 아니고 영혼이 받아들이는 것이기 때문이다. 데카르트는 지각을 냄새, 소리, 색처럼 외부 대상과 관련된 것, 배고픔, 목마름, 고통처럼 몸과 관련된 것, 기쁨, 슬픔, 분노처럼 영혼과 관련된 것으로 분류한다. 좁은 뜻에서 정념은 영혼과 관련된 지각만을 가리킨다. R. Descartes, The Passions of the Soul, p. 335.
56) 데카르트는 기쁨, 슬픔, 분노 같은 정념을 동물 정기에 의해 생긴다고 정의하는 이유가 정념을 의지와 구별하기 위해서라고 밝힌다. 의지도 영혼과 관련되지만 영혼에 의해 생기는 것이므로 동물 정기에 의해 생기는 정념과 다르다. R. Descartes, The Passions of the Soul, p. 339.
57) R. Descartes, The Passions of the Soul, p. 340. 데카르트는 『정념론』에서 송과선 대신 "매우 작은 선" 또는 '선'이라고 쓴다. 솔방울 샘이 달린 간뇌는 사람뿐 아니라 모든 척추동물에게 있다.
58) 솔방울 샘 위에 형성된 똑같은 이미지가 서로 다른 정기를 낳는 이유는 뇌의 구성과 "몸의 체질"(temperament of body)이나 "영혼의 강인함"(strength of the soul)이 사람마다 다르기 때문이다. R. Descartes, The Passions of the Soul, pp. 342~343.

기의 정념이 일어난다. 어떤 사람에게는 그 동물의 이미지를 형성하는 솔 방울 샘이 정기를 움직이고 이 정기의 일부가 등을 돌리고 다리로 도망치는 데 쓰이는 신경으로 나아간다. 나머지 정기는 심장의 구멍들을 팽창 또는 수축하는 신경으로 직접 나아가거나 심장에 피를 보내는 다른 몸 부위로 나아간다. 그래서 심장의 피가 평소와 다르게 희박해지면 두려움의 정념이 생긴다.

무서운 동물에 관해 솔방울 샘 위에 형성된 똑같은 이미지가 다른 사람에게는 용기의 정념을 불러일으킬 수 있다. 이 경우 솔방울 샘의 움직임에 의해 정기의 일부가 손을 방어 자세로 들게 만드는 신경으로 나아간다. 나머지 정기는 피를 심장으로 보내 방어를 계속하게 만드는 용기의 정념을 생산한다. 데카르트는 이 예를 통해 정념이 정기의 움직임에 의해 생긴다는 정의를 다시 확인한다. 그에 따르면 용기나 두려움뿐 아니라 모든 정념은 뇌에 있는 정기가 심장의 구멍들을 팽창 또는 수축하는 데 쓰이는 신경으로 직접 나아가거나 다른 몸 부위로 나아가 피를 심장 쪽으로 특수하게 몰아야 생긴다.

데카르트는 인간 정념의 주요 결과가 몸이 하는 일을 영혼이 원하게 만드는 것이라고 말한다.[59] 두려움의 정념은 몸이 도망치는 것을 영혼이 원하게 만들고 용기의 정념은 몸이 맞서 싸우는 것을 영혼이 원하게 만든다. 솔방울 샘과 정기가 합작한 인간 정념이 이렇게 영혼을 움직일 수 있다면 몸이 영혼에 작용한다고 말할 수 있다.

데카르트는 거꾸로 영혼이 몸에 작용하는 것도 인정한다. 그는 영혼이 어떤 것을 의지하면 그 의지에 상응하는 결과를 낳게 솔방울 샘을 움직인다고 주장한다.[60] 예를 들어 영혼은 먼 대상을 보려는 의지가 있으면

---

59) R. Descartes, The Passions of the Soul, p. 343.

솔방울 샘을 움직여 눈꺼풀을 들어 올리고 눈동자를 크게 만드는 데 필요한 정기를 눈 쪽으로 밀어낸다. 몸이 동물 정기와 솔방울 샘의 움직임으로 정념을 낳아 영혼을 움직일 수 있고 영혼도 의지로 작용해 솔방울 샘과 동물 정기를 움직일 수 있다면 데카르트는 몸과 영혼의 상호 작용을 인정한다고 볼 수 있다.

 데카르트의 생명론은 사람을 제외한 동물의 경우 철저한 생리 환원주의이고 사람의 경우 반쪽 생리 환원주의다. 데카르트는 동물이 이성이나 지성을 갖지 않고 신경 속에서 움직이는 동물 정기에 의해 몸을 움직일 뿐이라고 보기 때문에 동물에 관해서는 철저한 생리 환원주의자다.[61] 그는 사람도 몸의 움직임이 동물 정기에서 비롯하고 영혼의 수용하는 기능인 정념은 동물 정기에 의해 생기며 동물 정기와 솔방울 샘이 영혼을 움직일 수 있다고 본다. 그러나 데카르트는 영혼의 나머지 반쪽 기능인 의지를 생성하는 것은 몸이 아니라 영혼이고 영혼이 의지로 작용해 솔방울 샘과 동물 정기를 움직일 수 있다고 주장한다. 데카르트는 사람에 관해 반쪽 생리 환원주의자 또는 생리 비환원주의자다.

 데카르트의 생리 환원주의는 정신mind과 물체를 서로 다른 실체로 보는 형이상학 원리와 어긋난다고 볼 수도 있다. 형이상학 원리로서 정신과 물체의 이원론은 두 실체의 상호 작용을 배제하지만 사람의 영혼과 몸은 상호 작용할 뿐 아니라 영혼의 기능인 의지와 정념조차 일부는 몸의

---

60) R. Descartes, The Passions of the Soul, p. 343.
61) 데카르트의 동물론은 논리 면에서 결함이 있다. 데카르트는 동물에게 이성 또는 지성이 없다고 주장하지만 논리로는 영혼의 수용인 정념을 허용해야 한다. 정념을 만드는 동물 정기는 사람 이외의 동물에게도 있기 때문이다. 또 솔방울 샘은 사람뿐 아니라 모든 척추 동물의 간뇌에 있으므로 데카르트가 해부 지식이 풍부했다면 이 사실을 알았을 것이다. 그러나 데카르트는 동물에게 의지를 허용하지 않는다. 데카르트 연구자 코팅엄은 데카르트가 동물도 기쁨, 노여움, 두려움을 느낀다고 말한 편지를 발견했다. J. Cottingham, "A Brute to Brutes?: Descartes' Treatment of Animals", Philosophy, Vol. 53, No. 206, 1978.

운동으로 환원되는 것처럼 보이기 때문이다. 데카르트도 이런 혐의를 고려해 영혼, 특히 의지의 자율성을 강조하지만 후대 철학자들의 비판을 피할 수 없었다.[62]

그러나 데카르트의 생리 환원주의가 지닌 의의는 과소평가할 수 없다. 동물에 관한 생리 환원주의에서 데카르트가 동물의 움직임을 설명할 때 동원하는 심장, 열, 피, 핏줄, 동물 정기 등은 모두 물체다. 데카르트는 사람 몸의 움직임을 동물의 움직임과 똑같이 설명하고 인간 영혼의 정념도 동물 정기로 정의할 뿐 아니라 동물 정기와 솔방울 샘이 합작해 영혼을 움직일 수 있다고 주장한다. 데카르트는 생명론에서 기계론을 최대한 확장한다. 데카르트의 생명론에도 자연 철학과 마찬가지로 "신비한 성질"은 더 이상 없다. 데카르트의 생명론은 탈마술의 전통을 유산으로 남긴다.

---

62) 예를 들어 홉스는 자연 철학에서 발굴한 보물인 '코나투스' conatus를 인간론에 곧바로 확대 적용해 데카르트의 이원론이 지닌 결함을 해소한다. 홉스는 감각, 욕망, 정념, 의지 등을 외부 대상의 코나투스와 감각 기관 또는 주체의 코나투스 사이의 작용으로 환원해 코나투스로 환원주의를 자연 현상에서 심리 현상으로 확장한다. 그리고 감각, 욕망, 정념, 의지의 주체는 몸 또는 그 일부, 곧 물체일 뿐 아니라 모두 외부의 원인, 즉 다른 물체의 운동 없이는 운동하지 않는 수동적인 것이다. 따라서 홉스의 인간론은 자연 철학의 운동학 기계론을 고스란히 물려받은 산물이고 이런 의미에서 홉스는 데카르트보다 더 철저한 기계론자라고 평가받는다. 자세한 설명은 다음 장을 참고.

홉스는 정치 철학자, 법 철학자 이전에 자연 철학자다. 그는 철학 체계를 자연 물체, 인간 몸, 인공 물체에 대한 철학으로 구성하고 물체의 운동에 관한 이론을 철학 체계 전체의 기초로 본다. 그는 1655년 『물체론』(De Corore)을 라틴어로 내놓았고 다음해 직접 영어로 번역해 『철학의 기초』(Elements of Philosophy)라는 제목으로 출판했다. 라이터(J. Wright)가 17세기에 그린 홉스의 초상화는 영국 국립 초상화 미술관에 있다.

.6장. 홉스의 운동학 기계론[1]

철학이 자연, 사람, 사회에 대한 지식을 통합하는 거시 체계 또는 세계관을 생산해야 한다는 믿음이 도전받고 있다. 데카르트는 철학을 사람이 알 수 있는 모든 지식의 체계로 정의한다. 그러나 체계라는 말에서 전체라는 말을 떠올리고 개체나 개인의 자유가 숨 막히는 상태를 연상하는 현대의 사유 경향은 현실에서든 이론에서든 모든 체계를 와해하려 한다. 만일 홉스가 철학에서 체계를 거부하는 사조와 만나면 어떻게 대응할까? 나는 홉스가 적어도 한 가지 이유를 들어 이런 사조에 반대할 것이라고 생각한다. 그 이유는 자연의 연장선 위에서 사람을 사유해야 한다는 것이다.

나는 홉스의 자연 철학에서 몇 가지 주요 개념을 분석해 그의 자연 철학이 자연 지식과 사회 지식을 거대 철학 체계로 통합하려는 시도에 대한 시사점을 밝힐 것이다. 첫째, 과학의 사회 구성주의social constructionism of science를 대표하는 섀핀S. Shapin과 섀퍼S. Schaffer는 공기 펌프 실험을 둘러싸고 홉스와 보일 사이에 벌어진 논쟁을 검토해 홉스가 보일의 진공을 거부한 까닭은 공간이 꽉 차 있다고 보는 이론과 영국의 강력한 왕권을 지지하는 정치 종교 철학 때문이라고 주장한다. 나는 홉스의 꽉 찬 공간 이론

---

[1] 이 장은 다음 논문에 기초한다. 김성환, 「홉스의 물질론」, 한국철학사상연구회, 『시대와 철학』, 13권 1호, 2002, 61~86쪽.

뒤에 다시 공간과 물체에 대한 그의 운동학적 이해가 깔려 있다고 논증할 것이다(1절). 둘째, 나는 홉스의 운동 개념의 기초를 이루는 '코나투스' conatus 개념이 동력학의 성격보다 운동학의 성격을 강하게 지닌다고 논증할 것이다(2절). 셋째, 나는 홉스가 자연 철학의 코나투스 개념을 인간론으로 확장하는 과정을 살펴볼 것이다(3절).

철학이 자연, 사람, 사회를 포괄하는 거대 체계를 지향하면 자연을 탐구하는 과학의 기본 개념을 철학으로 해석해야 하고 과학의 성과를 반영해 철학 개념을 생산해야 한다. 홉스의 공간, 물체, 운동, 코나투스 개념은 철학 해석과 철학 생산의 본보기다. 철학이 거대 체계를 바로 세우기 위해 홉스에게 배워야 할 것은 자연의 연장선 위에서 사람과 사회를 바라보는 눈이다.

1. 공간과 물체

1) 과학의 사회 구성주의와 홉스

"홉스가 옳았다."[2)]

과학사 연구자 섀핀과 섀퍼의 책 『리바이어던과 공기 펌프: 홉스, 보일, 실험 생활』Leviathan and the Air-Pump: Hobbes, Boyle, and the Experimental Life, 1985에 나오는 마지막 문장이다. 이 책은 1980년대 중반 이후 과학 역사와 과학 철학 연구에서 과학의 사회 구성주의를 강하게 뒷받침한다. 과학의 사회 구성주의는 과학 지식이 과학 내부의 이론 요인보다 주로 정치, 경제, 문화, 철학, 종교 등 과학 외부의 사회 요인에 의해 구성된다는 견해다. 섀핀과 섀퍼는 현대 영국 철학자 비트겐슈타인L. Wittgenstein의 "생활 양식"

---

2) S. Shapin and S. Schaffer, Leviathan and the Air-Pump: Hobbes, Boyle, and the Experimental Life, Princeton: Princeton University Press, 1985, p. 344.

form of life 개념을 도입해 보일의 공기 펌프 실험을 둘러싸고 1660~1670년대에 일어난 홉스와 보일 사이의 논쟁을 분석한다. 이 분석에 따르면 과학, 특히 실험 지식은 보일과 왕립 학회의 견해처럼 정치, 종교와 엄격하게 분리된 탈사회 지식이 아니라 홉스의 견해처럼 정치, 종교와 밀접하게 연결된 사회 지식이다. 따라서 비록 홉스가 이 논쟁에서 실험 지식의 지위를 끌어올리는 데 앞장선 보일에게 졌고 영국 왕립 학회에서도 이미 회원 가입을 거절당했지만 실험에 대한 홉스의 견해는 옳았다.

과학의 사회 구성주의와 실험에 대한 홉스의 견해가 타당한지를 연구하는 것이 내 목적은 아니다. 그러나 우선 18세기 말 이후 거의 잊힌 홉스의 자연 철학을 20세기 후반에 다시 논의하는 것이 흥미롭다. 더욱이 섀핀과 섀퍼는 홉스의 손을 들어준다. 내 목적은 홉스에 대한 섀핀과 섀퍼의 사회 구성주의 담론을 실마리로 삼아, 인간론과 사회론을 포함하는 홉스의 거대 철학 체계의 기초로서 자연 철학 또는 물질론[3]의 몇 가지 요소를 탐구하는 데 있다.

홉스는 물질론이 철학 체계의 기초라고 주장한다. 홉스는 철학 체계를 자연 물체 natural bodies, 인간 몸 human bodies, 인공 물체 artificial bodies에 대한 철학으로 구성하고 물체의 운동에 관한 이론을 철학 체계 전체의 기초로 본다. 인공 물체는 국가 또는 사회를 가리킨다. 그러나 내가 새삼스럽게 홉스의 물질론을 다시 살펴보려는 동기가 있다. 과학의 사회 구성주의는 한 가지 딜레마를 품고 있는 듯하다. 과학의 사회 구성주의는 자연과 사회를 포괄하는 거대 이론 체계를 거부하는 경향이 있지만 논리로는 허용할 수밖에 없기 때문이다.

---

3) 홉스의 용어로는 물질론 대신 물체론이라고 말해야 정확하지만 물질론은 물체론뿐만 아니라 공간론, 운동론도 포함하는 넓은 뜻으로 사용하며 또 과학을 뒷받침하는 형이상학 기초를 가리키는 말로 쓴다.

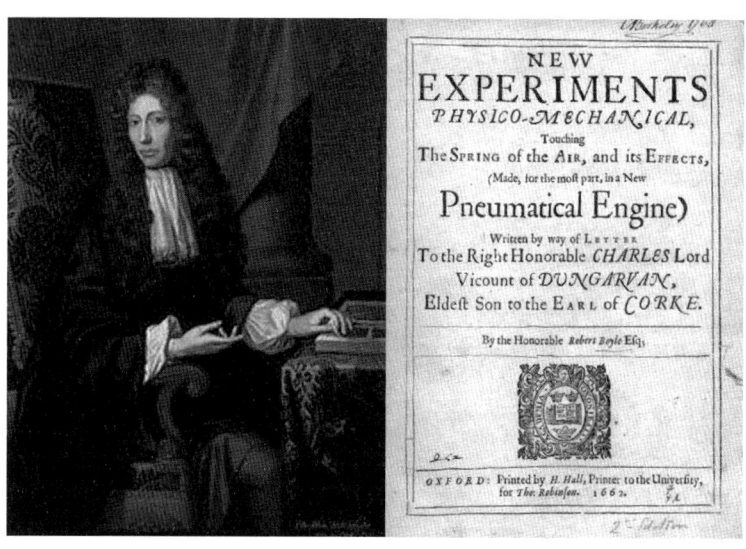

진공을 발견한 로버트 보일의 초상화와 홉스와 논쟁을 일으킨 책, 『공기의 탄력에 대한 새 실험』의 표지.

    과학의 사회 구성주의가 옳다면 자연에 대한 과학 지식은 서로 다른 정치, 경제, 문화, 사상 등의 영향을 받아 구성되기 때문에 절대 진릿값이 아니라 상대 진릿값을 지닌다. 한편 과학 지식에 영향을 미치는 사회 요인은 사회 현실과 실천의 형태로 작용할 뿐 아니라 사회에 대한 지식의 형태로도 작용하기 때문에 자연 지식과 사회 지식은 결국 어떤 형태로든 하나로 묶일 수밖에 없다. 따라서 과학의 사회 구성주의는 자연과 사회를 포괄하는 거대 이론 체계가 상대 진릿값을 지닌다고 주장할 수 있지만 거대 체계가 다양하게 성립하는 것을 막을 수 없다. 오히려 과학의 사회 구성주의는 거대 이론 체계를 지향하는 시도가 상대 진릿값의 한계를 넘어 절대 진릿값을 주장하지 않고 열린 체계를 모색하면 이런 시도를 뒷받침하는 근거가 될 수 있다.

    홉스의 철학 체계는 기하학을 모델로 삼는 연역 체계이므로 상대 진릿값을 주장하지 않는다. 그러나 홉스의 철학 체계도 절대 진릿값의 주장과 그 타당성 이전에 자연과 사회를 포괄하는 거대 체계를 세우려는 시도의 산물이다. 나는 사회 구성주의와 섀핀과 섀퍼의 담론이 경계하는 절대 진릿값을 홉스의 철학 체계에서 걸러 낼 수 있다면 홉스의 체계가 자연 지식과 사회 지식을 통합하려는 새 시도에 대해 시사하는 점이 있다고 생각한다. 나의 목적은 홉스의 철학 체계에서 다른 분야에 비해 덜 주목받은 물질론의 몇 가지 개념을 분석해 그의 자연 철학이 지닌 성격을 운동학 기계론으로 논증하는 데 있다. 그리고 나는 철학이 통합 지식 체계를 포기할 수 없다면 어떻게 거대 체계를 구성해야 하는지에 관해 홉스의 물질론이 시사하는 점도 탐색하려 한다.

2) 꽉 찬 공간과 상상 공간

보일은 1660년 『공기의 탄력에 대한 새 실험』New Experiments Touching the Spring of the Air에서 공기 펌프의 흡입기가 실린더 안에 있는 공기를 빼내면 진공이 생긴다고 주장한다. 홉스는 곧바로 1661년 『자연학 대화』Dialogus Physicus에서 보일의 주장을 반박한다. 홉스가 보일의 주장을 반박하는 핵심 근거는 공기 펌프가 샌다는 것이다. 홉스에 따르면 흡입기의 볼록 표면과 실린더의 오목 표면에는 아주 작은 틈이 있고 이 틈으로 미세한 subtle 공기가 들어갈 수밖에 없다. 따라서 흡입기로 공기를 빼낸 실린더 안의 공간도 진공이 아니라 미세한 공기로 꽉 차 있다.[4]

홉스의 반론에서 눈에 띄는 개념은 "미세한 공기"다. 홉스는 보일의

---

4) T. Hobbes, Physical Dialogue, trans. S. Schaffer, in S. Shapin and S. Schaffer, Leviathan and the Air-Pump: Hobbes, Boyle, and the Experimental Life, pp. 354~355(pp.245~246). 홉스의 『자연학 대화』는 섀핀과 섀퍼의 책에 부록으로 실려 있는 섀퍼의 영역본에서 인용한다. 괄호 안의 숫자는 W. Molesworth의 라틴어 전집 4권에 실려 있는 『자연학 대화』의 쪽수다.

공기 펌프가 지닌 결함, 즉 흡입기와 실린더의 표면이 완벽하게 매끈할 수 없다는 결함을 지적하기 전에 우선 공기의 성질을 알지 못하면 공기 펌프 실험을 올바르게 이해할 수 없다고 주장한다. 그리고 홉스는 공기가 무한 분할 가능한 부분들을 가진 유체fluid 또는 에테르aether라고 주장한다.[5] 미세한 공기는 바로 공기의 무한 분할 가능한 부분을 가리킨다.

홉스의 반론은 특수한 공간론을 전제한다. 무한 분할 가능하고 미세한 공기는 홉스가 이미 1655년 『물체론』에서 확립한 물체로 꽉 찬 공간인 플레눔을 구성하는 부분이다. 홉스에 따르면 세계는 세 종류의 물체로 꽉 차 있다. 첫 종류는 지구나 별처럼 보이는visible 물체이고, 둘째 종류는 지구와 별 사이에 퍼져 있는 원자처럼 보이지 않는invisible 물체이며, 셋째 종류는 세계의 나머지 부분을 채우는 유체 에테르다.[6]

홉스에 따르면 이 세 종류의 물체로 꽉 찬 공간에서 일어나는 운동은 순환일circular 수밖에 없다. 홉스가 보일의 주장을 반박하면서 미세한 공기가 공기 펌프 안으로 들어간다고 주장한 것도 꽉 찬 공간인 플레눔과 그 속에서 일어나는 순환 운동을 전제한다. 공기 펌프의 흡입기가 작동하면 그 주위의 공기가 흡입기에 의해 밀려나고 이 공기는 다시 다음 공기를 밀어내고, 이 과정이 계속되면 순환 운동이 일어나 결국 흡입기 주위의 미세한 공기가 펌프 속으로 밀려 들어갈 수밖에 없다.

보일에 대한 홉스의 반론은 물체로 꽉 찬 공간을 전제한다. 따라서 홉스에게 진공, 즉 물체 없는 공간은 실험 이전에 논리로 성립할 수 없다. 홉스는 공기 펌프 실험을 논의하기 전에 우선 공기의 성질부터 이해해야 한다고 주장한다. 그는 자연 철학 개념을 정확하게 규정하지 않고 실험과

---

5) T. Hobbes, Physical Dialogue, pp. 353~354(pp. 243~244).
6) T. Hobbes, Concerning Body, ed. W. Molesworth, The Collected Works of Thomas Hobbes, vol. 1(11 vols.), London: Routledge/Thoemmes Press, 1992, p. 426.

감각 자료만 보고 있으면 자연에 대한 철학 지식을 얻을 수 없다고 강조한다.[7] 그러나 보일의 업적이 물질 입자와 진공의 문제를 실험 방법으로 논의할 수 있게 만든 것이라는 과학사의 평가를 고려하면 홉스의 반론은 낡은 선험 방법을 여전히 고집하는 것이 아닐까?

섀핀과 섀퍼는 이 의문을 풀어 준다. 섀핀과 섀퍼도 홉스의 반론을 뒷받침하는 철학 배경으로 홉스의 공간론, 즉 꽉 찬 공간 이론plenism을 강조한다. 더 나아가 두 사람은 이 꽉 찬 공간 이론이 강력한 왕권을 주장하는 홉스의 정치 종교 철학과 연결된다고 분석한다. 반면 섀핀과 섀퍼에 따르면 보일의 진공 이론vacuism은 가톨릭 교회의 권위를 어느 정도 인정하고 온건한 왕권을 주장하는 정치 종교 철학과 연결된다.[8]

홉스와 보일이 공기 펌프 실험을 둘러싸고 논쟁을 벌인 때는 잉글랜드에서 내전이 끝나고 왕정이 복고한 시기다. 섀핀과 섀퍼에 따르면 보일의 진공 이론은 실험 철학을 정치 종교 철학과 엄격히 분리하면서 왕정 복고 시기에 과학의 정당성을 확보하고 온건한 정치 종교 질서를 보장하려는 시도들 가운데 하나다. 그러나 홉스가 보기에 보일이 물체 없는 진공을 인정하는 것은 가톨릭 사제와 스콜라 철학자처럼 비물질적 정신을 허용하는 것이며 이런 이원론은 강력한 왕권에 기초한 사회 질서를 분열하는 위험한 발상이다. 따라서 섀핀과 섀퍼에 따르면 보일과 홉스의 대결은 서로 다른 두 차원, 즉 과학 실험과 철학 개념 사이의 대결이 아니라 같은 차원, 즉 실험에 대한 서로 다른 정치 종교 철학 해석들 사이의 대결이다.

공기 펌프 실험에 대한 보일과 홉스의 견해가 모두 정치 종교 철학과

---

7) T. Hobbes, Concerning Body, p. 3.
8) S. Shapin and S. Schaffer, Leviathan and the Air-Pump: Hobbes, Boyle, and the Experimental Life, 7장을 참고.

연결된 해석이라는 섀핀과 섀퍼의 논증이 타당한지를 검토하는 작업은 이 글의 범위를 벗어난다. 그러나 적어도 홉스의 공간론과 관련해 조금 더 생각해 볼 문제가 있다. 섀핀과 섀퍼는 꽉 찬 공간 이론이 강력한 왕권을 지향하는 정치 종교 철학의 영향을 받는다고 강조하지만 이 이론이 성립하는 데 영향을 미친 다른 요인, 특히 자연 철학 내부의 이론 요인은 없을까? 이 물음에 대답하려면 홉스의 공간론을 꽉 찬 공간 이론에 제한하지 않고 좀더 깊이 살펴 볼 필요가 있다. 홉스는 『물체론』 2부 "철학의 제1원리"의 첫 장에서 물체와 속성을 정의하기 전에 우선 공간과 시간부터 정의하는데 공간의 정의는 다음과 같다.

> 공간은 어떤 사물이 마음 없이 단지 존재하고 있다는 상phantasm이다.[9]

홉스에 따르면 좋은 정의는 그 대상의 원인이나 생성을 규정해야 한다.[10] 그에 따르면 공간의 생성 방식은 우리가 우선 세계를 구성하는 모든 사물이 제거되었다고 가정하고, 그다음 이 제거 이전에 세계 속에 있는 어떤 사물을 상상하는 것이다. 이때 우리가 그 사물이 어떠한지는 상상하지 않고 마음 없이 존재했다는 점만을 상상하면 공간의 상을 얻을 수 있다. 달리 말해서 우리가 그 사물의 모든 속성을 상상하지 않고 어느 장소엔가 있었다는 점만을 상상할 때 공간의 상을 얻는다.[11]

홉스에 따르면 공간은 이런 상상의 산물이다. 상상의 산물인 공간은 마음 밖에 있는 것이 아니라 마음 속에 있다. 공간은 마음 속에 있는 관념이라는 뜻에서 '상'이다.[12] 홉스는 이런 공간을 "상상 공간"imaginary space

---

9) T. Hobbes, Concerning Body, p. 94.
10) T. Hobbes, Concerning Body, p. 3.
11) T. Hobbes, Concerning Body, pp. 91~93.

또는 '장소'place라고 부른다. 홉스가 『물체론』 2부 첫 장의 제목을 "공간과 시간"이 아니라 "장소와 시간"이라 붙이고 공간 대신 장소라는 낱말을 계속 사용하는 것도 마음 밖에 객관적으로 존재한다고 여긴 공간 개념을 거부하려는 의도를 담고 있다.

3) 물체와 속성

홉스는 공간의 정의를 바탕으로 물체를 다음과 같이 정의한다.

> 물체는 우리의 사유에 의존하지 않고, 공간의 일부와 같은 공간을 차지하거나coincident 같은 연장을 가진coextended 것이다.[13]

물체에 대한 홉스의 정의는 스스로 제시한 좋은 정의의 조건을 채우지 못한 것, 원인이나 생성 방식을 규정하지 못한 정의로 평가받는다.[14] 그러나 홉스는 물체를 정의하면서 물체 관념의 생성 방식을 설명한다. 이 설명은 공간의 생성 방식에 대한 설명과 연결되어 있다. 세계를 구성하는 모든 사물이 제거되었다고 가정하는 상상 공간에서 우리가 다시 어떤 사물이 세계 속에 장소를 차지하거나 새로 창조된다고 가정하면, "그 사물은 그것의 일부를 채울 뿐 아니라, 즉 그 일부와 같은 공간을 차지하거나 같은 연장을 가질 뿐 아니라 우리의 사유에 의존하지 않는다".[15] 홉스에 따르면 이런 사물이 물체라 불린다.

---

12) 로크의 경우 '상'은 외부 원인 없이 마음 속에 생겨난 심상을 가리킨다. 김효명, 『영국 경험론』, 아카넷, 2002, 28~29쪽. 그러나 홉스에 따르면 주관적 상의 원인은 외부의 물체다.
13) T. Hobbes, Concerning Body, p. 102.
14) A. Martinich, A Hobbes Dictionary, Oxford: Blackwell, 1995, pp. 95~96. 마르티니츠에 따르면 예를 들어 원의 정의, "직선이 고정된 점을 중심으로 회전해 발생하는 것"은 좋은 정의지만 '물체'와 '운동'은 원인, 즉 결과를 낳는 속성을 규정하지 못한 정의다.
15) T. Hobbes, Concerning Body, p. 102.

물체 관념의 생성 방식도 상상 공간에서 비롯하기 때문에 물체에 대한 홉스의 정의 속에 나오는 '공간'은 상상 공간 또는 장소를 의미한다. 그러므로 물체의 정의에서 뒷부분은 물체가 장소를 차지한다는 뜻이다. 그렇다면 이 정의는 한 가지 의문을 불러일으킨다. 우리 마음 속에 있는 장소를 차지하는 물체가 어떻게 우리의 사유에 의존하지 않을 수 있을까? 만일 우리의 사유에 의존하지 않는다는 규정이 마음 밖에 있다는 뜻이라면, 마음 밖에 있는 물체가 어떻게 마음 속에 있는 장소를 차지할 수 있을까?

이 의문의 해결은 속성에 대한 홉스의 정의를 실마리로 삼을 수 있다. 홉스는 속성을 "물체에 대한 우리의 인지 방식"[16]이라고 정의한다. 그리고 이 정의는 속성이 물체 속에 있는 객관적인 것이라는 아리스토텔레스의 견해에 반대한 것으로 볼 수 있다. 홉스에 따르면 피가 피 묻은 옷속에 있듯이 붉음이라는 속성이 피 속에 있는 것은 아니다. 붉음은 피가 주관에 의해 감각되는 방식이라는 뜻에서 주관적인 것이다.[17] 그러나 붉음이라는 속성에 대한 감각을 불러일으키는 원인은 피라는 마음 밖에 있는 객관적 물체다. 마찬가지로 마음 속에 있는 장소를 차지한다는 물체의 속성도 물체가 인지되는 방식이고 그 결과지만 이 속성에 대한 인지의 원인은 마음 밖에 있는 물체다.

지금까지 장소, 물체, 속성에 대한 홉스의 정의를 살펴보았다. 이 모든 논의가 홉스의 진공 거부와 무슨 관계가 있을까? 데카르트가 진공을 거부한 논증은 진공도 연장을 가진 것으로 보는 데 근거한다. 데카르트에 따르면 연장은 길이, 너비, 깊이의 세 차원 중 하나 이상을 가진다는 뜻이고 우리가 연장이 없는 것으로 잘못 생각하는 빈 공간도 차원을 가진다.

---

16) T. Hobbes, Concerning Body, p. 104.
17) T. Hobbes, Concerning Body, p. 104.

만일 빈 공간이 차원을 가지지 않는다면 예를 들어 빈 그릇은 안쪽 벽면들이 서로 붙어 버릴 수밖에 없다는 그릇된 결론이 나오기 때문이다. 그러므로 만일 빈 공간이 있다면 빈 공간도 연장을 가진 것이므로 물체이고 엄밀한 의미에서 빈 공간은 있을 수 없다.[18]

그러나 홉스가 데카르트의 진공 거부 논증을 그대로 받아들일 수는 없다. 왜냐하면 홉스는 데카르트가 "공간을 물체의 연장으로 여김"으로써 공간이 무한하다는 그릇된 결론을 추론한다고 비판하기 때문이다.[19] 데카르트에 따르면 연장을 가진 것은 모두 물체이므로 연장을 가진 공간도 물체다. 따라서 데카르트가 공간을 연장과 동일시한다는 홉스의 비판은 공간을 물체와 동일시한다는 비판으로 해석할 수 있다. 홉스는 데카르트를 여러 면에서 받아들이지만, 그가 연장과 연장된 사물 곧 물체가 다르다는 것을 모른다고 초기부터 일관성 있게 비판한다.

홉스가 데카르트의 진공 거부 논증에서 중요한 근거, 즉 공간과 연장 또는 공간과 물체를 동일시하는 근거를 받아들이지 않으면서도 진공을 거부하는 이유는 무엇일까? 홉스가 데카르트를 일관성 있게 비판하는 논점, 즉 연장과 연장된 사물의 구분은 속성과 물체의 구분이다. 홉스에 따르면 물체는 마음 밖에 있는 객관적인 것이지만 속성은 물체 속에 있는 것이 아니라 마음 속에 있는 주관적인 것이다. 공간도 객관적인 것이 아니라 마음 속에 있는 주관적인 상이다.

빈 공간이 있다는 주장은 빈 공간이 객관적으로 있다는 뜻인데 이 주장은 공간을 주관적인 상으로 보는 홉스에게는 공간에 대한 잘못된 정의

---

18) R. Descartes, Principles of Philosophy, pp. 229~231.
19) T. Hobbes, Concerning Body, p. 93. 홉스에 따르면 우주는 무한하지 않다. 홉스는 신이나 무한에 관해서는 유한한 우리가 알 수 없고, 우리가 알 수 있는 것은 모두 우리의 상이라는 전제 아래서 우주의 무한 주장을 반박한다. 홉스에 따르면 아무리 멀리 떨어진 우주도 우리가 끝을 규정할 수 있으므로 무한하지 않다. 같은 책, pp. 99~100, 411~412.

에 기초한다. 홉스에 따르면 마음 밖에 객관적으로 있는 것은 물체뿐이며 공간은 마음 밖에 있을 수 없다. 또 공간이 마음 밖에 있을 수 없다면 물체들 사이에 빈틈도 있을 수 없다. 마음 밖의 물체들 사이에 마음 속의 공간이 비집고 들어갈 수 없기 때문이다. 따라서 마음 밖에는 물체들이 꽉 차 있다.

　새핀과 섀퍼가 진공을 거부하는 홉스의 철학 배경으로 주목한 꽉 찬 공간 이론은 마음 밖에 있는 것은 물체뿐이라는 홉스의 견해를 전제한다. 그리고 물체에 대한 홉스의 견해 뒤에는 다시 공간이 주관적 상이라는 정의가 깔려 있다. 따라서 공간과 물체의 개념은 홉스가 데카르트처럼 연장과 연장된 사물, 공간과 물체를 동일시하지 않으면서도 진공을 거부하는 근거들이다.

2. 운동과 코나투스

1) 운동의 철학

공간과 물체의 개념은 홉스가 자연 현상을 설명하는 데 필요하지만 충분하지 않다. 공기 펌프 실험에 관한 홉스의 대안 설명은 물체로 꽉 찬 공간뿐 아니라 앞에서 지적했듯이 순환 운동도 전제한다. 홉스가 다양한 자연 현상을 설명하는 데는 무엇보다 운동 개념이 필요하다. 또 홉스는 운동 개념을 '코나투스'[20] 개념으로 확립해 다양한 자연 현상을 설명한다. 그러므로 철학사에서 홉스는 물체의 운동으로 모든 자연 현상을 설명하는 기계론자 또는 물체와 운동의 철학자[21]라고 평가받는다.

---

20) 홉스는 라틴어 'conatus'를 영어 'endeavour'로 옮겨 사용했고, 김용환은 'conatus'를 '의도'라고 옮겨 쓴다. 김용환, 『홉스의 사회 정치 철학: 리바이어던 읽기』, 철학과현실사, 1999, 89쪽.

홉스의 기계론은 어떤 특징이 있을까? 철학사에서는 홉스뿐 아니라 갈릴레오, 데카르트, 보일, 뉴턴 등 근대 과학을 세우는 데 이바지한 거의 모든 자연 철학자가 아리스토텔레스의 목적론을 거부한 기계론자라 불린다. 그러므로 홉스의 기계론과 운동 개념을 좀더 정확하게 규정하기 위해서는 기계론자들 사이의 차이점도 주목해야 한다. 우선 홉스가 자연 현상을 설명할 때 동원하는 철학 개념들의 위상을 어떻게 설정하느냐는 점을 데카르트와 비교해 보자.

홉스의 기계론에서 운동 개념이 지닌 위상은 연장 개념과 관련해서 살펴볼 필요가 있다. 왜냐하면 데카르트의 자연학에서 연장은 크기, 모양, 운동 등 물체의 양태보다 한 등급 높은 본성인데[22] 홉스의 경우 이 위계를 무너뜨리는 듯이 보이기 때문이다. 홉스는 데카르트와 달리 본성과 양태를 구분하지 않고 연장, 모양, 운동을 모두 물체의 속성으로 규정한다. 따라서 연장과 운동 사이에도 원리적으로 위계가 없다. 그러나 이 속성들 사이의 관계는 다음 문단에서 보이듯이 조금 애매하다.

물체가 사라지지 않으면 역시 사라지지 않는 속성들이 있다. 왜냐하면 물체는 연장이나 모양figure 없이는 인지될 수 없기 때문이다. 나머지 모든 속성, 즉 정지하고 있음, 운동하고 있음, 색, 단단함 등은 모든 물체에 공통적이지 않고 몇몇 물체에만 특수하다. 이 속성들은 계속 사라지고 다른 속성들로 계승되지만 물체는 사라지지 않는다.[23]

---

21) 서양 근대 철학회, 『서양 근대 철학』, 197~199쪽. 이 책에서 김용환은 홉스를 "물체와 운동의 철학자"라고 규정한다. 김용환은 다른 책에서 홉스의 철학을 "운동의 철학"이라 부르기도 한다. 김용환, 『홉스의 사회 정치 철학: 리바이어던 읽기』, 45~47쪽.
22) 김성환, 「데카르트의 철학 체계에서 형이상학과 과학의 관계」, 69~73, 89~94쪽을 참고.
23) T. Hobbes, Concerning Body, p. 104.

이 문단에 따르면 홉스도 데카르트처럼 물체의 속성들 사이에 위계를 세우고 있는 듯하다. 홉스가 연장과 모양을 나머지 모든 속성과 구별하기 때문이다. 그러나 곧이어 나오는 문단은 이 구분을 다시 혼란스럽게 만든다.

몇몇 사람이 지닌 견해, 즉 연장, 운동, 정지 또는 모양을 제외한 나머지 모든 속성이 물체 속에 다른 방식으로 들어 있다는 견해, 예를 들어 색, 열, 냄새, 덕, 악 등이 물체 속에 다른 방식으로 들어 있고 물체에 내재한다는inherent 견해에 관해서 나는 그 사람들이 판단을 잠시 보류하기를 원한다. 앞으로 계산에 의해 과연 이 속성들이 지각하는 사람의 마음의 운동인지 아니면 지각되는 물체 자체의 운동인지가 밝혀질 것이다. 자연 철학의 많은 부분은 바로 이 문제를 연구한다.[24]

이 문단에 따르면 홉스는 연장과 운동을 같은 등급의 속성으로 규정하고 물체의 제1성질과 제2성질의 구분도 받아들이지 않는 듯하다. 갈릴레오의 구분에 따르면 연장, 운동, 정지, 모양은 기하학으로 다룰 수 있는 제1성질이고 색, 열, 냄새는 기하학으로 다룰 수 없는 제2성질이며 덕, 악도 사람에 따라 다르게 판단한다고 보면 제2성질에 속한다. 그러나 홉스는 『물체론』 4부 '자연학'의 첫 장에서 감각을 다룰 때 제2성질도 모두 물체, 즉 지각하는 물체와 지각되는 물체의 운동으로 환원해 설명한다. 따라서 이 문단은 홉스가 물체의 속성들에 위계를 부여하지 않을 뿐 아니라 실제로는 제2성질도 물체의 운동으로 설명하는 철저한 기계론자라고 시사한다. 홉스는 실체, 본성, 양태를 구분하는 데카르트의 형이상학을 받

---

24) T. Hobbes, Concerning Body, pp. 104~105.

아들이지 않고 실체 또는 물체와 속성만을 구분한다. 그리고 홉스는 연장을 크기magnitude와 동일시하고 크기, 모양, 운동을 모두 물체의 속성으로 보면서 원리적으로 이 속성들 사이의 위계를 인정하지 않는다.

철학사 연구자 허버트G. Herbert에 따르면 위의 두 문단은 홉스가 운동을 물체의 제2성질로 분류하다가 제1성질로 분류하는 혼동을 보여 준다. 그러나 허버트는 홉스가 실제로 자연 현상을 설명할 때 아주 작은 운동을 의미하는 코나투스 개념에 의존하므로 속성들 가운데 코나투스와 관련된 운동 개념이 1차성을 지닌다고 주장한다. 이런 맥락에서 허버트는 홉스의 자연학이 "순수 운동학"pure kinematics이라는 브란트F. Brandt의 견해에 동의한다.[25] 홉스의 자연 철학에 관해 고전 해설서를 쓴 브란트는 데카르트가 "연장의 철학자"라면 홉스는 "운동의 철학자"라고 주장한다.[26]

한편 허버트는 홉스가 유물론자라는 견해에 반대하고 현상론자라고 주장한다. 허버트에 따르면 홉스의 물체는 주관적 상인 장소를 차지하지 않고는 있을 수 없고 우리가 장소를 차지한다는 속성을 지각해야 물체가 발생하므로 물체도 관념 또는 상으로 볼 수 있다.[27] 그러나 나는 홉스의 철학에서 물체의 관념과 물체를 구분해야 한다고 생각한다. 설사 홉스의 물체 관념이 그 발생에 비추어 주관적 상이더라도 물체는 이 상의 원인으로서 객관적으로 존재할 수 있다. 물체, 속성, 크기, 운동 등 철학 개념들

---

25) G. Herbert, Thomas Hobbes, The Unity of Scientific and Moral Wisdom, Vancouver: University of British Columbia Press, 1989, pp. 52~53.
26) F. Brandt, Thomas Hobbes' Mechanical Conception of Nature, Copenhagen: Levin & Munksgaard, 1927, p. 379. 나는 홉스가 운동의 철학자라는 데 동의하지만 데카르트가 연장의 철학자라는 브란트의 해석에는 동의할 수 없다. 데카르트가 실제로 자연 현상을 설명할 때 연장 개념을 거의 사용하지 않고 크기, 모양, 운동 개념에 의존하기 때문이다. 따라서 허버트나 브란트의 견해대로 홉스가 코나투스 개념으로 실제 자연 현상을 설명하기 때문에 "운동의 철학자"라 불러야 한다면 데카르트는 "크기, 모양, 운동의 철학자" 또는 "연장의 양태들의 철학자"라 불러야 한다.
27) G. Herbert, Thomas Hobbes, The Unity of Scientific and Moral Wisdom, p. 48.

이 '이름'일 뿐이라는 홉스의 유명론은 물체의 객관적 존재마저 부정하는 현상론으로 확대 해석할 필요가 없다. 홉스의 유명론이 유물론과 양립할 수 있을 뿐 아니라 유명론과 유물론이 홉스의 철학 체계를 구성하는 두 축이라는 점은 이미 많은 홉스 연구자들이 논증했다.[28] 내가 주목하는 점은 데카르트가 연장을 다른 속성들보다 한 등급 높은 지위로 끌어올리는 데 비해 홉스는 조금 애매하지만 연장을 다른 속성들과 같은 지위로 끌어내리려 한다는 점이다. 그 이유는 운동 개념이 홉스에게 가장 중요하기 때문이다.

2) 코나투스의 정의와 성격

이제 홉스의 기계론이 지닌 특징을 이해하기 위해 그의 운동 개념이 운동학kinematics의 성격을 지니느냐 아니면 동력학dynamics의 성격을 지니느냐는 문제를 살펴보자.[29] 이 문제는 홉스 연구자들 사이에 큰 쟁점 가운데 하나다. 그리고 이 운동학-동력학 논쟁의 중심에는 홉스의 코나투스 개념이 있다. 코나투스는 홉스가 많은 자연 현상을 설명할 때 실제로 사용하는 핵심 개념이기 때문이다.

우선 홉스는 운동을 다음과 같이 정의한다. "운동은 연속으로 한 장소를 버리고 다른 장소를 얻는 것이다."[30] 홉스가 운동을 장소 개념으로 정의하는 것은 운동학 정의의 전형이라고 평가할 수 있다. 물체의 운동을 연구하는 역학의 성격을 운동학과 동력학으로 구분하는 기준은 힘 개념의 도입 여부인데 운동에 대한 홉스의 정의에는 힘 개념이 나오지 않기

---

28) 김용환, 『홉스의 사회 정치 철학: 리바이어던 다시 읽기』, 65~66쪽.
29) 운동학은 힘을 고려하지 않고 물체의 기하학적 운동을 기술하는 역학의 한 분야다. 반면 동역학은 힘, 질량, 운동량, 에너지 등 운동에 영향을 미치는 물리 요인을 통해 물체의 운동을 기술하는 역학의 한 분야다.
30) T. Hobbes, Concerning Body, p. 109.

때문이다. 그러나 홉스의 코나투스 개념을 고려하면 문제가 간단하지 않다. 홉스는 코나투스를 다음과 같이 정의한다.

> 코나투스는 주어질 수 있는 공간과 시간보다 더 작은 공간과 시간에서 이루어지는 운동이다.[31]

이 정의가 무슨 뜻일까? 홉스는 코나투스를 정의한 뒤 곧이어 코나투스는 "점의 길이를 통과하고 순간 또는 시간 점에서 이루어지는 운동"이라고 설명한다.[32] 이 설명에 따르면 홉스의 코나투스는 갈릴레오의 "순간 속도", 즉 순간에서 점의 속도와 비슷하게 보인다. 그러나 코나투스는 두 가지 이유 때문에 순간 속도와 다르다.

첫째, 코나투스는 양으로 규정할 수 있는 속도가 아니다. 홉스에 따르면 정량적 속도는 '임페투스'다. 홉스는 임페투스를 "운동의 빠르기, 운동하는 물체의 빠름 또는 속도"라고 정의하고 이런 뜻에서 임페투스를 "코나투스의 양"이라고 말한다.[33] 둘째, 홉스에 따르면 점과 순간도 크기를 가진다. 홉스는 코나투스를 정의한 뒤 점을 양이 없는 것, 따라서 더 이상 분할할 수 없는 것으로 이해해서는 안 된다고 경계한다.[34] 홉스에 따르면 세계는 무한 분할 가능하고 기하학은 이 세계를 이해하는 데 기본이 되는 개념을 정의하기 때문에 원자처럼 더 이상 분할할 수 없는 존재는 기하학에서도 있을 수 없다.

홉스의 코나투스는 운동이다. 이 운동이 이루어지는 "주어질 수 있

---

31) T. Hobbes, Concerning Body, p. 206.
32) T. Hobbes, Concerning Body, p. 206.
33) T. Hobbes, Concerning Body, p. 207.
34) T. Hobbes, Concerning Body, p. 206.

는 공간과 시간보다 더 작은 공간과 시간"은 우리가 측정할 수 없는 공간과 시간을 의미한다. 홉스의 코나투스는 우리의 측정 단위에서 보면 상대적인 개념이다. 예를 들어 만일 우리가 측정할 수 있는 최소 단위가 1mm라면 측정할 수 없는 0.5mm를 통과하는 운동은 코나투스다.

홉스의 운동 개념은 코나투스 개념으로 환원될 수 있다. 공간만 생각해 보자. 긴 거리를 통과하며 운동하는 물체는 전체 거리보다 작은 모든 거리를 거쳐야 하고 이 작은 거리는 홉스에 따르면 우리가 더 이상 관찰할 수 없더라도 무한히 분할될 수 있다. 이런 관찰 불가능한 단위 거리를 거치는 운동이 코나투스다. 따라서 모든 운동은 코나투스들로 무한히 분할될 수 있다. 이런 맥락에서 홉스의 운동 개념은 코나투스 개념으로 환원된다. 홉스의 기계론을 둘러싼 운동학-동력학 논쟁이 코나투스 개념을 중심으로 일어나는 까닭은 홉스가 자연 현상을 실제로 설명할 때 이 개념을 가장 중요하게 사용할 뿐 아니라 논리로도 운동 개념이 코나투스 개념으로 환원되기 때문이다.

그렇다면 코나투스 개념은 운동학의 성격을 지닐까, 동력학의 성격을 지닐까? 브란트에 따르면 홉스의 코나투스 개념은 운동학과 동력학의 두 얼굴을 모두 가진다. 브란트는 코나투스 개념에 대한 홉스의 정의는 순수하게 운동학 성격을 지니지만 이 정의 뒤에는 동력학으로 이해할 수밖에 없는 설명이 붙어 있다고 주장한다. 그 설명은 홉스가 든 예, '납 포탄이 털 공보다 훨씬 더 큰 코나투스를 가지고 떨어진다"[35]는 것이다. 브란트에 따르면 홉스가 납 포탄과 털 공이 같은 속도로 떨어진다는 갈릴레오의 견해를 모를 리가 없다. 따라서 납 포탄의 코나투스가 털 공의 코나투스보다 더 크다는 그의 주장은 코나투스가 속도에 의존하지 않고 무게

---

35) T. Hobbes, Concerning Body, p. 207.

에 의존한다는 뜻이다. 브란트는 코나투스가 납 포탄과 털 공의 예처럼 물체의 크기와 속력의 곱으로 결정되는 '운동량 momentum 또는 물체의 질량에 비례하는 '힘' force을 의미하는 경우도 있으므로 운동학과 동력학의 두 얼굴을 가진다고 주장한다.[36]

홉스는 브란트가 지적한 납 포탄과 털 공의 예를 든 뒤 곧 힘 개념을 정의한다. 홉스는 힘의 정의에 "코나투스의 양 또는 속력"이라 부른 '임페투스' 개념도 끌어들인다. "코나투스의 양', '속력', '임페투스'는 모두 같은 값이다. "힘은 임페투스 또는 운동의 빠르기와 그 자신 또는 운동하는 것의 크기를 곱한 것이다."[37] 이 정의에 따르면 힘은 임페투스, 즉 코나투스의 양 또는 속력과 물체의 크기를 곱한 값이므로 코나투스와 같은 것이 아니라 데카르트의 '운동량'과 같은 것이다.

브란트가 지적한 예, 납 포탄이 털 공보다 더 큰 코나투스를 가지고 떨어진다는 예는 코나투스를 운동량이나 힘과 동일시하지 않으면 이해할 수 없다. 그러나 홉스는 코나투스가 이론 면에서 운동량 또는 힘과 다르다고 밝힌다. 그에 따르면 운동량 또는 힘은 코나투스와 같지 않고 코나투스의 양 또는 속력인 임페투스와 물체의 크기를 곱한 값과 같다. 그렇다면 브란트의 지적은 홉스가 코나투스와 운동량 또는 힘을 이론으로 구별하고서도 납 포탄과 털 공의 예에서 동일시하는 문제를 가지고 있다는 뜻이다. 브란트는 이 문제를 해결하기 위해 코나투스 개념이 운동학 의미뿐 아니라 동력학 의미도 지닌다고 주장한다.

한편 허버트는 브란트보다 코나투스 개념의 동력학 성격을 더 강조

---

[36] F. Brandt, Thomas Hobbes' Mechanical Conception of Nature, pp. 297~300. 브란트는 홉스의 코나투스 개념의 의미, 적용, 발달사, 철학사적 배경 등을 자세하게 설명한다. 같은 책, pp. 300~315.
[37] T. Hobbes, Concerning Body, p. 212.

한다. 허버트가 코나투스 개념이 동력학 성격을 띤다고 보는 핵심 근거는 코나투스의 상호 결정성이다. 예를 들어 홉스에 따르면 압력은 상반된 코나투스를 가진 두 물체가 만날 때 생긴다. 허버트는 홉스가 압력 현상뿐 아니라 저항, 평형 등 많은 자연 현상을 코나투스의 상호 작용으로 설명하고 이때 코나투스는 물체를 데카르트처럼 수동적인 것으로 만들지 않고 능동적인 것으로 만드는 원리라는 점을 근거로 코나투스의 동력학 성격을 주장한다.[38]

홉스의 코나투스 개념이 동력학 성격을 지닌다는 주장은 근대 과학의 역사에서 홉스의 자연 철학을 쓸모 있는 것으로 만들고 싶은 사람에게는 매력이 있겠지만 좀더 냉정하게 따져 볼 필요가 있다. 우선 이론 측면에서 홉스의 코나투스 개념이 설사 운동량 또는 힘의 의미와 상호 결정성을 지니더라도 이는 코나투스 개념의 동력학 성격을 충분히 보여 줄 수 없다. 데카르트도 운동량 개념을 도입하지만 그의 자연학은 운동학의 성격이 강하다. 데카르트에 따르면 물체는 운동량을 가지더라도 다른 물체와 접촉에 의해서만 운동하는 수동적인 것이기 때문이다.[39] 홉스의 코나투스도 물체를 능동적인 것으로 만들어 주는 원리가 아니다. 코나투스는 운동량 또는 힘 이전에 운동 자체이고 홉스에 따르면 물체의 운동 원인은 다른 물체의 운동이기 때문이다. 또 코나투스의 상호 결정성은 코나투스와 코나투스의 상호 작용, 즉 운동과 운동의 상호 작용을 의미하고 이 상호 작용은 물체의 운동 원인이 다른 물체의 운동이라는 홉스의 원리와 어긋나지 않는다.

---

38) G. Herbert, Thomas Hobbes : The Unity of Scientific and Moral Wisdom, pp. 42~43, 53.
39) 김성환, 『데카르트의 철학 체계에서 형이상학과 과학의 관계』, 84~94쪽.

3) 중력 현상과 자기 현상에 대한 설명

홉스의 코나투스 개념은 이론 측면 외에 실제 사용의 측면도 있다. 코나투스 개념의 성격을 이해하기 위해 홉스가 이 개념을 사용해 설명한 사례 중 중력 현상과 자석 현상에 대한 설명을 살펴보자.

홉스는 무거운 물체가 내부 성향internal appetite에 의해 아래로 떨어진다고 주장하는 철학자와 지구의 인력attraction에 의해 끌린다고 생각하는 철학자를 모두 비판한다. 앞 철학자는 아리스토텔레스주의자를 가리키고 뒤 철학자는 뉴턴주의자를 가리킨다. 홉스가 아리스토텔레스주의자를 비판하는 이유는 "운동하는 외부 물체에 의하지 않고서는 운동이 시작될 수 없기"[40] 때문이다. 홉스에 따르면 물체들로 꽉 찬 공간에서 어떤 물체의 운동 원인은 언제나 외부에 있는 다른 물체의 운동이다. 그는 창조된 물체에 스스로 운동하는 힘power을 부여하는 것이 창조자에게 의존하지 않는 창조물을 인정하는 것이라고 주장한다. 이런 뜻에서 홉스의 물체도 데카르트와 마찬가지로 운동 원인을 내부에 가질 수 없는 수동적인 것이다. 홉스가 뉴턴주의자를 비판하는 이유는 간단하다. 지구 인력의 원인을 설명하지 않기 때문이다. 홉스는 지구 인력의 원인을 설명하겠다고 나선다.

공기 중의 물체가 떨어지는 중력 현상에 대한 홉스의 설명은 데카르트와 비슷하다. 데카르트는 물질 입자의 소용돌이 속에서 공기가 지구 중심에서 벗어나려는 성향이 물체의 같은 성향보다 더 크기 때문에 공기가 먼저 벗어나면서 물체가 계속 지구 중심 방향으로 밀려나는 것이 중력 현상으로 보인다고 설명한다. 홉스도 공기 속에 있는 물체가 떨어지는 현상을 물질 입자로 꽉 찬 공간에서 공기가 먼저 지구 중심에서 벗어나기 때

---

40) T. Hobbes, Concerning Body, p. 510.

문에 물체가 계속 지구 중심으로 밀려나는 것으로 본다. 그러나 홉스는 물질 입자의 소용돌이를 가정하지 않는다. 대신 홉스는 지구의 자전이 공기와 물체를 회전 궤도 밖으로 밀어내는 원인이라고 주장한다. 그는 공기가 물체보다 더 쉽게 밀려난다고 말하지만 그 이유는 밝히지 않는다.[41]

중력 현상에 대한 홉스의 설명은 물체를 수동적인 것으로 보는 그의 견해와 일치한다. 홉스는 지구 인력의 원인이 지구의 자전이라고 주장한다. 그는 물체가 떨어지는 원인을 다른 물체의 운동, 지구의 자전에서 찾는다. 홉스는 중력 현상을 내부 성향으로 설명하는 아리스토텔레스주의자를 비판하면서 한 물체의 운동 원인은 다른 물체의 운동이라고 말한다. 또 그는 물체를 수동적인 것으로 보는 궁극 이유가 신이 물체를 창조했기 때문이라는 점도 밝힌다.

한편 자석의 인력에 대한 홉스의 설명은 다음과 같이 정리할 수 있다. "자석은 지구의 자전 운동에 의해 언제나 충분히 활성화해 있다. 자석 주위에 쇠붙이가 있으면 이렇게 활성화해 있는 자석의 매우 작은 입자들에 쇠붙이를 향한 코나투스가 생긴다. 자석 입자들의 이 코나투스는 자석 주위의 공기에 전달되며 계속 다음 공기로 전달되어 자석을 향한 쇠붙이의 코나투스를 야기한다. 그러면 쇠붙이의 부분들도 자석을 향해 운동하기 시작하고 자석과 쇠붙이 사이에 있는 공기가 조금씩 밀려나면서 자석과 쇠붙이는 가까워진다."[42]

자기력의 예는 홉스가 코나투스 개념을 적용한 많은 사례 중 하나지만 브란트나 허버트의 해석을 평가할 수 있는 요소를 제공한다. 우선 자기력에 대한 홉스의 설명에서 자석 입자, 쇠붙이 입자, 공기 입자의 코나

---

41) T. Hobbes, Concerning Body, pp. 511~513.
42) T. Hobbes, Concerning Body, pp. 526~528.

투스들 사이의 작용도 허버트가 코나투스 개념의 동력학 성격으로 강조한 상호 결정성이라고 볼 수 있다. 또 브란트는 홉스가 때때로 코나투스를 정량적quantitative 운동량 또는 힘 개념과 동일시한다고 지적한다. 자석 입자와 쇠붙이 입자가 공기 입자를 밀어내고 서로 가까워지는 과정은 크기와 속력의 곱으로 결정되는 홉스의 힘 개념 또는 데카르트의 운동량 개념을 이 세 종류의 입자에 낱낱이 적용해 계산할 가능성을 원칙 면에서 배제하지 않는다. 그러나 자기력에 대한 홉스의 설명은 정량적 설명이 아니라 정성적qualitative 설명이므로 힘 개념을 바로 적용하기 어렵다.

자기력에 대한 홉스의 실제 설명은 코나투스 개념의 이론 측면과 마찬가지로 이 개념의 동력학 성격을 입증하는 데 충분하지 않다. 자기력에 대한 홉스의 설명은 오히려 데카르트의 설명과 비슷한 측면이 있기 때문이다. 자기력에 대한 가장 간단한 동력학 설명 방식은 자기력도 중력과 마찬가지로 "서로 떨어진 상태에서 작용"action at a distance하는 힘으로 인정하는 것이다. 그러나 중세부터 자연 철학자들 사이에는 "신비한 성질"occult qualities을 둘러싼 논쟁이 있었다. 신비한 성질은 자석, 설사약 등의 성질처럼 감각 지각할 수 없다. 자석이 쇠붙이를 끄는 힘이나 설사약이 설사를 일으키는 힘은 눈에 보이지 않는다. 뉴턴이 중력 법칙을 발표하자 데카르트주의자들이 비판하는 이유도 서로 떨어진 상태에서 작용하는 뉴턴의 중력이 신비한 성질이라고 생각하기 때문이다.[43]

데카르트는 앞 장에서 보았듯이 물질 입자로 꽉 찬 공간인 플레눔과 소용돌이 가설을 전제하고 자기력의 경우 암수 나사처럼 생긴 독특한 모

---

43) 신비한 성질을 둘러싼 논쟁에 관해서는 다음을 참고. K. Hutchison, "What Happened to Occult Qualities in the Scientific Revolution?", pp. 549~571. 중력 현상에 대한 데카르트의 설명은 김성환, 「데카르트의 철학 체계에서 형이상학과 과학의 관계」, 98~104쪽 참고. 그리고 중력 현상에 대한 홉스의 설명은 T. Hobbes, Concerning Body, pp. 508~513을 참고.

양의 홈 입자 가설을 추가로 도입해 자기 현상을 설명한다. 데카르트에 따르면 자석에서 나온 수나사 모양의 홈 입자가 소용돌이치는 입자로 꽉 찬 공간에서 공기를 밀어내고 쇠붙이 속에 있는 암나사 모양의 구멍으로 들어가면 쇠붙이가 자석 쪽으로 끌린다.[44]

자기력에 대한 홉스의 설명에는 소용돌이도 없고 암수 나사 모양의 홈 입자도 없지만 꽉 찬 공간이 있다. 그리고 자기력에 대한 홉스와 데카르트의 설명에는 모두 물체를 능동적인 것으로 만들어 주는 원리가 없다. 데카르트의 설명에서 결정적인 역할을 하는 암수 나사 모양의 홈 입자는 매우 자의적인 것이다. 그러나 자석 입자의 이런 모양이 자석을 능동적인 물체로 만들어 주지는 않는다. 오히려 자기력에 대한 데카르트의 설명이 모양에 크게 의존하는 것은 물체를 수동적인 것으로 보고 물체의 운동 원인을 다른 물체의 운동과 궁극적으로 신으로 보는 그의 견해와 잘 들어맞는다.[45] 홉스가 지구의 자전을 끌어들인 까닭도 자석이 활성화해 코나투스가 생겨나는 외부 원인을 설명하기 위한 것이다. 그 다음에 생겨나는 쇠붙이 입자나 공기 입자의 코나투스도 자석 입자의 코나투스를 외부의 물질 원인으로 삼는다. 자기력에 대한 홉스의 설명에도 물체를 능동적인 것으로 만들어 주는 원리가 없다. 홉스에 따르면 모든 물체는 스스로 운동할 수 있는 정신 요소를 지니지 않으며 언제나 다른 물체의 운동을 원인으로 삼아 운동한다.

중력과 자기력의 두 가지 사례만으로 홉스의 운동과 코나투스 개념이 어떤 성격을 지니는지에 관해 정확한 주장을 제시할 수는 없다. 그러나 비록 홉스가 자연 현상을 실제로 설명할 때 사용한 코나투스 개념이

---

44) R. Descartes, Principles of Philosophy, pp. 292~294.
45) 자세한 설명은 다음을 참고. 김성환, 「데카르트의 철학 체계에서 형이상학과 과학의 관계」, 104~115쪽.

운동량 또는 힘의 의미나 상호 결정성을 지니고 동력학의 성격을 띠더라도 나는 이 성격을 지나치게 강조할 수 없다고 생각한다. 홉스의 코나투스 개념은 물체를 능동적인 것으로 만들어 주는 원리가 아니기 때문이다. 따라서 나에게는 과학사 연구자 웨스트폴의 다음 평가가 좀더 안전해 보인다.

> 홉스의 기계론 자연 철학의 맥락에서 코나투스 개념은 핵심 동력학 개념으로 작용했지만 동력학 내용을 상실했기 때문에 그 결과 동력학 자체가 거꾸로 운동학으로 환원되었다.[46]

웨스트폴의 주장은 홉스의 코나투스가 뉴턴의 힘처럼 운동을 설명하는 개념이 될 수 있지만 대부분의 자연 현상을 설명할 때 동력학 내용, 즉 힘의 의미를 지니지 않는다는 뜻이다. 웨스트폴은 이 주장을 뒷받침하기 위해 압축된 물체나 확장된 물체의 원상 회복에 대한 홉스의 설명을 예로 든다. 동력학의 힘 개념을 도입하면 압축된 공이나 확장된 고무줄의 원상 회복은 압축하거나 확장하는 힘의 제거로 간단히 설명할 수 있다. 그러나 홉스는 힘 개념을 끌어들일 수 없기 때문에 압축된 물체나 확장된 물체 내부에 원상 회복을 시작하려는 코나투스와 매질의 코나투스가 원상 회복의 원인이라고 설명한다. 나는 홉스의 코나투스 개념에 동력학 내용이 없다는 웨스트폴의 견해에 동의한다. 홉스의 코나투스는 운동학의 성격이 강하다. 따라서 코나투스 개념에 기초한 홉스의 자연 철학은 데카르트와 마찬가지로 운동학 기계론의 전형이다.

---

46) R. Westfall, Force in Newton's Physics: The Science of Dynamics in the Seventeenth Century, pp. 111~112.

3. 운동학 기계론의 인간론

1) 감각

홉스의 코나투스 개념을 둘러싼 운동학-동력학 논쟁은 철학과 과학의 역사 속에서 홉스를 어떻게 자리매김하느냐는 문제와 관계가 있다. 그리고 나처럼 홉스의 코나투스 개념이 운동학의 성격을 더 강하게 띤다고 보면, 홉스의 기계론이 과학의 역사에서는 비록 뉴턴이나 라이프니츠의 동력학으로 가는 징검다리 역할을 하지만[47] 이들의 동력학보다 데카르트의 자연학과 더 가깝다고 평가해야 하고, 철학의 역사에서는 데카르트 기계론의 아류라고 평가해야 한다.

그러나 적어도 철학의 역사에서 홉스의 자리에 대한 이런 평가는 타당하지 않다. 홉스의 기계론이 데카르트의 기계론을 분명히 넘어서는 지점이 하나 있기 때문이다. 이 지점은 바로 홉스의 인간론, 특히 감각론과 욕망론이다. 홉스는 자연 현상뿐 아니라 인간 현상에도 코나투스 개념을 적용한다. 그래서 정신 현상을 제외하고 물질 현상만을 물체의 운동으로 설명한 데카르트보다 홉스가 더 철저한 기계론자라고 평가받는다. 홉스의 코나투스 개념은 웨스트폴의 평가처럼 동력학을 운동학으로 환원하는 원리일 뿐 아니라 인간론도 운동학으로 환원하는 원리다.

---

47) 비록 뉴턴은 힘 개념을 형이상학에 물들지 않게 격리하려 하지만 힘 개념도 순수 과학 개념은 아니다. 그리고 뉴턴이 동력학적 힘 개념을 확립하는 데는 데카르트, 홉스 등의 자연 철학도 긍정적이든 부정적이든 영향을 미친다. 이 점에 관해서는 웨스트폴의 다음 책을 참고. R. Westfall, Force in Newton's Physics: The Science of Dynamics in the Seventeenth Century, Chs. 2~3. 뉴턴의 힘 개념은 자신의 연금술 연구에서 큰 영향을 받는다. 홉스는 뉴턴이 오랫동안 연금술 연구에 몰두했기 때문에 데카르트주의자가 신비한 성질이라고 비판한 서로 떨어진 상태에서 작용하는 중력 개념을 쉽게 받아들인다고 주장한다. B. Dobbs, "Newton's Alchemy and His Theory of Matter", pp. 511~528. 한편 베른슈타인은 홉스의 코나투스 개념이 라이프니츠의 초기 동력학에 영향을 미친다고 주장한다. H. Bernstein, "Conatus, Hobbes and the Young Leibniz", Studies in the History and Philosophy of Science 11, 1980, pp. 25~37.

홉스가 인간론을 운동학으로 환원하는 시도는 감각과 욕망에 코나투스 개념을 적용하는 데서 잘 드러난다. 홉스의 『인간론』De Homine은 1장부터 9장까지 광학에 관해 논의하면서 감각과 욕망을 설명하고, 『리바이어던』Leviathan도 감각을 첫 장에서 다룬다. 심지어 홉스의 『물체론』도 4부 "자연학 또는 자연 현상"의 첫 장에서 감각을 다룬다. 왜 홉스가 자연학에서도 우주, 별, 빛, 색, 단단함, 소리, 중력 등 자연 현상을 다루기 전에 감각부터 다룰까?

그 이유는 홉스에 따르면 자연 현상에 접근하기 위해서는 감각에서 출발해야 하는데 감각 자체도 현상이기 때문이다.[48] 감각 자체도 현상이라는 주장은 우주, 빛, 소리, 중력 현상과 마찬가지로 감각도 물체의 운동으로 설명할 수 있다는 뜻이다. 그러므로 홉스가 자연학을 감각론에서 출발하는 것은 크게 두 가지 목적 때문이다. 첫 목적은 정신의 작용 가운데 하나인 감각도 물체의 운동 결과라고 밝혀 비물질 실체의 존재 가능성을 없애는 것이다. 그리고 감각과 나머지 자연 현상이 모두 현상이라면 자연 현상에 대한 감각은 물체의 운동들 사이의 작용이 낳은 결과다. 따라서 홉스가 자연학을 감각론에서 출발하는 또 하나의 목적은 예를 들어 눈으로 본 현상을 이해하기 위해 눈부터 설명하는 방식이라기보다 눈과 대상의 상호 작용을 설명해 눈으로 본 현상의 생성 또는 원인을 밝히기 위한 것이다. 홉스는 감각을 다음과 같이 정의한다.

> 감각은 감각 기관에서 밖으로 향하는 반작용과 코나투스에 의해 만들어진 상이며, 이 반작용과 코나투스는 대상에서 안으로 향하고 잠시 머무는 코나투스에 의해 생긴다.[49]

---

48) T. Hobbes, Concerning Body, p. 389.

이 정의에서 주목할 개념은 '반작용' reaction이다. 홉스에 따르면 모든 운동은 인접한 운동 물체에 의해 생기고, 감각의 원인도 외부의 대상이 접촉이나 압력의 형태로 감각 기관의 가장 바깥 부분에 전달하는 코나투스다. 이 코나투스가 감각 기관의 모든 부분을 거쳐 내부로 전달되면 이 코나투스는 아무리 잠시 머물더라도 감각 기관 내부에서 반작용하는 코나투스를 야기하고 이때 상 또는 관념이 생긴다.

홉스의 감각론은 감각을 외부 대상의 코나투스와 감각 기관의 반작용하는 코나투스 사이의 작용으로 환원해 모든 현상을 물체의 운동으로 설명하는 기계론을 자연 현상에서 심리 현상으로 확장한다. 그리고 감각에 대한 홉스의 설명에서는 감각 기관도 몸의 일부, 곧 물체일 뿐 아니라 외부 대상과 감각 기관 모두 외부의 원인, 즉 다른 물체의 운동 없이는 운동하지 않는 수동적인 물체다. 따라서 홉스의 감각론도 수동적 물체론을 핵심 원리로 가진 운동학 기계론의 성격을 강하게 띤다.

2) 욕망

홉스는 감각론의 연장선 위에서 욕망론을 구성한다. 홉스의 욕망론도 코나투스 개념을 바탕으로 성립한다. 넓은 뜻에서 홉스의 욕망desire은 대상 쪽으로 향하거나 대상에서 벗어나려는 코나투스다. 물론 이 코나투스도 감각과 마찬가지로 대상의 코나투스가 원인이다. 대상 쪽으로 향하는 코나투스는 좁은 뜻에서 욕망이며 욕구appetite라 불린다. 욕구와 반대되는 운동이 혐오aversion다. 혐오는 대상에서 벗어나려는 코나투스다.

왜 욕구와 혐오가 코나투스일까? 코나투스는 우리가 측정할 수 없는 공간과 시간의 단위에서 일어나는 상대 운동이라는 특징을 지닌다. 욕구

---

49) T. Hobbes, Concerning Body, p. 391.

만 예를 들어 살펴보자. 어떤 사람이 음식을 먹고 싶은 욕구를 지니면 음식 쪽으로 다가가지만, 이 행동이 드러나기 전에도 그 사람은 음식을 향한 욕구를 가지고 있다. 욕구는 행동으로 드러나지 않아서 관찰할 수 없더라도 행동의 원인 또는 "운동의 작은 시작"[50]이다. 그리고 어떤 운동의 원인이 될 수 있는 것은 역시 운동이므로 욕구는 코나투스다.

홉스는 욕구와 혐오를 코나투스로 규정한 뒤 나머지 모든 정념, 사랑과 미움, 선과 악, 아름다움과 추함 등을 욕구와 혐오로 환원해 설명한다. 이런 눈으로 보면 의지도 능동적인 것이 아니다. 홉스는 아예 의지와 욕망을 구분하지 않는다. 그에 따르면 의지는 행위 직전에 일어나는 "마지막 욕구"[51]다. 그리고 의지는 다른 모든 정념과 마찬가지로 외부 대상의 운동을 원인으로 삼는 수동적인 것이다. 음식을 먹고 싶은 사람은 음식으로 다가가기 전에 음식을 향한 욕구를 가지고 있다가 마지막 욕구를 일으켜 음식 쪽으로 발과 손을 내민다. 이 마지막 욕구는 그 전에 음식을 향한 욕구가 없으면 생기지 않는다.

홉스가 욕망을 욕구와 혐오로 규정하고 욕구와 혐오를 다시 코나투스로 규정하는 방법은 그의 기계론에서 중요한 의미가 있다. 홉스는 욕구와 혐오를 코나투스로 규정한 뒤 나머지 모든 정념을 욕구와 혐오로 환원해 설명한다. 정념에 대한 홉스의 설명 방법이 보여 주려는 것은 운동하는 물체와 달리 비물질 실체 또는 정신 존재를 생각할 필요가 없다는 점이다. 비물질 실체나 정신 존재는 물체의 운동, 즉 코나투스로 구성되는 자연의 연장선 위에서 이해할 수 없기 때문이다.

---

50) T. Hobbes, Leviathan, ed. W. Molesworth, The Collected Works of Thomas Hobbes vol. 3(11 vols.), London: Routledge/Thoemmes Press, 1992, p. 39.
51) T. Hobbes, Leviathan, p. 49.

3) 거대 체계

나는 공간, 물체, 운동, 코나투스 등의 개념을 중심으로 홉스의 자연 철학을 재구성했고, 홉스가 코나투스 개념을 자연 철학에서 인간론으로 확장하는 과정을 감각과 욕망 개념으로 살펴보았다. 홉스의 자연 철학이 새 거대 이론 체계를 세우려는 시도에 대해 시사하는 점은 무엇일까?

첫째, 만일 철학이 거대 이론 체계를 모색한다면 현대 자연 과학과 사회 과학의 성과를 반영해야 하지만 현대 과학이 사용하는 기본 개념을 철학 이론으로 검토할 필요가 있다. 보일의 공기 펌프 실험에 대한 홉스의 반론이 꽉 찬 공간 이론을 철학 배경으로 삼는다는 섀핀과 섀퍼의 사회 구성주의 담론과 이 꽉 찬 공간 이론 뒤에 다시 물체와 공간에 대한 홉스의 운동학 이해가 깔려 있다는 나의 논증이 이와 같은 첫 시사점을 뒷받침한다.

둘째, 철학은 과학을 반영해 철학 가설 또는 철학 개념을 생산해야 한다. 홉스는 코나투스 개념을 비록 데카르트의 운동학 쪽으로 기울어져 있지만 홉스는 이 개념을 자연 철학에서 인간론으로 확장해 자연 지식과 인간 사회 지식을 통합하는 철학 체계를 세우려 한다. 홉스가 자연 지식과 인간 사회 지식을 통합하기 위해 운동 개념을 코나투스 개념으로 확립한 것은 거대 이론 체계를 지향하는 철학이 본보기로 삼을 만한 철학 개념 생산 작업이다.

셋째, 홉스의 인간론은 이성과 사유에서 출발하지 않고 감각과 욕망에서 출발하는데 나는 이 출발점이 영국 경험론자의 미덕인 솔직함[52]을

---

52) 영국 경험론의 미덕이 "모르는 것은 모른다"고 말하는 솔직함에 있다는 견해는 다음 책을 참고했다. 김효명, 『영국 경험론』, vii쪽.
53) 홉스의 『물체론』에서 감각을 다루는 4부, 첫 장의 제목은 "감각과 동물 운동"이고, 『리바이어던』에서 홉스가 욕망을 설명할 때에도 동물의 두 가지 운동, 즉 "생명 운동"과 "동물 운동" 또는 "자발 운동"에서 시작해 사람의 욕망으로 나아간다.

잘 보여 준다고 생각한다. 특히 홉스가 코나투스 개념으로 설명한 감각과 욕망은 사람뿐 아니라 동물도 포괄한다.[53] 철학이 새 거대 체계를 모색하면 인간론도 빠질 수 없는 중요한 부분이고, 홉스가 감각과 욕망을 인간론의 출발점으로 삼은 것은 19세기 진화론이나 20세기 정신 분석학에 비추어 보더라도 여전히 타당한 면을 지닌다. 진화론은 동물의 연장선 위에서 사람을 탐구하는 관점을 일깨우고 정신 분석학은 사람의 삶에서 무의식 욕망이 중요하다는 관점을 제시하기 때문이다. 철학이 거대 이론 체계를 다시 세우기 위해 홉스에게 배울 점은 자연의 연장선 위에서 사람과 사회를 바라보는 눈이다.

넬러(G. Kneller)가 이 초상화를 그린 때는 뉴턴의 창작 능력이 아주 높은 시기였다. 이 그림은 뉴턴의 길고 예민한 얼굴과 예술적인 손을 보여 준다. 이 손으로 뉴턴은 매우 정교한 실험을 설계하고 수행했다.(Cohen, Album of Science, New York: Charles Scribner's Sons, 1980)

.7장. 뉴턴의 동력학 기계론[1]

뉴턴은 자연 철학자이고 자연 마술사다. 그는 수학, 역학, 광학 등에서 뛰어난 성과를 얻는 도중에도 거의 평생 동안 연금술을 연구한다. 연금술은 흔히 금속에서 금을 정련하는 시도라 한다. 뉴턴이 남긴 연금술 수고는 120만 자에 이른다. 과학사 연구자들은 뉴턴의 연금술 연구가 역학 업적과 밀접하다는 사실을 밝히고 있다. 뉴턴은 연금술 연구를 통해 물질 입자의 배후에 있는 활성 원리를 발견하려 하고 이 발견을 통해 미시 입자의 세계와 거시 물체의 세계를 통일하는 자연 철학 체계를 세우려 한다. 뉴턴은 데카르트와 홉스가 자연 철학에서 배제한 신비주의 전통을 되살린다(1절).

뉴턴의 자연 철학 체계에서 중심 개념은 힘이다. 뉴턴은 자연 현상을 설명하기 위해 아리스토텔레스처럼 형상이나 목적을 끌어들이지 않고 물체의 운동을 거론하는 면에서 기계론자이지만 물체의 운동을 힘으로 환원한다는 뜻에서 동력학 기계론자다. 뉴턴의 힘 개념은 근대 역학에 등장하는 거의 모든 종류의 힘을 포괄한다. 그 중에서도 핵심은 두 가지, 물체의 고유한 힘과 물체에 강제된 힘이고 뉴턴은 이 두 가지 힘을 종합해 운

---

[1] 이 장은 다음 논문에 기초한다. 김성환, 「근대 자연 철학의 모험 II: 뉴턴과 라이프니츠의 동력학적 기계론」, 한국철학사상연구회, 『시대와 철학』 15권 2호, 2004, 7~34쪽.

동 속도의 변화가 힘에 비례한다는 제2운동 법칙을 세운다. 뉴턴은 연금술 연구의 영향을 받아 힘 개념을 얻기 때문에 물체에 활성 원리가 내재한다고 믿는다. 그러나 뉴턴은 이 믿음을 수학으로 정식화하고 경험으로 입증할 수 없어서 공개 주장하지 못한다. 따라서 물체의 능동성에 대한 뉴턴의 공식 견해는 애매하다(2절).

뉴턴은 자연 철학과 연금술뿐 아니라 신학도 연구한다. 뉴턴은 그 시절 정통 교리인 삼위일체론이 그리스도를 신격화하는 것은 유일신 관념과 어긋나고 우상 숭배라는 결론에 이른다. 삼위일체론은 신이 성부, 성자, 성령의 세 위격을 가지며 세 위격이 동일한 본성을 가지고 유일한 실체로 존재한다는 교리다. 그는 『자연 철학의 수학 원리』 1판(1687)이 무신론의 혐의를 받자 2판(1713) 끝에 "일반 주해"Generale Scholium를 붙여 신에 대한 자신의 견해를 밝힌다. 뉴턴은 별들의 처음 위치가 신의 설계에 의한 것이라고 주장하면서 신의 존재를 인정한다. 또 그는 신의 여러 성질 가운데 영원, 무한, 완전보다 지배를 강조하면서 유일신 관념을 시사한다. 뉴턴은 "일반 주해"에서 신의 실체와 본성에 대한 형이상학 논의를 배제하려 한다. 그러나 나는 뉴턴이 형이상학 논의를 철저하게 배제하지 못하며 이런 불철저한 태도가 그의 자연 철학, 연금술, 신학 연구를 꿰뚫는 특징이라고 논증할 것이다(3절).

1. 마술 전통의 부활

1) 신비한 성질

뉴턴은 『자연 철학의 수학 원리』 1판 서문에서 처음부터 역학과 수학을 결합하려는 노력과 함께 "실체 형상"substantial forms과 "신비한 성질"occult qualities을 거부하려는 의사도 밝힌다.

고대인들은 (파포스Pappos에 따르면) 자연 사물을 탐구하는 데 역학이 매우 중요하다고 평가했고 근대인들은 실체 형상이나 신비한 성질을 거부하면서 자연 현상을 수학 법칙으로 나타내려고 노력했기 때문에 나는 이 책에서 철학과 관련된 수학을 최대한 개척했다.[2]

실체 형상은 아리스토텔레스주의 전통을 계승한 중세 스콜라 철학에서 우유 형상accidental forms과 대비되는 본질이다. 우유 형상은 예를 들어 사람의 갈색 눈처럼 감각 기관으로 지각할 수 있는 형상이고 실체 형상은 사람의 이성 본질처럼 지각할 수 없는 형상이다. 그리고 스콜라 철학에서 신비한 성질은 예를 들어 자기력처럼 감각 기관으로 직접 지각할 수 없는 '숨은' hidden 성질이고 직접 감각 지각할 수 있는 "명백한 성질" manifest qualities과 구분된다. 그렇다면 뉴턴이 실체 형상과 신비한 성질을 거부하면서 겨냥하는 과녁은 중세 스콜라 철학이다.

신비한 성질의 기원은 마술magic이다. 마술은 뿌리와 줄기가 여러 갈래다. 멀리 보면 동서양에서 두루 나타나는 원시 신화 시대의 신비 체험이나 고대 철기 시대의 신성한 야금술도 마술의 뿌리이고, 가까이 보면 중세 때 영혼을 불러내는 악마 마술demonic magic이나 자기력, 중력, 약물의 힘처럼 자연에 있는 초자연 힘을 다루는 자연 마술natural magic도 마술의 줄기다. 그러나 16, 17세기 지식인 세계에서 신비한 성질은 대체로 점성술, 연금술, 민간 의술 등 르네상스 자연 마술이 다루는 성질, 즉 자연 사물들 사이의 감지할 수 없는 교류correspondence를 통해 현상에 작용하는 성질이다. 그렇다면 뉴턴이 신비한 성질을 거부하면서 화살을 겨누는 또

---

[2] I. Newton, *Mathematical Principles of Natural Philosophy*, trans. A. Motte(1729), revised by F. Cajori, Berkeley: University of California Press, 1960, p. xvii. 파포스는 3세기에 활동한 고대 그리스 알렉산드리아 학파의 기하학자다.

하나의 표적은 자연 마술일까?

> 나는 가설을 만들지 않는다. 왜냐하면 현상에서 연역되지 않은 것은 무엇이든 가설이라 부를 수 있고 가설은 형이상학의 것이든 자연학의 것이든, 신비한 성질에 관한 것이든 기계적 성질에 관한 것이든 실험 철학에서 차지할 자리가 없기 때문이다.[3]

뉴턴이 『자연 철학의 수학 원리』 2판에 붙인 "일반 주해"에서 거의 마지막으로 하는 말이다. 뉴턴이 가설을 만들지 않겠다고 한 대상은 특히 중력의 원인이지만 그가 중력의 원인에 대해 아무 가설도 제시하지 않는다고 보는 뉴턴 연구자는 거의 없다. 중력 또는 힘은 뉴턴의 역학에서 핵심 개념이다. 그러나 뉴턴의 힘 개념이 한 가지 뜻만을 지닌다고 보는 뉴턴 연구자도 거의 없다. 게다가 뉴턴의 힘 개념은 의미와 원인뿐 아니라 기원에 관해서도 논란이 벌어지고 있다. 특히 힘 개념의 기원을 둘러싼 논란은 연금술사 뉴턴의 이미지를 배경 화면으로 삼는다.

과학사 연구자 돕스에 따르면 17세기까지 연금술은 "비밀 지식"과 "용광로 노동"이라는 두 특성과 떼려야 뗄 수 없다.[4] 그 시절 연금술사를 묘사한 그림 중에는 뜨거운 용광로 앞에서 속옷 하나만 걸친 채 땀을 뻘뻘 흘리며 장작을 때고 온도를 조절하는 모습을 담은 것이 많다. 마치 도자기를 굽는 일이 가마의 온도에 크게 의존하듯 연금술 실험도 온도를 유지하는 일이 중요하고 어렵다. 지금 남아 있는 청년 시절의 초상은 '얼짱'이라고도 평가받는 뉴턴이 용광로에서 일하는 모습을 상상해 보라. 연

---

3) I. Newton, Mathematical Principles of Natural Philosophy, p. 547.
4) B. Dobbs, The Foundations of Newton's Alchemy or "The Hunting of the Greene Lyon", Cambridge: Cambridge University Press, 1975, p. 27.

금술사 뉴턴과 자연 철학자 뉴턴이 겹칠 수 있을까? 뉴턴의 힘 개념은 신비한 성질을 다루는 자연 마술과 무슨 관계가 있을까? 뉴턴에게 역학과 신비주의occultism[5]의 관계는 어떤 자연관의 문을 여는 열쇠일까?

2) 뉴턴의 가설

뉴턴이 세운 가설로 첫손가락에 꼽히는 것은 에테르ether에 관한 가설이다. 뉴턴은 케임브리지 대학에서 공부한 시절에 쓴 노트, 『몇 가지 철학 문제』Quaestiones Quaedam Philosophicae, 1664에서 빛의 본성이나 물질의 구조와 관련된 응집력, 모세관 작용, 표면 장력, 기체 팽창, 화학 반응 등의 현상을 에테르에 의존해 설명한다. 그는 1679년 『공기와 에테르에 관해』De Aere et Aethere를 쓸 때까지 광학과 역학의 현상을 계속 에테르로 설명하다가 1679년 말부터 영국 왕립 학회의 새 간사 훅과 편지를 교환하면서 에테르를 포기하고 대신 입자들 사이의 힘을 도입한다. 그 뒤 뉴턴은 30년 동안 에테르 가설을 쓰지 않다가 1710년대에 다시 끌어들인다.

근대 역학의 형이상학 배경에 관해 고전을 남긴 버트E. Burtt에 따르면 뉴턴이 중력을 전달하는 매질로 생각하고 전기, 자기, 응집력 등을 설명할 때 동원한 에테르에 관한 견해는 현상에서 도출되지 않고 실험으로 검증되지도 않은 가설이다. 뉴턴은 비록 에테르가 가설이 아니라고 주장하고 실험으로 검증될 것이라는 기대를 버리지 않지만 임시로나마 가설이라 불러도 괜찮다고 말한다.[6]

버트는 뉴턴에게 자연 철학 가설뿐 아니라 역학의 형이상학 기초도

---

5) 신비주의는 연금술, 점성술, 민간 의술, 점술뿐 아니라 심령술(spiritualism), 신지학(theosophy) 등 초자연 힘이나 초자연 존재에 대한 믿음을 공유하는 이론과 실천의 체계를 포괄하는 뜻으로 쓴다.
6) E. Burtt, The Metaphysical Foundations of Modern Physical Science, London: Routledge & Kegan Paul Ltd., 1932, p. 270.

있다고 주장한다. 버트가 뉴턴 역학의 형이상학 기초로 중시하는 것은 질량mass 개념이다. 데카르트가 역학 현상을 수학 공식으로 정량화하는 데 실패한 이유는 무엇보다 서로 떨어진 상태에서 작용하는action at a distance 힘 개념을 거부하고 접촉 상태에서 일어나는 충돌에 의존하기 때문이다. 그러나 역학 현상을 정량화하기 위해서는 힘 개념이나 미적분이라는 수학 장치 말고 다른 기본 개념들도 정의할 필요가 있다. 버트는 이런 개념들 가운데 대표적인 것이 질량이라고 본다.[7] 질량 개념의 정량적 의미는 뉴턴의 제1운동 법칙에서 나타난다. 이 법칙에 따르면 모든 물체는 관성을 가지며 관성은 외부 힘에 의해 생긴 가속도로 측정할 수 있다. 질량은 같은 힘을 가할 때 서로 다른 가속도를 보이면 이 가속도의 차이로 측정한다. 버트에 따르면 데카르트는 뉴턴과 같은 질량 개념을 정립하지 못하기 때문에 역학 현상을 정량화하는 데 실패하고 거꾸로 뉴턴은 미적분을 발견하고 힘 개념뿐 아니라 질량 개념도 정확하게 정의하기 때문에 역학 현상의 정량화에 성공한다.

버트는 뉴턴의 역학이 가설을 포함할 뿐 아니라 형이상학 기초도 가진다고 주장하지만 뉴턴의 연금술 수고가 아직 공개되지 않은 상황[8]에서 뉴턴의 자연관을 기계론의 전형으로 해석하는 데 치우쳐 중요한 요소를 놓친다. 신비주의다. 기계론은 자연의 모든 현상을 물질의 운동으로 설명하는 관점이다. 예나 지금이나 뉴턴 연구자들은 그가 물질의 구조와 성질에 대해 깊은 관심을 가지고 있으며 입자론을 받아들인다는 데 동의한다. 그러나 뉴턴 시절에도 이미 그의 견해가 기계론이 아니라는 비판이 많이 나온다. 뉴턴은 데카르트주의자들에게 신비한 성질이라고 공격받은 서로

---

7) E. Burtt, The Metaphysical Foundations of Modern Physical Science, pp. 238~243.
8) R. Westfall, Never at Rest: A Biography of Isaac Newton, Cambridge: Cambridge University Press, 1980, p. 291.

떨어진 상태에서 작용하는 힘 개념을 끌어들일 뿐 아니라 초기 저작들과 『광학』Opticks, 1706의 '질문들' Queries, 『자연 철학의 수학 원리』 2판, 『광학』 2판(1717) 등에서 계속 '에테르', "신비한 정기"mysterious spirits 등에 관해 말하기 때문이다. 이런 이상한 태도에 대한 의문은 과학사 연구자 예이츠가 르네상스 마술이 근대 과학으로 가는 길을 닦는다고 주장한 후 뉴턴의 연금술 연구가 주목을 받으면서 해결의 실마리를 찾는다.[9] 뉴턴의 연금술 수고는 뉴턴이 죽고 영국 왕립 학회가 출판하기 부적절하다고 결정한 뒤 200년 이상 동안 포츠머스 백작Earl of Portsmouth 저택의 트렁크 속에 묻혀 있다가 1936년 소더비 경매를 통해 팔리면서 공개되기 시작한다.[10]

3) 연금술 연구

금속이 금으로 변한다는 금속의 변성에 대한 믿음을 핵심 요소로 가진 연금술은 어머니 지구의 자궁 속에서 생물이 자란다고 생각한 고대부터 있었다. 17세기 초에도 마치 식물이 지표에서 자라는 것처럼 금속이 지구

---

9) 뉴턴을 기계론자로 해석하는 연구 경향은 1960년대 중반까지 이어진다. 예를 들어 루퍼트 홀과 마리 홀(R. and M. B. Hall)은 뉴턴이 자연의 깊은 인프라 구조에 대해 기계론의 전형인 입자론 관념을 가지고 있었지만 에테르, 신비한 정기 등에 대해서는 기계론 가설이 아니라는 비난을 의식해『광학』의 마지막 주장을 '질문'의 형식으로 말했다고 해석한다. R. and M. B. Hall, "Newton and the Theory of Matter", ed. R. Palter, The Annus Mirabilis of Sir Isaac Newton 1666~1966, Cambridge: The M.I.T. Press, 1967, pp. 54~68. 그러나 예이츠 테제 이후 코페르니쿠스, 케플러 등과 함께 뉴턴의 역학도 연금술 연구와 관련해 다시 조명을 받는다. F. Yates, Giordano Bruno and the Hermetic Tradition, Chicago: University of Chicago Press, 1964. F. Yates, "The Hermetic Tradition in Renaissance Science", ed. C. Singleton, Art, Science and History in the Renaissance, Baltimore: Johns Hopkins Press, 1968, pp. 255~274.
10) 1936년 제9대 포츠머스 백작, 월롭(G. Wallop, 1898~1984)이 "포츠머스 문서"(Portmouth Papers)라 불린 뉴턴의 미출판 수고집을 소더비 경매에 내놓았다. 이 수고집은 제1대 포츠머스 백작, 존 월롭(J. Wallop)이 뉴턴의 종손녀와 결혼한 뒤 포츠머스 가문이 보관했다. 수고집은 경매에서 팔리면서 여러 부분으로 나뉘어 흩어졌으나 경제학자 케인스(M. Keynes)가 많은 수고를 사들였다. 위키피디아(Wikipedia) "제9대 포츠머스 백작, 제라드 월롭"(Gerard Wallop, 9th Earl of Portsmouth)에서 인용.

속에서 금이 될 때까지 '자란다' grow는 믿음을 거부한 사람은 별로 없다. 또 16세기 후반부터 17세기 말까지 중세와 르네상스 시대의 연금술 책들은 수고 형태가 아니라 대중도 구할 수 있게 출판된다.

프랑스 신학자 메르센M. Mersenne, 1588~1648은 연금술이 지닌 정통 가톨릭 종교에 대한 위협을 감지하고 신비주의자들을 공격한다. 16세기 말에 신비주의 운동은 종교 개혁 운동과 연계된다. 두 운동이 지식이나 이론 면에서 관계가 있기 때문은 아니다. 종교 개혁 운동이 지배하는 곳에는 종교 재판이 미치지 못해 신비주의 운동도 자유를 누릴 수 있기 때문이다. 또 16세기 말 독일에는 쿤라트H. Khunrath, 1560~1605가 대표하고 연금술사, 점성술사, 카발라주의자로 구성된 신비주의 학파가 생겨난다. 이 학파는 연금술에서 변성을 일으킨다고 하는 현자의 돌을 예수, 즉 대우주의 아들과 동일시한다.[11]

로마 가톨릭 교회를 지지하는 메르센은 분노한다. 메르센은 신비주의가 자연 사물과 초자연 존재를 혼합해 종교와 과학에 파국을 초래할 것이라 생각하고 신비주의의 모든 분파를 공격한다. 근거는 두 가지다. 첫째, 신비주의는 별, 악마, 자연 영혼, 세계 영혼 등에 독립된 힘을 부여해 신의 힘과 사람의 자유를 모두 거부한다. 둘째, 신비주의가 주장하는 자연 사물들의 교류나 자연 사물과 초자연 존재의 교류 또는 인과 관계는 증명할 수 없다. 메르센은 연금술을 끔찍하게 여긴다. 연금술은 신앙 없는 구원을 주장한다고 생각하기 때문이다. 그러나 메르센은 연금술 연구를 포기해야 한다고 주장하지 않는다. 그의 해법은 연금술사들이 실험과 결과를 비밀 없이 수행하고 공개할 수 있는 연구 기관을 세워야 한다는 것이다. 메르센이 신비주의에 확고하게 반대한 후 중요한 발전이 이루어

---

11) B. Dobbs, The Foundations of Newton's Alchemy or "The Hunting of the Greene Lyon", pp. 53~55.

진다. 메르센은 정통 기독교 신앙과 과학을 강력하게 옹호한다. 덕분에 예를 들어 데카르트는 영혼과 물체를 조심스럽게 분리하고 물체의 운동에 수학으로 접근하는 과학과 철학의 체계를 가다듬는다.[12]

돕스에 따르면 17세기 연금술은 진리의 비밀스러운 획득과 전수를 중시하는 전통을 비판하고 연금술 지식의 공개와 사회 효용을 강조한다. 특히 잉글랜드에서 교육 개혁가 하틀리브S. Hartlieb, 1600?~1662는 모든 종류의 지식을 모으고 퍼뜨리는 일종의 통신 센터를 세우는 데 앞장선다. 하틀리브 학파의 가장 유명한 멤버 보일은 하틀리브나 파리에서 비슷한 역할을 한 메르센의 자유로운 의사 소통 이상에 동조할 뿐 아니라 1666년에 쓴 『형상과 성질의 기원』Origin of Forms and Qualities에서 연금술의 아이디어들을 기계론의 용어로 설명한다. 이때 뉴턴은 보일의 책을 읽고 하틀리브 학파의 연금술 수고들을 모으기 시작하고 1691년 보일이 죽을 때까지 연금술 문제에 관해 편지 교환을 계속한다.[13] 뉴턴 연구의 대가 웨스트폴에 따르면 "그가 죽었을 때 …… 연금술 책들은 그의 서가 전체의 10분의 1을 차지했다."[14]

뉴턴이 연금술을 연구한 목적은 무엇일까? 연금술은 실용 면에서 금을 만드는 것이 목표지만 금이 뉴턴의 주된 관심은 아니라고 많은 연구자들이 입을 모은다. 웨스트폴에 따르면 연금술에 대한 뉴턴의 관심은 기계론에 대한 "부분 반역"으로 볼 수 있다. 기계론에서 뉴턴이 본 것은 정신과 물체를 극단으로 분리해 자연에서 정신을 제거하고 물질 입자의 운동만으로 자연 현상을 설명하는 방법이다. 반면 뉴턴은 연금술에서 자연을

---

12) B. Dobbs, The Foundations of Newton's Alchemy or "The Hunting of the Greene Lyon", pp. 56~57.
13) B. Dobbs, The Foundations of Newton's Alchemy or "The Hunting of the Greene Lyon", pp. 62~80.
14) R. Westfall, Never at Rest: A Biography of Isaac Newton, p. 292.

기계가 아니라 생명체로 이해하는 방법을 본다. 웨스트폴에 따르면 뉴턴은 연금술이 열어 주는 전망으로 기계론의 한계를 보완하려 하고 자연 철학이 운동하는 물질 입자의 배후에 있는 활성 원리active principle를 탐색해야 한다고 생각한다.[15]

돕스도 뉴턴이 연금술을 연구한 목적은 미시 세계의 체계를 거시 세계의 체계와 맞추려는 야심 때문이라고 주장한다.[16] 뉴턴은 행성을 궤도에 묶는 힘을 발견한 뒤에도 만족하지 않는다. "나는 우리가 자연의 나머지 현상도 역학 원리에서 같은 종류의 추론을 통해 이끌어 낼 수 있기를 바란다. 왜냐하면 나는 여러 가지 이유 때문에 그 모든 현상이 아직 모르는 어떤 원인에 의해 물체의 입자들이 서로 잡아당겨 규칙적인 모양으로 응집하거나 서로 밀고 멀어지게 만드는 어떤 힘들에 의존하는 것이 아닌가 하고 생각했기 때문이다."[17] 뉴턴은 비록 성공하지 못하지만 이런 미시 힘을 발견하기 위해 30년 동안 연금술에 열렬히 구애한다.

뉴턴은 종합 마인드의 대가다. 방법론에서는 베이컨의 경험론과 플라톤, 고대 그리스 철학자들의 수학을 종합하고 역학에서는 케플러의 행성 운동과 갈릴레오의 지상 운동을 종합한다. 뉴턴은 화학에서도 연금술을 입자론과 종합하려 한다. 화학에서 이 노력은 다른 영역에 비해 덜 성공하지만 새 힘 개념이라는 위대한 업적을 낳는다.

그렇다면 뉴턴이 거부 의사를 밝힌 "신비한 성질"은 무엇을 가리킬까? 트리니티 칼리지의 천문학과 실험 철학 플루미 석좌 교수 코츠R. Cotes, 1682~1716가 『자연 철학의 수학 원리』 2판에 붙인 서문은 뉴턴이 거부한

---

15) R. Westfall, Never at Rest : A Biography of Isaac Newton, p. 298.
16) B. Dobbs, The Foundations of Newton's Alchemy or "The Hunting of the Greene Lyon", pp. 88~89.
17) I. Newton, Mathematical Principles of Natural Philosophy, p. xviii.

신비한 성질의 유력한 후보가 데카르트의 "소용돌이 가설"이라는 것을 보여 준다.

> 어떤 사람들은 중력이 신비한 성질이고 신비한 원인은 철학에서 곧 추방될 것이라고 끊임없이 이의를 제기한다. 그러나 대답은 쉽다. 정말로 신비한 원인은 존재가 신비한 것, 존재를 증명하지 않고 상상한 것이다. 진짜 존재를 관찰로 분명하게 증명한demonstrate 것은 신비한 원인이 아니다. 따라서 중력은 결코 천체 운동의 신비한 원인이라고 할 수 없다. 이런 힘이 진짜로 있다는 것은 현상에서 분명하게 나타나기 때문이다. 오히려 철저하게 허구이고 감각 기관으로 지각할 수 없는 물질 소용돌이를 가상해서 천체 운동을 좌우하는 사람들이야말로 신비한 원인에 호소한다.[18]

데카르트의 소용돌이는 물질 입자들로 꽉 찬 공간에서 어떤 중심 축 주위로 회전하는 물질 입자들의 집합이다. 뉴턴은 『자연 철학의 수학 원리』의 2권 8, 9절에서 소용돌이 가설을 정밀한 계산에 의해 성립할 수 없다고 비판하고 3권에서도 만일 소용돌이가 있다면 그 저항 때문에 혜성이 규칙적으로 움직일 수 없다고 증명한다.

뉴턴과 코츠는 데카르트의 소용돌이가 신비한 성질이라고 고발하지만 뉴턴 역학이 태어난 뒤 데카르트주의자들은 오히려 뉴턴의 중력이 신비한 성질이라고 반격한다. 데카르트주의자들은 뉴턴이 중력의 원인을 탐구하지 않는 것은 사람의 지성intellectus으로 그 원인을 알 수 없다고 여기는 태도라고 받아들인다. 데카르트는 비록 중력을 감각 기관으로 직접

---

18) I. Newton, Mathematical Principles of Natural Philosophy, pp. xxvi~xxvii.

지각할 수 없지만 중력 현상을 결과로 낳는 원인을 사람의 지성으로 알 수 있다고 생각하고 그 원인을 설명하는 미시 메커니즘으로 소용돌이 가설을 제시한다. 또 데카르트는 자기 현상을 처음 실험으로 연구한 길버트가 자기력을 '공감'sympathy과 '반감'antipathy으로 보고 이런 성질을 지닌 자기가 모든 사물 속에 있는 활성 원리라고 주장한 것을 비판하면서 소용돌이 가설로 자기 현상을 설명한다.[19] "보통 신비한 성질의 탓이라고 여기는 나머지 모든 놀라운 효과의 원인이 무엇인지도 지금까지 (자석에 관해) 말한 것으로 이해할 수 있다."[20] 데카르트는 중력과 자기력뿐 아니라 유리, 호박, 흑옥 등의 인력과 척력도 소용돌이 가설로 설명한다.

데카르트의 소용돌이도 뉴턴의 중력도 감각 기관으로 직접 지각할 수 없다는 점에서는 똑같다. 그러나 데카르트가 본 신비한 성질의 기준은 감각 지각할 수 없다는 점이 아니라 사람의 지성으로 원인을 알 수 없다는 점이다. 그리고 데카르트에게 이런 의미에서 신비한 성질은 자연에 없다. 한편 뉴턴이 본 신비한 성질의 기준은 존재를 관찰로 증명하지 않고 상상한다는 점이다. 어떤 것의 존재를 관찰로 증명한다는 것은 감각 기관으로 직접 지각할 수 없더라도 그 존재를 가정하고 추론한 귀결을 경험 자료로 확증할 수 있다는 뜻이다. 데카르트주의자들의 눈에는 사람의 지성으로 원인을 알 수 없는 뉴턴의 중력이 신비한 성질이지만 뉴턴의 눈에는 관찰로 증명할 수 없는 데카르트의 소용돌이가 신비한 성질이다. 신비한 성질의 서로 다른 기준에 비추어 보면 데카르트의 소용돌이와 뉴턴의 중력은 우열을 가리기 어렵다.

그러나 마술에 대한 태도를 기준으로 보면 데카르트가 뉴턴보다 더 철저한 기계론자라고 평가할 수 있다. 뉴턴이 연금술과 입자론을 결합한

---

19) 김성환, 「데카르트의 철학 체계에서 형이상학과 과학의 관계」, 98~108쪽.
20) R. Descartes, Principles of Philosophy, pp. 278~279.

것은 웨스트폴의 눈에는 기계론에 대한 부분 반역이지만 데카르트주의자들의 눈에는 전면 반역이다. 뉴턴은 데카르트가 철학에서 제거하려고 애쓴 마술의 요소를 다시 끌어들이기 때문이다. 데카르트는 자연학에서 어떤 물체의 운동 원인이 언제나 다른 물체의 운동이라는 수동적 물체론과 모든 자연 현상을 연장의 양태들인 크기, 모양, 운동 속력으로 설명하는 환원주의 방법에 기초해 자연 마술의 신비한 성질을 철저히 제거한다. 또한 데카르트는 생리학에서도 고중세 생리학을 변혁한 하비의 생리학에 남아 있는 목적론과 생기론의 요소를 철저히 몰아낸다.[21] 그러나 데카르트는 17세기 자연 철학에서 마술 전통의 숨통을 완전히 끊지 못한다. 뉴턴이 힘 개념을 도입해 역학 혁명을 완성하는 데는 마술 전통의 계승이 필요하다. 뉴턴은 데카르트가 끊은 자연 마술과 자연 철학의 인연을 다시 잇는다.

2. 힘 개념

1) 기하학 증명

1684년 8월 뉴턴은 영국 왕립 학회를 대표한 핼리의 방문을 받는다. 핼리는 학회 토론에서 해법의 공개를 거부한 훅을 제외하고 자신과 렌 Christopher Wren, 1632~1723이 풀지 못했다고 고백한 어려운 문제를 수학의 대가에게 던진다. "태양을 향하는 인력이 행성과 태양 사이의 거리의 제곱에 반비례한다고 가정하면 행성의 궤도 곡선은 어떻게 될 것이라고 생각하느냐?" 뉴턴은 곧바로 타원이 될 것이라고 대답하면서 "내가 계산했다"고 말한다. 그러나 뉴턴은 계산한 종이를 찾지 못하고 다시 계산해서

---

21) 김성환, 「근대 자연 철학의 모험 I: 데카르트와 홉스의 운동학적 기계론」, 한국철학사상연구회, 『시대와 철학』, 14권 2호, 2003, 318~329쪽.

보내겠다고 약속한다. 뉴턴은 4개월 뒤 핼리에게 보낸 9쪽짜리 짧은 논문 「물체의 궤도 운동에 관해」De Motu Corporum in Gyrum에서 타원 궤도가 두 초점 중 하나에 역제곱 힘의 중심을 가진다고 증명하고 케플러의 제2, 제3 법칙도 유도한다.

『자연 철학의 수학 원리』의 싹이 트는 이 에피소드에서 계산 종이를 잃어버렸다는 말은 뉴턴의 전기를 쓴 웨스트폴에 따르면 거짓이다.[22] 뉴턴은 원고를 보관하거나 외부로 보내는 일에 매우 신중했고 그가 죽은 뒤 이 원고가 남아 있지도 않았기 때문이다. 그러나 「물체의 궤도 운동에 관해」에 담긴 증명은 거짓이 아니다. 뉴턴은 더 체계적인 책을 쓰라는 핼리의 권유를 받아들여 1685년 11월까지 길이가 수십 배 늘어난 『물체의 운동에 관해』De Motu Corporum를 쓰고 다시 1687년 4월까지 『자연 철학의 수학 원리』의 원고 세 권을 편집 출판 책임자 핼리에게 전달한다.

뉴턴은 『자연 철학의 수학 원리』에서 행성의 궤도 운동을 일으키는 힘이 지상 물체를 지구 중심 방향으로 끌어당기는 힘과 같다고 증명해 천체 역학과 지상 역학을 통일하는 업적을 세운다. 그는 서문에서 수학을 겉핥기로 아는 사람들이 꾀는 것을 막기 위해 일부러 기하학의 언어로 어렵게 쓴다고 밝힌다. 뉴턴이 핼리에게 자신 있게 말한 케플러의 행성 운동 법칙에 대한 증명은 『자연 철학의 수학 원리』의 1권에서 2절과 3절에 걸쳐 있다. 일부만 보자. 명제 11이며 문제 6에서 뉴턴은 타원을 도는 물체의 구심력이 중심까지 거리의 제곱에 반비례한다고 증명한다. 뉴턴은 자신이 『자연 철학의 수학 원리』에서 증명한 내용을 "참을성 있게 읽어 주기를 …… 진심으로 부탁한다".[23]

---

22) R. Westfall, Never at Rest : A Biography of Isaac Newton, p. 311.
23) I. Newton, Mathematical Principles of Natural Philosophy, p. xviii.

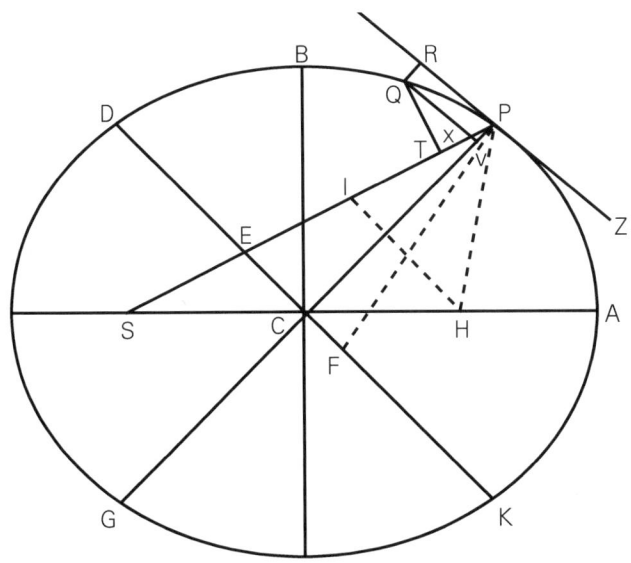

명제 11, 문제 6

하나의 물체가 타원에서 돌 때 타원의 중심을 향한 구심력의 법칙을 구하라.

타원의 초점을 S라 하자. 직선 SP를 그어 타원의 지름 DK와 만나는 점을 E라 하고 좌표 Qv와 만나는 점을 x라 하여 평행사변형 QxPR을 완성하라. EP는 틀림없이 장축의 반지름 AC와 길이가 같다. 왜냐하면 타원의 다른 초점 H에서 EC에 평행하게 HI를 그으면 CS와 CH가 같으니까 ES와 EI도 같기 때문이다. 그러므로 EP는 PS와 PI를 더한 것의 반이며 (HI, PR이 평행선이고 각 IPR과 각 HPZ가 같으니까) PS와 PH를 더한 것의 반이다. PS와 PH를 더하면 전체 축 2AC와 같다. SP에 수직으로 QT를 긋고 타원의 라투스 렉텀[24] (또는 $2BC^2/AC$)을 L이라 하자.

---

24) "라투스 렉텀"(latus rectum)은 타원, 포물선, 쌍곡선 등 원뿔 곡선에서 초점 또는 두 초점 중 하나를 지나고 축에 수직인 현이다. 위키피디아(Wikipedia) "원뿔 곡선"(Conic section)에서 인용.

그러면 L · QR : L · Pv = QR : Pv = PE : PC = AC : PC,

또 L · Pv : Gv · Pv = L : Gv,

그리고 Gv · Pv : Qv² = PC² : CD².

보조 명제 7, 계 2[25])에 의해 점 P와 Q가 한없이 가까워지면 $Qv^2 = Qx^2$, 그리고 Qx² 또는 $Qv^2 : QT^2 = EP^2 : PF^2 = CA^2 : PF^2$ (보조 명제 12[26])에 의해) $= CD^2 : CB^2$. 네 개의 비례식의 대응 항들을 곱해 간단하게 만들면, $AC · L = 2BC^2$ 이니까

L · QR : QT² = AC · L · PC² · CD² : PC · Gv · CD² · CB² = 2PC : Gv.

그러나 점 Q와 P가 일치하니까 2PC와 Gv는 같다. 따라서 이들에 비례하는 L · QR과 QT²도 같다. 이들에 SP²/QR을 곱하면 L · SP²는 SP² · QT²/QR과 같아진다. 그러므로 (명제 6, 계 1과 5[27])에 의해) 구심력은

---

25) 보조 명제 7은 다음과 같다. "어떤 호 ABC가 있고 현 AB가 마주 대한다고 하자. 이 호의 한 점 A에서 직선 AD가 접해서 양쪽으로 나아간다고 하자. 점 A와 B가 서로 접근해 만나면 …… 호, 현, 접선 중 어느 두 가지 길이의 비는 결국 같아진다." 계 2는 다음과 같다. "점 B와 A를 지나는 다른 직선 BE, BD, AF, AG 등을 그어서 이들이 접선 AD와 그 평행선 BF를 자르게 하더라도 가로 길이 AD, AE, BF, BG와 현과 호 AB 중 어느 두 가지 길이의 비는 결국 같아진다." I. Newton, Mathematical Principles of Natural Philosophy, pp. 32~33.
26) 보조 명제 12는 다음과 같다. "어떤 타원이나 쌍곡선의 켤레 지름들로 만든 모든 평행사변형은 서로 똑같다." I. Newton, Mathematical Principles of Natural Philosophy, p. 53.
27) 명제 6은 다음과 같다. "저항이 없는 공간에서 만일 물체가 움직이지 않는 중심 주위로 어떤 궤도 안에서 회전하고, 아주 짧은 시간에 주위의 아주 짧은 호를 지난다고 가정하자. 그 호의 버스트 사인(versed sine)이 현을 이등분하고 길게 늘일 때 힘의 중심을 통과한다면, 호의 중앙에서 구심력은 버스트 사인에 비례하고 시간의 제곱에 반비례한다." 버스트 사인은 (1-코사인)이다. 계 1은 다음과 같다. "만일 중심 S를 회전하는 물체 P가 곡선 APQ를 그리고 이 곡선이 직선 ZPR과 어떤 점 P에서 만난다고 하자. 또 곡선의 다른 점 Q에서 거리 SP와 평행하게 QR을 그리고 접선이 R에서 만나게 하자. 그리고 거리 SP에 수직인 QT를 그리자. 만일 입체가 점 P와 Q가 일치할 때 얻는 크기를 가지고 있다면 구심력은 입체 $SP^2 · QT^2/QR$에 반비례할 것이다." 계 5는 다음과 같다. "어떤 곡선 APQ가 있고 그 안에 어떤 점 S가 있으며 구심력이 언제나 S를 향한다고 가정하면 우리는 물체 P가 직선 운동에서 벗어나 곡선의 둘레를 따라 계속 회전하게 만드는 구심력을 구할 수 있다. 우리는 계산을 통해 구심력에 반비례하는 부피 $SP^2 · QT^2/QR$를 구해야 한다." I. Newton, Mathematical Principles of Natural Philosophy, pp. 48~49.

L · SP²에 반비례하고 거리 SP의 제곱에 반비례한다.

같은 명제를 다르게 증명할 수도 있다.

타원의 중심을 향하는 힘에 의해 물체 P가 타원을 돌 때 힘은 (명제 10, 계 1[28]에 의해) 타원의 중심 C에서 물체까지 거리 CD에 비례한다. 타원의 접선 PR에 평행하게 CE를 그어라. CE와 PS가 E에서 만난다면 같은 물체 P가 타원의 다른 점 S를 중심으로 회전하게 만드는 힘은 (명제 7, 계 3[29]에 의해) PE²/SP²에 비례한다. 점 S가 타원의 초점이면 PE는 SP²에 반비례한다. 증명 끝.[30]

『자연 철학의 수학 원리』는 수학의 천재가 아니라면 풀지 못할 문제와 수학의 둔재라면 이해하지 못할 내용으로 가득 차 있다. 아무리 참을성 있게 읽더라도 그 시대에 이 책의 기하학 증명을 충분히 이해한 사람은 몇 명에 지나지 않는다고 한다. 그러나 『자연 철학의 수학 원리』는 지식인들 사이에서 인기를 얻는다. 또 어려운 내용을 쉽게 해설한 책들이 나온 덕분에 뉴턴의 자연 철학과 과학 방법은 더욱 널리 퍼진다.

---

28) 명제 10, 문제 5는 다음과 같다. "만일 물체가 타원에서 회전하면 타원의 중심을 향하는 구심력의 법칙을 구할 수 있다." 계 1은 다음과 같다. "그러므로 힘은 타원의 중심에서 물체까지 거리에 비례한다. 역으로 힘이 거리에 비례하면 물체는 타원을 따라 움직이고 타원의 중심이 힘의 중심과 일치하며 또는 타원이 원이 될 수도 있다." I. Newton, Mathematical Principles of Natural Philosophy, pp. 53~54.

29) 명제 7, 문제 2는 다음과 같다. "만일 물체가 어떤 원 둘레에서 회전하면 임의의 점을 향하는 구심력을 구할 수 있다." 계 3은 다음과 같다. "어떤 물체 P가 어떤 궤도에서 회전할 때 힘의 중심 S를 향한 힘과 같은 물체가 같은 궤도에서 같은 주기로 회전할 때 다른 중심 R을 향한 힘의 비는 부피 SP·RP²와 SG³의 비와 같다. SG는 힘의 다른 중심 R에서 물체까지 거리 RP에 평행하고 궤도의 접선 PG와 G에서 만나는 직선이다. 이 궤도의 점 P에서 작용하는 힘은 같은 곡률을 가진 원에서 작용하는 힘과 같기 때문이다." I. Newton, Mathematical Principles of Natural Philosophy, pp. 49, 51.

30) I. Newton, Mathematical Principles of Natural Philosophy, pp. 56~57.

2) 고유한 힘과 강제된 힘의 관계

『자연 철학의 수학 원리』에 기하학이 아니라 철학으로 접근하는 1차 코드는 힘 개념이다. 뉴턴의 힘 개념은 어떤 의미를 지닐까? 『자연 철학의 수학 원리』는 1권에 들어가기 전에 8개의 '정의'와 3개의 '공리' 또는 "운동 법칙"을 담고 있으며 8개의 정의는 적어도 3가지 힘, 즉 "고유한 힘"vis insita, "강제된 힘"impressed force, '구심력' centripetal force에 대한 정의를 포함한다.

뉴턴은 물질의 양, 즉 질량을 밀도와 부피의 곱으로 규정하는 정의 1과 운동량을 물질의 양과 속도의 곱으로 규정하는 정의 2에 이어 정의 3에서 고유한 힘을 규정한다. 고유한 힘은 "모든 물체가 정지하고 있든 직선을 따라 일정한 속력으로 움직이든 현재 상태를 유지하려는 저항의 힘이다."[31] 곧이어 뉴턴은 고유한 힘이 질량에 비례하며 질량의 비활성 inactivity과 다르지 않고 "관성의 힘"vis inertiae 또는 "비활성의 힘"force of inactivity이라고도 부른다고 밝힌다. 그 다음 뉴턴은 고유한 힘을 둘째 힘인 강제된 힘과 관련해 저항resistance으로 볼 수도 있고 충격impulse으로 볼 수도 있다고 설명한다. 어떤 물체의 고유한 힘은 만일 다른 물체의 강제된 힘을 받을 경우 자신의 현재 상태를 유지하기 위해 반발하기 때문에 저항으로 볼 수 있고 또 이런 저항을 통해 다른 물체의 상태를 바꾸려 하기 때문에 충격으로 볼 수도 있다.

정의 4는 강제된 힘을 규정한다. "강제된 힘은 정지하고 있든 직선을 따라 일정한 속력으로 움직이든 물체의 상태를 바꾸기 위해 행사된 작용이다."[32] 뉴턴에 따르면 강제된 힘은 여러 가지 기원, 즉 타격percussion, 압

---

31) I. Newton, Mathematical Principles of Natural Philosophy, p. 2.
32) I. Newton, Mathematical Principles of Natural Philosophy, p. 2.

력pressure, 구심력 등에서 생길 수 있다. 이 가운데 타격은 순간적이지만 압력이나 구심력은 지속적이다. 또 타격이나 압력은 접촉에 의해 작용하지만 구심력은 예를 들어 줄에 묶여 도는 돌처럼 접촉에 의해 작용할 수도 있고 돌의 자유 낙하나 행성의 운동처럼 서로 떨어진 상태에서 작용할 수도 있다.

정의 5, 6, 7, 8은 구심력에 대한 규정을 담는다. "구심력은 물체가 어떤 중심점을 향해 움직이도록 끌리거나 몰리는 힘이다."[33] 뉴턴에 따르면 물체가 지구 중심 쪽으로 향하게 만드는 중력, 쇠가 자석 쪽으로 향하게 만드는 자기력, 행성이나 위성이 직선 운동에서 계속 벗어나 곡선 궤도를 그리며 돌게 만드는 힘 등이 구심력에 속한다.

뉴턴의 힘 개념이 한 가지 뜻이 아니고 또 그 여러 의미들 사이의 관계가 분명하지 않다는 것은 지금까지 뉴턴 연구자들에게 골치 아프면서도 도전하고 싶은 의욕을 불러일으킨 문제다. 과학사 연구자 코헨I. B. Cohen은 뉴턴이 제시한 운동의 제2법칙이 "순간적 힘"instantaneous force과 "연속적 힘"continuous force을 모두 포함하는 강제된 힘 개념에 기초하기 때문에 뉴턴이 힘 개념을 혼란스럽게 사용한 것은 오히려 그의 업적을 잘 보여 준다고 주장한다.[34] 뉴턴은 "운동의 변화는 강제된 운동 힘motive force impressed에 비례한다"[35]는 운동의 제2법칙을 설명하면서 강제된 힘이 '한꺼번에' altogether at once 작용하든 "점진적으로 계속"gradually and successively 작용하든 상관없다고 말한다.[36] 뉴턴이 강제된 힘의 기원으로 제시한 타

---

33) I. Newton, Mathematical Principles of Natural Philosophy, p. 2.
34) I. Cohen, "Newton's Second Law and the Concept of Force in the Principia", ed. R. Palter, The Annus Mirabilis of Sir Isaac Newton 1666~1966, Cambridge: The M. I. T. Press, 1967, pp. 143~171.
35) I. Newton, Mathematical Principles of Natural Philosophy, p. 13.
36) I. Newton, Mathematical Principles of Natural Philosophy, p. 13.

격, 압력, 구심력 가운데 타격은 한꺼번에 또는 순간적으로 작용하지만 압력과 구심력은 점진적으로 계속 또는 연속적으로 작용한다. 그렇다면 뉴턴의 강제된 힘은 예를 들어 타격처럼 접촉에 의한 순간적 힘, 압력처럼 접촉에 의한 연속적 힘, 줄에 묶여 도는 돌처럼 접촉 상태에서 작용하는 연속적 구심력, 중력이나 자기력이나 행성의 힘처럼 서로 떨어진 상태에서 작용하는 연속적 구심력을 모두 포함한다. 코헨에 따르면 이런 강제된 힘 개념에 기초한 뉴턴의 제2운동 법칙은 지상 역학과 천체 역학이 다루는 모든 힘 개념을 종합하는 업적을 세운다.

 코헨의 해석은 뉴턴 역학이 이전 역학을 포섭하는 성격뿐 아니라 17세기 역학이 데카르트나 하위헌스처럼 순간적 접촉에 의한 충돌impact의 역학에서 뉴턴처럼 서로 떨어진 상태에서 작용하는 연속적 힘의 역학으로 이행하는 흐름도 잘 반영한다. 그러나 코헨의 해석에서는 고유한 힘이 차지하는 비중이 강제된 힘에 비해 상대적으로 작다. 코헨이 중시하는 순간적 힘과 연속적 힘은 모두 강제된 힘에 속하는데 순간적 힘과 연속적 힘의 관계가 뉴턴의 힘 개념이 지닌 종합 성격을 이해하는 데 충분한 틀을 제공할 수 있을까?

 웨스트폴에 따르면 「물체의 궤도 운동에 관해」를 쓸 때부터 뉴턴 역학의 난제는 고유한 힘과 강제된 힘의 관계이고 뉴턴 역학은 이 두 가지 힘 개념을 명료하게 만들면서 발달한다. 관성 원리에 대한 갈릴레오의 고전 표현은 물질이 운동에 무관하다indifferent는 것이다. 그러나 라이프니츠는 물질이 운동에 무관하다면 물질이 운동에 저항하지 않을 것이고 따라서 아무리 작은 물체도 큰 정지 물체에 충돌해 속력을 줄이지 않은 채 함께 움직일 수 있다는 그릇된 귀결이 나오기 때문에 역학의 정량화가 불가능하다고 주장한다. 웨스트폴에 따르면 뉴턴도 라이프니츠와 비슷하게 생각하고 「물체의 궤도 운동에 관해」에서 "물체의 운동을 직선으로 유지하려는 힘"이라고만 정의한 고유한 힘을 『자연 철학의 수학 원리』에서는 질량에 비례하는 것으로 바꾼다. 그리고 뉴턴은 질량 또는 물질의 양과 외부에서 강제된 힘과 이 힘에 따른 운동 변화 사이의 방정식, 곧 운동의 제2법칙을 확립한다.[37]

고유한 힘과 강제된 힘의 관계가 뉴턴의 힘 개념과 뉴턴 역학의 성장을 이해하는 데 핵심이라는 웨스트폴의 견해는 17세기 역학 혁명에 대한 과학사의 일반 견해와 일치한다. 과학사의 일반 견해에 따르면 뉴턴은 역학을 정량화하기 위해 운동 변화의 외부 원인을 측정하는 개념이 필요하다는 것을 처음 깨닫고 갈릴레오의 발견인 관성 원리 속에 숨어 있는 새 힘 개념, 곧 운동 변화의 외부 원인으로서 강제된 힘 개념을 포착한다. 또 웨스트폴의 견해는 뉴턴의 연금술에 대한 과학사 연구와도 연결되어 있다. 그에 따르면 뉴턴의 연금술 연구는 1684년 「물체의 궤도 운동에 관해」, 1685년 『물체의 운동에 관해』, 1687년 『자연 철학의 수학 원리』를 거치면서 개인의 비밀 세계에서 수학의 정확성에 기초하는 사고 영역으로 전환한다.[38]

3) 연금술의 흔적

뉴턴의 힘 개념에 연금술의 흔적은 어떻게 남아 있을까? 뉴턴은 초기에 데카르트의 기계론에 동의한다. 뉴턴은 데카르트와 마찬가지로 공간이 거시 물체와 미시 입자로 꽉 차 있다는 플레눔 이론을 받아들인다. 그러나 뉴턴은 1669년에 쓴 논문에서 금, 은, 철, 구리, 수은, 자성magnesia 등이 모두 똑같은 뿌리를 가진다고 주장한다. 돕스에 따르면 이 주장은 예

---

37) 웨스트폴, 『프린키피아의 천재: 뉴턴의 일생』, 최상돈 옮김, 사이언스북스, 2001, 321~326쪽.
38) 웨스트폴, 『프린키피아의 천재: 뉴턴의 일생』, 316~317쪽.

를 들어 돌이 금으로 변한다는 물질의 변성에 대한 믿음을 보여 준다. 또 자석의 신비로운 속성을 의미하는 자성은 물질이 아니라 생기론 인자이며 연금술에서 유래한다.[39]

뉴턴은 1660년대부터 물질의 어떤 종이 쇠약해졌다가 소생하고 새 형태를 얻는 해체와 재조직 과정에 깊은 관심을 보인다. 뉴턴은 이런 변화를 주도하는 생명 인자를 "발효의 힘"fermental virtue 또는 "식물 정기" vegetable spirit라고 부른다. 뉴턴은 생명 인자 관념으로 입자론을 보완하려 하고 물체가 입자들로 해체되는 과정을 생명 인자, 즉 생명 에테르vital aether가 빠져 나가는 것으로 설명한다. 또 뉴턴은 응집, 발효, 부패, 식물 성장 등의 과정도 생명 인자에서 비롯하며 물체의 운동에 의한 기계적 작용으로는 설명할 수 없다고 본다.[40]

도대체 뉴턴이 어디서 이런 생명 인자의 관념을 얻을까? 답은 연금술이다.[41] 연금술은 물질을 근원적인 것으로 환원해 그 뒤 똑같은 근원 물질에서 다양한 자연 사물이 자라게 만드는 생명 인자가 있다고 본다. 돌이 금이 되는 것은 돌이 생명 인자에 의해 금으로 자라는 것이다. 뉴턴의 생명 에테르는 연금술의 생명 인자에서 유래하고 뉴턴의 입자론은 연금술과 통합되어 있다.

뉴턴은 초기에는 모든 사물에 내재하는 생명 인자 또는 활성 원리를 에테르로 보지만 점차 에테르 메커니즘을 버리고 1680년대에는 입자들 사이의 힘 이론으로 나아간다. 물체가 입자들과 구멍들로 구성된다는 뉴턴의 입자론에서 구멍들을 채워 입자들을 결합하는 원리는 에테르에서

---

39) B. Dobbs, "Newton's Alchemy and His Theory of Matter", pp. 511~528.
40) B. Dobbs, "Newton's Alchemy and His Theory of Matter", pp. 514~515.
41) R. Westfall, "Newton and Alchemy", ed. B. Vickers, Occult and Scientific Mentalities in the Renaissance, Cambridge: Cambridge University Press, 1984, pp. 315~335.

힘으로 바뀐다. 입자들 사이에서 작용하는 원리인 힘은 연금술에서 작용하는 생명 인자와 같은 활성 원리다.

뉴턴은 자연 현상을 설명하기 위해 운동하는 물질 입자에 대해 계속 말하는 한 기계론자다. 그러나 자연 현상을 설명하는 궁극 항은 운동하는 입자 자체가 아니라 입자들 사이에서 작용하는 힘이다. 뉴턴의 기계론은 힘의 원리를 연구하는 과학을 동력학이라 부른 라이프니츠의 용법을 빌리면 동력학 기계론이라 부를 수 있다.

뉴턴 역학의 힘이 연금술의 생명 인자에서 유래하면 힘도 생명 인자처럼 물질에 내재하는 원리일까? 연금술은 물질을 비롯한 모든 사물 안에 활성 원리가 있고 "현자의 돌"이라 부른 활성체도 있다고 주장한다. 현자의 돌은 연금술에서 금속을 금으로 바꿀 수 있는 재료에 붙인 이름이다. 웨스트폴은 뉴턴의 힘 개념이 어떤 형이상학 성격을 지니느냐는 문제가 매우 복잡한 것이라고 인정하지만 뉴턴은 물질 입자들 사이의 힘을 자연에 실재하는 것으로 보았다고 해석한다.[42] 그러나 웨스트폴의 이런 결론은 뉴턴의 힘이 물질에 내재하는 원리인지 아닌지를 결정하는 데 불충분하다.

뉴턴이 말한 관성의 힘 또는 고유한 힘은 이름에서도 드러나듯이 물질에 "내재하는 힘"innate force이다. 모든 물질은 상태 변화에 저항하는 힘을 가지고 있다. 그러나 뉴턴은 영국의 목사이자 비평가인 벤틀리R. Bentley, 1662~1742가 중력이 물질에 본질적, 내재적인 것이라고 말하자 이를 부정한다.[43] 중력, 자기력, 행성의 힘 등 뉴턴의 구심력은 자연에 실재

---

42) R. Westfall, Force in Newton's Physics : The Science of Dynamics in the Seventeenth Century, p. 377, pp. 509~510. 뉴턴은 출판된 글에서 자신의 진짜 견해를 완곡하게 표현하지만 중력을 단순히 수학 구성물로만 보는 데 불만을 품고 지상 물체의 시공간 관계와 천상 물체의 운동을 가능하게 만드는 실재적 힘이라고 주장하기도 한다.

하더라도 엄밀하게 말하면 물질 안에 있는 것이 아니라 물체들 사이 또는 물질 입자들 사이에 있다. 라이프니츠는 뉴턴의 중력을 마치 투석기에 매달린 돌의 힘처럼 줄에 매달린 동안에만 나타나는 죽은 힘 vis mortua으로 보고 예를 들어 낙하하는 물체의 충격처럼 물체에 내재하는 살아 있는 힘 vis viva과 구분한다. 뉴턴의 힘 개념은 물체의 내재적 본성으로 실재화하는 라이프니츠의 힘 개념과 다르다.[44]

뉴턴과 라이프니츠의 동력학 기계론은 데카르트의 운동학 기계론과 달리 자연 현상을 설명하는 궁극 항을 힘으로 본다는 점에서 같지만 물질과 관련된 힘의 형이상학 성격 문제에 대해서는 차이가 있다. 구심력은 물질에 내재하는 것이 아니기 때문에 뉴턴이 물질 자체를 능동적인 것으로 본다고 해석할 수는 없다. 뉴턴은 연금술의 영향을 받아 모든 사물에 활성 원리가 있다고 믿지만 이 믿음을 계산과 실험으로 증명할 수 없는 한 힘이 물질에 내재한다는 형이상학 가설을 경계하지 않을 수 없다. 그러나 라이프니츠는 힘 개념에 기초한 능동적 물체론을 체계적으로 구상해 동력학 기계론의 형이상학 기초로 제공한다.

웨스트폴은 『뉴턴 물리학에서 힘: 17세기 동력학의 과학』에서 갈릴레오부터 데카르트, 가상디, 홉스, 하위헌스, 라이프니츠 등을 거쳐 뉴턴까지 17세기 자연 철학의 흐름을 과학사의 내재 internal 접근법에 기초해 세밀하게 분석한다. 이 책은 17세기 자연 철학의 세부 내용에 대한 귀중한 분석을 많이 담고 있는데 거시적으로는 17세기 자연 철학의 흐름을 대체로 동력학의 일관된 성장으로 본다. 한편 웨스트폴은 『결코 쉬지 않는:

---

43) A. Thackray, Atoms and Powers: An Essay on Newtonian Matter-Theory and the Development of Chemistry, Cambridge, Massachusetts: Harvard University Press, 1970, p. 16.
44) 라이프니츠의 능동적 물체론에 대한 논증은 다음 장을 참고.

아이작 뉴턴의 전기』Never at Rest: A Biography of Isaac Newton, 1980도 쓴다. 이 전기에서 웨스트폴은 과학사의 외재external 접근법에 기초해 수학자, 역학자로서 뉴턴뿐 아니라 연금술사, 신학자, 행정가로서 뉴턴도 면밀하게 보여준다.

그러나 뉴턴의 연금술 연구에 해박한 웨스트폴이 17세기 자연 철학의 거시 흐름을 대체로 동력학의 일관된 성장으로 이해하는 것은 아쉽다. 데카르트와 홉스가 물체의 능동성을 철저하게 배제하면서 마술 전통과 단절하지만 뉴턴이 물체의 능동성을 애매하게 인정하고 라이프니츠는 물체의 능동성을 과감하게 인정하면서 연금술, 카발라 등 마술 전통을 되살린다. 문화사의 이 흐름을 고려하면 17세기 자연 철학의 드라마는 마술 전통을 뒤엎는 혁신과 마술 전통을 되살리는 반전을 거듭하는 것으로 보아야 한다. 나는 17세기 자연 철학이 자연 마술과 단절한 데카르트와 홉스의 운동학 기계론에서 신비주의 전통을 계승한 뉴턴과 라이프니츠의 동력학 기계론으로 이행하는 거시 경향이 있다고 보는 것이 웨스트폴처럼 동력학의 일관된 성장으로 보는 것보다 더 타당하다고 생각한다.

3. 이단 신학

1) 신학 연구

뉴턴은 자연 철학과 연금술뿐 아니라 신학도 연구한다. 뉴턴이 신학을 연구하는 목적은 교수직을 얻는 것이다. 1672년 뉴턴은 케임브리지 대학교 트리니티 칼리지의 4년차 연구원인데 다음 3년 안에 영국 교회의 사제 서품을 받지 못하면 대학교에서 사임해야 한다. 뉴턴은 삼위일체론과 그리스도의 위상 문제에 진지한 관심을 기울인다. 그러나 신학 연구의 결과는 그가 교수직을 얻는 것을 위협한다. 뉴턴은 그 시절 정통 교리인 삼위일체론이 그리스도를 신격화하는 것은 유일신 관념과 어긋나고 우상 숭배라는 결론에 이르기 때문이다. 다행히 1675년 뉴턴은 현재 물리학자 호킹S. Hawking이 맡고 있는 루카스 석좌 교수Lucasian Chair에 임명되어 사제 서품을 면제받는다. 그 뒤 뉴턴은 신학 문제에 관해 침묵하지만 이단 신학을 포기하지 않는다. 뉴턴은 신학 공부를 계속한다. 그는 4~5세기 교회의 역사를 집중 연구해 「초기 기독교 신학의 철학 근원」Theologiae gentilis origines philosophicae을 비롯한 신학 글들을 쓰기도 한다. 특히 1670년대에 쓴 「초기 기독교 신학의 철학 근원」은 뉴턴이 자기만 알게 보관해 300년이 지난 후에야 발견된다.[45]

뉴턴의 이단 신학은 그의 자연 철학이나 연금술과 무슨 관계가 있을까? 나는 이 문제에 대답하기 위해 뉴턴이 『자연 철학의 수학 원리』 2판에 붙인 "일반 주해"를 분석할 것이다. 『자연 철학의 수학 원리』 1판에는 신에 관한 주장이 거의 없다.[46] 그러나 뉴턴은 "일반 주해"의 약 2/3 분량을 바쳐 신에 관해 설명한다. 나는 뉴턴이 신의 실체와 본성에 대한 형이상학 논의를 배제하면서 삼위일체론에 반대하는 신학을 시사하지만 형이상학 논의를 철저하게 배제하지 못한다고 논증할 것이다. 신학에서 형이상학 논의에 대한 뉴턴의 철저하지 못한 태도는 자연 철학에서 형이상학 가설을 만들지 않겠다고 하면서도 실제로는 에테르 가설이나 물질 입자들 사이의 힘 가설을 도입하는 불철저한 태도와 일치한다.

뉴턴이 "일반 주해"를 쓰게 자극한 요인은 『자연 철학의 수학 원리』

---

45) 웨스트폴, 『프린키피아의 천재: 뉴턴의 일생』, 279쪽.
46) 스노벨런에 따르면 『자연 철학의 수학 원리』 1판에서 뉴턴은 신을 창조주로 한 번 말하고 성서도 한 번만 거론한다. S. Snobelen, "'God of gods and Lord of Lords": The Theology of Isaac Newton's General Scholium to the Principia", eds. J. Brooke, M. Osler, and J. van der Meer, Science in Theistic Contexts: Cognitive Dimensions, Chicago: Chicago University Press, 2001, pp. 169~208.

에 대한 버클리G. Berkeley, 1685~1753와 라이프니츠의 비판이다.[47] 버클리는 절대 공간, 절대 시간, 절대 운동에 대한 뉴턴의 설명이 무신론 관념이라고 고발한다. 버클리에 따르면 뉴턴이 절대 공간을 인정하는 것은 이 공간이 곧 신이라고 생각하거나 아니면 신 외에 영원하고 무한하며 불변하는 어떤 것이 있다고 생각하는 것이다. 라이프니츠는 뉴턴이 중력의 원인인 역학 메커니즘을 설명하지 않기 때문에 그의 메커니즘 없는 중력은 신비한 성질이라고 비판한다.

> 중력이 '신비한 성질'이라고 솔직히 인정하는 고대인들과 현대인들이 물체가 지구 중심으로 몰리는 메커니즘을 모르겠다고 말하는 것은 옳다. 그러나 만일 그들이 이런 일은 어떤 메커니즘도 없이 단순한 '근원 성질' qualité primitive에 의해 일어난다고 생각하거나 어떤 지적 수단 moyens intelligibles도 사용하지 않고 이런 결과를 낳는 신의 법칙에 의해 일어난다고 생각하면 이런 일은 터무니없이 신비한 성질이다. 이 성질은 너무나 신비해서 어떤 정령Spirit이나 신 자신이 설명하려고 노력하더라도 결코 뚜렷하게 해명할 수 없을 것이다.[48]

『자연 철학의 수학 원리』 2판에 서문을 쓴 코츠는 뉴턴에게 이런 비판을 반박할 필요가 있다고 말한다. 코츠가 뉴턴에게 중력이 신비한 성질이라는 비판을 반박하는 방법으로 권유한 것은 소용돌이 가설을 비판하는 것이다.

---

47) 『자연 철학의 수학 원리』 1판에 대한 버클리와 라이프니츠의 비판과 코츠의 반박 권유는 『자연 철학의 수학 원리』를 영어로 옮긴 카조리(F. Cajori)의 주석을 참고한다.
48) I. Newton, Mathematical Principles of Natural Philosophy, pp. 668~669. 라이프니츠의 말은 카조리가 뉴턴의 『자연 철학의 수학 원리』를 영어로 번역하고 붙인 주에서 다시 인용한다.

소용돌이 가설은 데카르트가 다양한 자연 현상을 설명하기 위해 처음 도입하고 라이프니츠도 행성의 운동을 설명하기 위해 사용한다. 따라서 코츠의 권유대로 뉴턴이 소용돌이가 신비한 성질이라고 반박하면 뉴턴에 대한 라이프니츠의 비판은 부메랑이 된다.

뉴턴은 이미 『자연 철학의 수학 원리』 1판에서 소용돌이가 관찰로 증명할 수 없다는 뜻에서 신비한 성질이라고 비판했지만, "일반 주해"의 첫 문단에서 다시 소용돌이 가설이 자기가 발견한 역학 법칙과 양립할 수 없다고 주장한다. 이 주장의 근거는 혜성의 운동이다.

> 왜냐하면 혜성은 하늘의 모든 부분에 걸쳐 무차별로 중심에서 벗어난 운동을 하고 이런 자유freedom는 소용돌이 관념과 양립할 수 없기 때문이다.[49]

소용돌이 관념에 따르자면 혜성은 예를 들어 세탁기 속의 물이나 회오리바람 속의 돌멩이처럼 제한된 경로를 그려야 한다. 그러나 실제로 혜성은 '자유' 운동이라고 부를 수 있을 만큼 소용돌이들을 가로지르며 폭넓고 다양한 경로를 그린다. 뉴턴에 따르면 혜성의 운동은 소용돌이 운동의 규칙이 아니라 행성의 운동 법칙을 따른다. 이 점은 뉴턴이 『자연 철학의 수학 원리』 3권에서 명제 39의 보조 정리 4부터 명제 42에 걸쳐 증명한다.

"일반 주해"에서 뉴턴은 신비한 성질이라는 비판의 화살을 데카르트와 라이프니츠의 소용돌이 가설로 되돌릴 뿐 아니라 무신론의 혐의를 벗기 위해 신에 대한 견해도 밝힌다. 신에 대한 뉴턴의 견해는 크게 세 가지

---

49) I. Newton, Mathematical Principles of Natural Philosophy, p. 543.

이다. 첫째, 뉴턴은 신의 존재를 긍정하는 이유가 역학 법칙만으로는 태양, 행성, 혜성, 항성의 배치를 설명할 수 없기 때문이라고 주장한다. 둘째, 뉴턴은 '지배'dominion를 신의 본성으로 본다. 셋째, 뉴턴은 신의 실체나 본성에 대한 형이상학 논의를 배제하려 한다. 하나씩 좀더 자세히 살펴보자.

2) 신의 존재와 본성

"일반 주해"에서 뉴턴이 신의 존재를 긍정하는 논증은 자연 신학 전통에 속하는 설계design에 의한 신 논증이다. 자연 신학은 신의 계시에 의거하지 않고 사람의 이성으로 신의 존재와 속성을 파악하려는 이신론deism 가운데 특히 자연을 연구해 신의 존재와 속성을 논증하려는 이론이다. 자연 신학의 선구자는 토마스 아퀴나스이며 그의 목적론적 신 논증이 설계에 의한 신 논증의 전형이다. 목적론적 신 논증에 따르면 예를 들어 행성이 궤도를 돌고 빛이 일곱 가지 색으로 분해되듯이 모든 것은 질서 있게 진행하며 이 질서가 무에서 나오지 않고 사람보다 앞서기 때문에 신은 존재한다.[50] 이 논증은 우주 질서의 지적 설계자를 요청하기 때문에 설계에 의한 논증이라고도 불린다.

『자연 철학의 수학 원리』에서 뉴턴은 행성, 혜성의 운동이 자기가 발견한 중력 법칙에 따라 궤도를 유지한다고 증명한다. 그러나 뉴턴은 이 천체들이 처음에 그 궤도의 위치를 중력 법칙에서 얻은 것은 아니라고 주장한다. 행성, 혜성의 위치는 태초에 신이 설계한 것이다. "태양, 행성, 혜성의 매우 아름다운 이 체계는 지적이며 강력한 존재an intelligent and powerful Being의 계획과 지배counsel and dominion에 의해서만 생길 수 있다."[51] 또 뉴

---

50) 위키피디아(Wikipedia) "토마스주의"(Thomism)에서 인용.
51) I. Newton, Mathematical Principles of Natural Philosophy, p. 544.

턴은 항성들이 중력에 의해 서로 끌리지 않는 것도 '그분' One이 항성들을 처음에 아주 멀리 떨어트려 놓았기 때문이라고 주장한다. 뉴턴에 따르면 모든 별의 처음 위치가 신의 존재를 증명한다.

뉴턴은 "지적이며 강력한 존재" 또는 '그분'의 성질들 가운데 '지배'를 다른 성질들보다 중시한다. "최고의 신은 영원하고 무한하며 절대 완전한 존재다. 그러나 아무리 완전하더라도 지배하지 않는 존재는 주 하느님Lord God이라 말할 수 없다."[52] 뉴턴은 "일반 주해"에서 '본성'이라는 형이상학 개념을 사용하지 않는다. 그러나 실체의 여러 성질을 근원 본성과 파생 속성으로 구분하는 형이상학 전통에 따르면 뉴턴은 지배를 신의 본성으로 여긴다고 말할 수 있다. "'신성'Deity은 …… 종들에 대한 신의 지배다."[53]

뉴턴이 신의 본성으로 여긴 지배는 상대적인 것이다. 그에 따르면 "신은 상대적 낱말relative word이고 종들servants과 관계가 있다."[54] 신이 상대적 낱말이라는 주장은 두 가지 의미를 지닌다. 첫째, 이 주장은 신의 본성인 지배가 언제나 지배자와 피지배자의 관계를 포함한다는 뜻에서 상대성을 가진다는 것을 의미한다. 지배는 언제나 대상이 있고 신이 지배하는 대상은 '종들' 또는 "모든 것"all things이다. 뉴턴에 따르면 "이 지적이며 강력한 존재는 모든 것을 다스린다."[55]

둘째, 이 주장은 신이 지배자와 피지배자의 관계를 배제하는 절대 본성을 가질 수 없다는 것도 의미한다. '영원' eternity, '무한' infinity, '완전' perfection은 절대 본성을 표현하는 말들이다. 영원, 무한, 완전은 피지배자

---

52) I. Newton, Mathematical Principles of Natural Philosophy, p. 544.
53) I. Newton, Mathematical Principles of Natural Philosophy, p. 544.
54) I. Newton, Mathematical Principles of Natural Philosophy, p. 544.
55) I. Newton, Mathematical Principles of Natural Philosophy, p. 544.

와 무관하고 지배자에게만 관계가 있다는 뜻에서 지배자와 피지배자의 상대적 관계를 배제하기 때문이다. 뉴턴은 영원, 무한, 완전이 신의 성질이라는 것을 부정하지 않는다. 영원, 무한, 완전이 지배자에게만 관계가 있다면 오히려 신만이 영원하고 무한하며 완전하다고 말할 수 있다. 그러나 영원, 무한, 완전은 신의 본성이 아니라 본성에서 파생한 속성들 attributes이다. 지배받는 종들은 영원하고 무한하며 완전하다고 말할 수 없고 지배하는 신만이 영원하고 무한하며 완전하다고 말할 수 있다면 신의 영원, 무한, 완전은 신의 지배를 전제하기 때문이다.

뉴턴은 신의 본성이 상대성을 지닌다는 것을 보여 주기 위해 우리가 쓰는 말을 예로 든다.

> 우리는 내 신, 네 신, 이스라엘의 신, 신들의 신God of Gods, 주들의 주Lord of Lords라고 말한다. 그러나 우리는 내 영원my Eternal, 네 영원, 이스라엘의 영원, 신들의 영원이라고 말하지 않는다. 또 우리는 내 무한my Infinite 또는 내 완전my Perfect이라고 말하지 않는다. 이들은 종들과 무관한 명칭이기 때문이다.[56]

우리가 "내 신" 또는 "이스라엘의 신"이라고 말할 수 있는 이유는 신과 나, 신과 유대 사람이 지배자와 피지배자의 상대적 관계를 가지고 있기 때문이다. 우리가 "네 영원", "신들의 영원", "내 무한", "내 완전"이라고 말할 수 없는 이유는 영원, 무한, 완전이 종들인 너, 신들, 나와 무관하고 지배자인 신에게만 관계가 있기 때문이다. 뉴턴에 따르면 신의 본성은 절대적 영원, 무한, 완전이 아니라 상대적 지배다. 지배를 본성으로 가진

---

56) I. Newton, Mathematical Principles of Natural Philosophy, p. 544.

"지적이며 강력한 존재", '그분', "주 하느님"은 누구일까? "주 하느님"이라는 표현에서도 드러나듯이 "신이라는 낱말은 보통 주를 가리킨다".[57] 그러나 뉴턴에 따르면 모든 주가 신은 아니다.[58] 뉴턴은 '신'에 관해 붙인 주석에서 라틴어 '신' Deus은 '주'라는 뜻의 아랍어 'du'에서 유래한 것으로 볼 수 있으며 이런 뜻에서 신은 왕자들, 모세, 파라오의 신을 포함한다고 설명한다. 그러나 뉴턴은 이 신들이 '지배'를 결여하고 있기 때문에 이름이 잘못 붙었다고 주장한다. 그에 따르면 "신을 이루는 것은 정신 존재의 지배다."[59] 신이 종들을 지배하고 종들이 모든 것이라면 모든 것을 지배하는 신은 여럿일 수 없다. 모든 주가 신이 아니라는 뉴턴의 주장은 모든 것을 지배하는 신이 하나뿐이라는 뜻을 담고 있다. 그에 따르면 신은 "신들의 신이고 주들의 주"이며 다른 신들조차 지배의 대상으로 삼는다. "신들의 신", "주들의 주"는 유대교의 유일신론이 가리키는 신, 야훼다. 뉴턴의 신 관념은 그리스도를 신격화하는 삼위일체론과 양립할 수 없다.

3) 신학과 자연 철학

뉴턴의 전기를 쓴 웨스트폴에 따르면 뉴턴은 교회의 역사를 연구한 결과 초기 교회의 정신이 4, 5세기 교회의 타락으로 오염되었다는 확신을 얻는다. 뉴턴은 1670년대 초에 쓴 수고에서 다음과 같이 말한다. "성변화 transubstantiation가 없었다면 로마 가톨릭 교회와 같은 이단 우상 숭배Pagan Idolatry도 없었을 것이다."[60] 여기서 '성변화'는 가톨릭 성체 성사에서 빵과 포도주가 그리스도의 살과 피로 실체화한다는 것이다. 성변화는 신이

---

57) I. Newton, Mathematical Principles of Natural Philosophy, p. 544.
58) I. Newton, Mathematical Principles of Natural Philosophy, p. 544.
59) I. Newton, Mathematical Principles of Natural Philosophy, p. 544.
60) R. Westfall, Never at Rest : A Biography of Isaac Newton, p. 315에서 재인용.

하나뿐이라고 보는 초기 교회의 교리가 그리스도의 신성과 삼위일체론을 주장하는 알렉산드리아 교부 아타나시우스Athanasius, 293?~373의 교리로 바뀐 것을 가리킨다. 뉴턴은 아타나시우스파를 저주하기도 한다. "우상 숭배자들Idolaters, 신성 모독자들Blasphemers, 영적 간음자들spiritual fornicators ……."[61] 뉴턴이 아타나시우스파가 숭배한다고 본 우상은 삼위일체론에서 신격화한 그리스도다. 아타나시우스파에 맞서 알렉산드리아 신학자 아리우스Arius, 250?~336가 그리스도의 신격화에 반대하지만 아리우스는 325년 니케아 공의회Councils of Nicaea에서 투표 결과 이단으로 결정된다. 웨스트폴에 따르면 뉴턴은 아리우스주의자이다.

그러나 과학사 연구자 스노벨런은 "일반 주해"에 나타난 뉴턴의 신학을 좀더 정확하게 소치니주의socinianism로 규정할 수 있다고 주장한다. 소치니주의는 삼위일체론에 반대하는 면에서 아리우스주의와 같지만 그 근거가 독특하다. 스노벨런에 따르면 뉴턴의 "일반 주해"는 이미 1714년에 칼뱅주의자 에드워즈J. Edwards, 1703~1758가 소치니주의로 규정한 적이 있다. 에드워즈는 "일반 주해"에서 신에 관한 뉴턴의 견해가 소치니주의자 크렐J. Crell, 1590?~1633이 쓴 『신과 그 속성』Deo et ejus attributis, 1631 13장에서 따온 것이라고 주장하면서 크렐의 말을 인용한다. "신이라는 용어는 신이 이것의 신 또는 저것의 신이라고 말할 때처럼 다른 것들에 대한 관계를 가리키는 부가절additional clause(s)과 함께 쓰이는 경우가 많기 때문에 …… 그 용어가 본성에 의해 특별한 것도 아니고 신의 본질 자체를 가리키지도 않는다는 것은 쉽게 이해할 수 있다. 왜 신이 그토록 자주 이것들의 신 또는 저것들의 신이라 불릴까? 틀림없이 신이라는 용어는 근본적

---

61) R. Westfall, Never at Rest : A Biography of Isaac Newton, p. 323에서 재인용.
62) S. Snobelen, "'God of gods, and Lord of lords" : The Theology of Isaac Newton's General Scholium to Principia", p. 192.

으로 힘과 지배권power and empire의 이름이기 때문이다."⁽⁶²⁾

크렐이 사용한 "힘과 지배권"은 뉴턴이 "일반 주해"에서 사용한 '지배'의 다른 표현이다. 소치니주의에 따르면 신은 이것들 또는 저것들에 대한 관계를 힘과 지배권으로 나타내는 이름이고 뉴턴에 따르면 신은 종들 또는 모든 것에 대한 관계를 지배로 표현하는 낱말이다. 소치니주의자 크렐의 신과 뉴턴의 신은 다른 것에 대한 관계를 표현한다는 뜻에서 모두 상대적 용어다. 또 소치니주의는 크렐이 주장하듯이 신을 본성이나 본질로 규정하는 것을 거부한다. 스노벨런은 "일반 주해"에서 뉴턴의 신학도 신을 본성이나 본질로 규정하지 않는 소치니주의라고 해석한다.

스노벨런은 "일반 주해"에서 뉴턴의 신 관념을 "로크식 전환"Lockean turn이라 부른다. 근대 영국 철학자 로크가 우리는 사물의 본질에 대한 지식을 얻을 수 없고 경험 지식만 얻을 수 있다고 주장하듯이 뉴턴도 우리가 신의 본성에 대한 지식을 얻을 수 없다고 본다는 뜻이다. 스노벨런은 그 근거로 뉴턴의 글을 인용한다. "우리는 신의 실체를 전혀 모른다······ 우리는 그의 매우 현명하고 뛰어난 발명품들에 의해 그를 알 뿐이다."⁽⁶³⁾ 이 글은 스노벨런에 따르면 "뉴턴이 신의 본성에 관한 모든 형이상학 논의를 쫓아내려 하고 신성Godhead의 본성과 실체에 대해 불가지론agnosticism을 표현한"⁽⁶⁴⁾ 것이다. 불가지론은 경험을 넘어서는 존재나 본성을 알 수 없다고 주장한다.

스노벨런은 뉴턴의 불가지론이 삼위일체론에 반대하는 신학 견해와 일치한다고 주장한다. 삼위일체론은 신을 실체나 본성으로 규정하고 아버지와 아들이 실체에 의해 하나라는 관점에서 그리스도를 신격화하기

---

63) I. Newton, Mathematical Principles of Natural Philosophy, p. 546.
64) S. Snobelen, "'God of gods, and Lord of lords'": The Theology of Isaac Newton's General Scholium to Principia", p. 180.

때문이다. 스노벨런에 따르면 뉴턴은 "일반 주해"와 같은 시기에 쓴 「교회에 관해서」Of the Church에서 삼위일체론에 동의하는 부자 동체질론자들 Homoousian party의 견해, 즉 실체에 의해 아버지와 아들이 하나라는 견해를 비판한다. 뉴턴은 아버지와 아들이 힘과 지배의 면에서 통일되어 있지만 본성이나 본질 면에서는 그렇지 않다고 생각한다.[65]

스노벨런은 뉴턴의 신학에서 반형이상학과 불가지론이 "나는 가설을 만들지 않는다"는 자연 철학 관점과도 일치한다고 주장한다. "일반 주해"에서 신의 존재와 본성에 대한 설명에 곧이어 나오는 뉴턴의 이 유명한 명제는 자연 철학에 형이상학 가설을 도입하지 않겠다는 선언이기 때문이다.[66]

그러나 나는 스노벨런이 "일반 주해"에 나타난 뉴턴의 신학을 너무 강하게 해석한다고 생각한다. 뉴턴은 "일반 주해"에서 신의 실체와 본성에 대한 논의를 철저하게 배제하지 못하기 때문이다. 나는 뉴턴이 신의 성질들 가운데 지배를 중시하고 영원, 무한, 완전을 신의 본성인 지배에서 파생한 속성들로 본다고 논증했다. 게다가 "일반 주해"에는 신의 실체에 대한 논의도 있다.

> 지각을 가진 모든 영혼은 비록 다른 시간 속에서 다른 감각 기관을 가지고 다른 운동을 하더라도 똑같은 개별 인격이다. 지속에는 연속되는 부분들이 있고 공간에는 공존하는 부분들이 있지만 한 사람의 인격 또는 그의 생각하는 원리에는 이런 부분들이 없다. 하물며 신의 생각하는 실

---

65) S. Snobelen, "'God of gods, and Lord of lords": The Theology of Isaac Newton's General Scholium to Principia", pp. 181~184.
66) S. Snobelen, "'God of gods, and Lord of lords": The Theology of Isaac Newton's General Scholium to Principia", pp. 200~202.
67) I. Newton, Mathematical Principles of Natural Philosophy, p. 545.

체에는 이런 부분들이 훨씬 더 있을 수 없다.[67]

　　신의 실체가 사람의 인격처럼 부분 없는 동일성을 가진다는 뉴턴의 주장은 신의 실체에 대한 형이상학 논의가 아니라 신을 인격과 비유한 것이라 볼 수도 있다. 그러나 신의 실체가 부분들을 가질 수 없다는 결론은 설사 비유를 통해 얻은 것이더라도 신학 또는 형이상학의 논의에 속한다. 실체와 본성, 전체와 부분 등은 형이상학의 전통 주제이고 신과 관련되면 신학의 주제다. 따라서 "일반 주해"에서 뉴턴이 신의 실체나 "본성에 대한 모든 형이상학 논의를 쫓아내려" 한다는 스노벨런의 해석은 부정확하다. 뉴턴은 "일반 주해"에서 신의 실체와 본성에 관한 형이상학 논의를 배제하려 하지만 성공하지 못한다고 말하는 것이 더 정확하다.

　　나는 뉴턴이 신학에서 형이상학 논의를 철저하게 배제하지 못하는 것이 자연 철학에서 형이상학에 대한 그의 태도와도 일치한다고 생각한다. 뉴턴은 중력의 원인에 대해 형이상학 가설을 세우지 않겠다고 하지만 그가 실제로 형이상학 가설을 세우지 않는다고 보는 뉴턴 연구자는 거의 없기 때문이다. 뉴턴이 중력의 원인에 대해 세운 가설은 에테르 가설과 물질 입자들 사이의 힘 가설이다. 뉴턴은 계산과 실험으로 두 가설을 검증할 수 없기 때문에 중력의 원인에 대해 형이상학 가설을 제시하는 것을 경계한다. 자연 철학에서 뉴턴의 반형이상학 태도는 철저하지 않다.

　　형이상학 논의를 철저하게 배제하지 못하는 태도는 뉴턴의 자연 철학, 연금술, 신학 연구를 꿰뚫는다. 뉴턴은 연금술을 연구하면서 물질 입자에 내재하는 활성 원리를 탐구하지만 이 힘을 계산과 실험으로 검증할 수 없기 때문에 물체의 능동성 원리에 대해 애매한 태도를 보여 준다. 뉴

---

68) I. Newton, *Mathematical Principles of Natural Philosophy*, p. 546.

턴은 삼위일체론과 그리스도의 신격화에 반대하는 믿음을 가지고 있지만 이 믿음을 공개할 수 없기 때문에 신의 실체와 본성에 관해 논의하면서도 이 논의를 경계하고 더 이상의 논의는 자연 철학으로 미룬다. "사물들의 모습을 바탕으로 신에 관해 논의하는 것은 틀림없이 자연 철학에 속한다."[68] 뉴턴에게는 연금술이나 신학에 비해 자연 철학이 안전 지대다.

독일 화가 프랑케(B. Francke, ?~1729)가 그린 라이프니츠의 초상이다. 라이프니츠는 1675년 어느 미발표 원고에서 합을 뜻하는 라틴어 Summa의 첫 문자 S를 길게 늘인 적분 기호 $\int$를 처음 쓴다. 이 기호는 그의 머리 스타일에서 영감을 얻었다는 설도 있다. 이 그림은 브라운슈바이크(Braunschweig)의 헤어조크 안톤 울리히 박물관(Das Herzog Anton Ulrich-Museum)에 소장되어 있다.

.8장. 라이프니츠의 동력학 기계론[1]

서양 근대 철학자들은 저서만 남아 있는 고대 철학자들과 달리 방대한 편지도 남긴다. 이 편지들은 개인의 일상사를 전하는 것도 있지만 대부분 자신의 이론을 설명하고 상대의 견해를 듣고 수용하거나 반박하는 철학 편지들이다. 라이프니츠가 주고받은 편지는 무려 2만 편을 넘고 아직도 발굴되고 있다. 라이프니츠는 유럽 전체의 조화로운 관계를 꿈꾸며 유럽의 주요 인사들과 친분을 나누고 그 시절 최고급 학자를 비롯해 600명 이상의 인물과 편지를 주고받는다. 라이프니츠가 남긴 편지는 사람의 정신 세계와 현실에 대한 그의 왕성한 관심과 활동을 보여 주는 증거다.

라이프니츠는 뉴턴과는 독자적으로 힘 개념을 역학에 도입하고 힘의 법칙을 연구하는 과학을 처음 동력학이라 부른다. 라이프니츠의 동력학도 고대부터 근대까지 자연 철학과 마찬가지로 과학과 철학의 성격을 함께 지닌다. 그러나 라이프니츠는 자신의 철학 체계 안에서 동력학과 형이상학을 분명하게 구별하면서도 상호 연관을 치밀하게 규정한다. 나는 라이프니츠의 동력학을 뒷받침하는 형이상학 기초를 능동적 물체론으로

---

[1] 이 장은 다음 논문에 기초한다. 김성환, 「라이프니츠의 물질론」, 한국과학철학회, 『과학철학』 8권 2호, 2005, 31~56쪽.

재구성하고, 그의 자연 철학이 데카르트의 운동학 기계론과 달리 동력학 기계론의 성격을 지닌다고 논증할 것이다(1절).

나는 라이프니츠의 실체 개념의 진화를 살펴보면서 초기부터 성숙기까지 그의 형이상학 속에서 동력학의 흔적을 추적할 것이다. 이 작업은 동력학의 성립 요인과 지위를 라이프니츠의 철학 체계 내부에서 밝혀 줄 것이다. 또 이 작업은 라이프니츠 연구자들 사이에서 한 가지 주요 쟁점인 물체의 실체성 문제에 대해서도 시사하는 점이 있다. 나는 라이프니츠의 철학 체계에서 동력학이 형이상학에 대해 어느 정도 자율성을 지니며 이 자율성이 물체의 자발성을 함축할 수 있다고 제안할 것이다(2절).

나는 라이프니츠의 물질론이 성립하는 데 영향을 미친 한 가지 외부 요인도 살펴볼 것이다. 이 요인은 요즘 라이프니츠 연구자들이 주목하는 다양한 신비주의 전통의 영향이다. 라이프니츠는 최근 철학사 연구에 따르면 스콜라 철학, 르네상스 자연 마술, 신지학, 카발라, 심지어 중국 철학까지 다양한 신비주의 전통을 흡수한다. 나는 라이프니츠의 동력학 기계론이 데카르트의 운동학 기계론과 반대로 신비주의 전통을 적극 수용하면서 성립한다고 논증할 것이다(3절).

1. 능동적 물체론

1) 동력학의 탄생

라이프니츠는 그의 철학을 처음 체계적 형식으로 설명한 『형이상학 서설』Discourse de Méwtaphysique, 1686에서 결정을 회피한 문제가 하나 있다. 물체가 실체냐 아니냐는 문제다. 『형이상학 서설』의 34절은 초기 원고에 들어 있다가 최종 원고에서 사라진 괄호 안의 문장을 포함한다.

(나는 물체들이 형이상학적으로 엄밀한 뜻에서 실체들인지 아니면 마치 무지개처럼 '참인' 현상들일 뿐인지에 관해, 따라서 지적이지 않은 실체들, 영혼들 또는 실체 형상들이 있는지에 관해 결정을 내리려 하지 않겠다. 그러나) 만일 사람처럼 '그 자체로 단일체' unum per se를 구성하는 물체들이 실체들이고 실체 형상들을 가지며 동물들이 영혼들을 가진다고 가정하면 우리는 이 영혼들과 실체 형상들이 완전히 소멸할 수 없다고 인정해야 한다.[2]

왜 라이프니츠가 첫 문장을 최종 원고에서 삭제했는지는 분명하지 않다. 그가 마침내 결정을 내려 물체를 실체가 아니라 현상으로 보았기 때문이라고 현상론phenomenalism의 관점에서 해석할 수도 있고 이 해석에 반대할 수도 있다.[3] 또 이 글만으로는 어느 해석이 옳은지 판단할 수 없다. 이 글은 '물체', '형이상학', '실체', '현상', '영혼', "실체 형상", '단일체', '소멸' 등 라이프니츠의 철학 체계 안에서 정확하게 분석하고 정의할 필요가 있는 많은 개념을 포함하며 물체의 실체성 문제가 이 개념들과 얽혀 있다는 것을 시사한다.

한편 라이프니츠가 형이상학을 완성한 작품이라고 평가받는 『모나드 이론』Monadologie, 1714에서 물체의 운명은 어떻게 될까? 그는 『모나드 이론』에서 물체가 실체인지 아닌지에 대해 한마디도 직접 말하지 않는다.

---

2) G. Leibniz, Discourse on Metaphysics, trans. R. Francks and R. Woolhouse, G. W. Leibniz : Philosophical Texts, Oxford : Oxford University Press, 1998, p. 86.
3) 라이프니츠의 자연 철학을 현상론으로 해석하는 연구자는 퍼스, 애덤스 등이며, 이 해석에 반대하는 연구자는 졸리, 러더퍼드 등이다. M. Furth, "Monadology", The Philosophical Review, Vol 76, 1967.; R. Adams, Leibniz : Determinist, Theist, Idealist, New York : Oxford University Press, 1994. N. Jolley, "Leibniz and Phenomenalism", Studia Leibnitana 18, 1986.; D. Rutherford, "Metaphysics : The Late Period", ed. N. Jolley, The Cambridge Companion to Leibniz, Cambridge : Cambridge University Press, 1995.

그러나 라이프니츠 연구자들은 『모나드 이론』이 물체의 실체성을 부정한다고 해석하는 경향이 강하다. 핵심 근거는 라이프니츠가 비물질적 모나드만을 실체로 인정한다는 점이다. 그러나 이 해석은 어려운 문제도 포함한다. 대표적인 것이 비물질적 모나드와 몸 또는 물체의 결합 문제다.

> 몸의 완성태entelechy이거나 몸의 영혼인 어떤 모나드에 속하는 몸은 완성태와 더불어 우리가 '생물'이라 부르는 것을 구성하고 영혼과 더불어 우리가 '동물'이라 부르는 것을 구성한다.[4]

이 글에서 '몸'으로 번역하는 말은 라틴어로 'corpus', 곧 '물체' body다. 몸과 완성태 또는 영혼의 결합 관계는 몸 또는 물체와 영혼의 분리 불가능성 원리와 통일union 또는 일치conformity 원리에 근거한다. 이 원리들에 따르면 몸 없는 영혼, 물체 없는 정신은 있을 수 없을 뿐 아니라 몸과 영혼은 제각기 자신의 법칙에 따른다는 뜻에서 서로 동등하다. 만일 비물질적 모나드만이 실체라면 어떻게 모나드가 몸 또는 물체와 동등하게 결합할 수 있을까?

라이프니츠의 철학에서 물체가 실체냐 아니냐는 문제에 대답하는 것이 이 글의 주된 목표는 아니다. 그러나 물체의 실체성 문제는 물체의 본성과 힘을 대상으로 삼는 동력학을 이해하지 않고서는 충실하게 논의할 수 없다. 지금부터 라이프니츠의 동력학이 어떻게 태어나고 이 동력학이 그의 형이상학과 어떻게 연결되며 더 나아가 신비주의 전통과는 무슨 관계가 있는지 하나씩 살펴보자.

---

[4] G. Leibniz, Monadology, trans. R. Francks and R. Woolhouse, G. W. Leibniz: Philosophical Texts, Oxford: Oxford University Press, 1998, p. 277.

라이프니츠는 1650년대에 스콜라 철학의 전통에 따라 아리스토텔레스의 자연학을 공부한다. 아리스토텔레스의 자연학에서 기본 설명 원리는 질료와 형상이다. 이 자연학에 따르면 질료와 형상이 물체를 구성하고 물체가 속성을 바꿀 때 질료는 변하지 않지만 형상은 변한다. 스콜라 철학은 형상도 실체 형상substantial forms과 우유 형상accidental forms으로 나눈다. 우유 형상은 예를 들어 사람의 갈색 머리처럼 감각 기관으로 지각할 수 있는 형상이고 실체 형상은 사람의 이성처럼 지각할 수 없는 본질이다. 우유 형상은 우유 속성의 변화, 예를 들어 갈색 머리가 노란 머리로 변하는 것을 설명하고 실체 형상은 실체에서 변화, 예를 들어 풀이 소의 살로 변하는 것을 설명한다.

라이프니츠는 1660년대 초 새 기계론 철학으로 전향한다. 17세기 초 아리스토텔레스주의 자연학은 아직도 대학에서 배우는 정통 스콜라 철학의 일부지만 점차 갈릴레오, 데카르트, 하위헌스, 홉스, 가상디 등이 합작한 새 기계론의 공격을 받기 시작한다. 기계론의 설명 원리는 데카르트의 용어법에 따르면 연장의 양태들인 크기, 모양, 운동 속력 등 기하학으로 환원할 수 있는 성질이고 모든 자연 현상은 크기와 모양을 가진 물체의 운동으로 설명된다.

라이프니츠는 새 기계론 철학을 계속 옹호하지만 1660년대 말부터 이 철학의 원리와 차이도 드러내기 시작한다. 자연학에서 드러나는 가장 중요한 차이는 라이프니츠가 두 물체의 충돌을 데카르트처럼 물체의 크기에 의존하지 않고 '코나투스'conatus 개념으로 설명하는 것이다.[5] 여기서 코나투스는 물체의 순간 속도다. 1660년대 라이프니츠의 코나투스 개

---

5) 가버에 따르면 이 설명이 라이프니츠가 1671년 프랑스 과학 아카데미에 제출한 논문, 「추상 운동 이론」(Theoria Motus Abstracti)의 핵심이다. D. Garber, "Leibniz: Physics and Philosophy", ed. N. Jolley, 1995, pp. 274~275.

념은 관측할 수 없는 아주 작은 시간과 공간에서 운동이라는 홉스의 코나투스와 비슷한 의미를 지닌다. 다만 라이프니츠의 코나투스는 정량화할 수 있고 방향까지 고려한 개념이므로 순간 속도라 할 수 있다.[6] 라이프니츠에 따르면 물체 자체는 운동에 저항하지 않으므로 물체의 크기는 충돌의 결과에 아무 영향도 미치지 않고 물체에서 모든 힘은 속도에 달려 있다. 이 시기에 라이프니츠의 자연학 원리는 나중에 그의 표현을 빌리면 충돌의 결과가 코나투스들의 기하학 합성만으로 결정된다는 것이다.[7]

그러나 라이프니츠는 곧 이 원리가 중대한 결함을 지니는 것을 깨닫는다. 물체가 그 자체로 운동에 저항하지 않는다는 것은 물체가 실제로 운동에 저항하는 현실 세계와 어긋날 뿐 아니라 논리적으로 아무리 작은 물체도 속력을 잃지 않고 아주 큰 물체를 움직일 수 있다는 틀린 귀결을 낳기 때문이다. 라이프니츠는 자연학 원리를 수정할 필요를 느낀다. 이 수정 작업은 이미 1660년대 말부터 나타나기 시작한 견해를 확립하는 과정을 통해 이루어진다. 이 견해는 데카르트의 보존 원리를 자신의 보존 원리로 대체하는 것이다. 라이프니츠는 충돌 전후에 크기와 속력의 제곱의 곱이 똑같다는 하위헌스의 보존 원리를 자연학의 핵심으로 끌어들인다.[8]

하위헌스는 우선 운동의 상대성 원리를 바탕으로 데카르트의 충돌 규칙이 지닌 오류를 밝힌다. 운동의 상대성 원리는 충돌하는 물체가 운동하는 좌표계에서 관측하든 정지한 좌표계에서 관측하든 똑같은 규칙에 따라야 한다는 것이다. 그러나 데카르트의 충돌 규칙은 운동하는 좌표계

---

6) 코나투스는 라이프니츠의 후기 철학에서 물체에 내재하는 힘, 물체가 스스로 작용하려는 능동성이라는 확장된 의미를 지니기 때문에 라이프니츠 연구자들은 코나투스를 힘 개념의 선구자로 평가한다.
7) G. Leibniz, Specimen Dynamicum, trans. R. Francks and R. Woolhouse, G. W. Leibniz: Philosophical Texts, Oxford: Oxford University Press, 1998, p. 161.
8) 라이프니츠는 1660년대 말부터 새 보존 원리를 하위헌스에게 힘입었다고 여러 차례 밝힌다. D. Garber, "Leibniz: Physics and Philosophy", p. 279.

와 정지한 좌표계에서 서로 다른 결과를 낳는다. 예를 들어 데카르트의 충돌 규칙 2는 큰 물체와 작은 물체가 같은 속력으로 충돌하면 두 물체가 함께 큰 물체의 방향으로 같은 속력을 가지고 움직인다는 것이다. 이 충돌은 만일 큰 물체와 같은 방향, 같은 속력으로 움직이는 배 위에서 관측하면 데카르트의 충돌 규칙 4의 경우, 즉 정지한 큰 물체에 작은 물체가 충돌하는 경우로 보일 것이다. 그러나 충돌 후 결과는 규칙 4가 예측한 대로, 즉 큰 물체는 정지하고 있고 작은 물체는 같은 속도로 반대 방향으로 튕겨 나는 것으로 보이지 않을 것이다. 따라서 데카르트의 충돌 규칙 2와 4 중 적어도 하나는 잘못이라는 결론이 나온다.[9]

하위헌스는 데카르트의 충돌 규칙을 비판하는 데 그치지 않고 복잡한 기하학 계산을 통해 새 충돌 규칙과 새 보존 원리를 대안으로 제시한다.[10] 새 보존 원리에 따르면 충돌에서 보존되는 양은 크기와 속력의 곱이 아니라 크기와 속력의 제곱의 곱이다. 이 양은 하위헌스에게는 크기와 속력의 곱으로 결정되는 데카르트의 운동량을 대체하는 것 이상의 의미를 지니지 못하지만 라이프니츠에게는 우주 전체를 포괄하는 동력학의 기초가 된다.

라이프니츠는 1669년 하위헌스의 논문에서 데카르트의 운동량이 충돌에서 보존되지 않는다는 것을 배운다. 그러나 라이프니츠가 1671년 『새 자연학 가설』Hypothesis Physica Nova에서 제시하는 데카르트의 충돌 규칙에 대한 비판은 하위헌스처럼 운동의 상대성 원리가 아니라 독특한 연속성 원리principle of continuity에 기초한다. 연속성 원리는 자연에서 어떤 변화도 갑자기 일어나지 않는다는 것이다. 연속성 원리에 따르면 예를 들어

---

9) 김영식, 『과학 혁명: 전통적 관점과 새로운 관점』, 137쪽.
10) R. Westfall, Forces in Newton's Physics: The Science of Dynamics in the Seventeenth Century, pp. 149~152.

데카르트의 충돌 규칙 2에서 나타난 충돌의 결과는 큰 물체의 크기가 점점 작아져 작은 물체의 크기에 접근함에 따라 두 물체의 크기가 같은 경우, 즉 충돌 규칙 1에서 나타난 결과에 접근해야 한다. 충돌 규칙 1에 따르면 두 물체의 크기가 같고 운동 방향이 반대일 경우 충돌 후 두 물체는 같은 속력을 가지고 반대 방향으로 튕겨 난다. 그러나 데카르트의 충돌 규칙에서는 큰 물체가 작은 물체보다 조금이라도 크면 두 물체는 계속 함께 큰 물체의 방향으로 운동하다가 두 물체의 크기가 같아진 순간 갑자기 두 물체가 반대 방향으로 튕겨 난다. 이는 연속성 원리를 어긴다. 따라서 데카르트의 충돌 규칙 1과 2 가운데 적어도 하나는 잘못이라는 결론이 나온다.

라이프니츠는 1686년 『자연 법칙에 관해 데카르트와 나머지 사람들이 저지른 중대한 오류에 대한 간략한 논증』Brevis Demonstratio Erroris Memorabilis Cartesii et Aliorum Circa Legem Naturae에서 '운동량'과 '힘'을 동일시한 것이 데카르트의 중대한 오류라고 논증한다. 데카르트에 따르면 운동의 일반 원인은 모든 물체의 모든 운동의 1차 원인으로서 신이고 신의 작용은 항상 똑같기 때문에 운동량도 신이 처음 물질을 창조하고 운동과 정지를 부여한 때와 똑같이 보존된다.[11] 그러나 라이프니츠는 1670년대 중반부터 1714년 『모나드 이론』을 발표할 때까지 일관되게 데카르트의 이 견해를 비판한다. 라이프니츠의 비판 논증은 다음과 같이 정리할 수 있다.

일정한 높이에서 떨어지는 물체가 만일 그 방향이 바뀌거나 외부의 간섭이 없다면 진자처럼 원래 높이로 다시 올라갈 만큼 힘을 얻는다고 가

---

11) 김성환, 「데카르트의 철학 체계에서 형이상학과 과학의 관계」, 73~75쪽.

정하자. 이 가정은 예를 들어 1파운드짜리 물체 A를 4패덤의 높이 CD만큼 끌어올리는 데 필요한 힘은 4파운드짜리 물체 B를 1패덤의 높이 EF만큼 끌어올리는 데 필요한 힘과 같다는 것이다. 이 가정은 17세기 자연 철학에서 기본이고 기계론자들도 동의하는 것이다. 그렇다면 높이 CD에서 떨어진 물체 A는 높이 EF에서 떨어진 물체 B와 같은 힘을 얻는다. 이제 두 물체에서 데카르트의 운동량이 같은지 살펴보자. 갈릴레오의 자유 낙하 원리에 따르면 물체 A가 CD의 낙하에서 얻는 속력은 물체 B가 EF의 낙하에서 얻는 속력의 두 배다. 그러므로 물체 A의 크기 1과 속력 2를 곱해서 나오는 운동량은 2이고 물체 B의 크기 4와 속력 1을 곱해서 나오는 운동량은 4다. D에서 물체 A의 운동량은 F에서 물체 B의 운동량의 반이므로 두 물체의 운동량은 다르다. 그러나 두 물체의 힘은 같다. 따라서 운동량과 힘은 다르다. 힘은 어떤 물체를 끌어올릴 수 있는 높이라는 결과로 측정해야 한다.[12]

라이프니츠의 동력학이 태어난 것을 알리는 논증이다. 또 그 후 약 50년 동안 유럽 자연 철학자들의 관심을 사로잡은 "살아 있는 힘"vis viva 논쟁의 신호탄이다. 이 논쟁은 달랑베르J. d'Alembert, 1717~1783가 1743년 『동력학 이론』Traité de Dynamique에서 운동하는 물체의 힘이 속도에 비례할 수도 있고 속도의 제곱에 비례할 수도 있다고 주장하면서 진정된다. 달랑베르는 운동하는 물체의 힘을 결과로 측정해야 한다는 라이프니츠의 견해에 동의하면서도 운동하는 물체가 다양한 결과를 낳을 수 있기 때문에 그 결과를 측정하는 방법도 다양하다고 주장한다.[13]

---

12) G. Leibniz, Discourse on Metaphysics, pp. 69~71.
13) T. Hankins, Jean d'Alembert: Science and the Enlightenment, Cambridge: Cambridge University Press, 1985, pp. 207~211.

이 논증에서 라이프니츠가 주장하는 것도 엄밀하게는 운동량과 힘이 다르다는 것이지 운동량이 무의미하다는 것은 아니다. 그리고 라이프니츠에 따르면 운동량과 힘의 구분은 중요하게 시사하는 점이 따로 있다. 물질 현상을 설명하기 위해서는 연장만으로는 부족하고 연장과 다른 형이상학 사유, 즉 힘의 형이상학 근거에 대한 사유가 필요하다는 것이다. 물질 현상을 연장의 양태들인 크기, 운동량 등에만 의존해 이해할 경우 그릇된 충돌 규칙을 도출하거나 힘의 보존 원리를 설명할 수 없기 때문이다.

그렇다면 물질 현상을 설명하는 데 필요한 힘의 형이상학 근거에 대한 라이프니츠의 사유는 어떤 내용을 담고 있을까? 또 라이프니츠에게 데카르트의 운동량, 더 나아가 데카르트가 물체의 본성으로 여긴 연장은 어떤 의미가 있을까?

2) 힘 개념

라이프니츠가 데카르트의 운동량과 구분한 힘은 "살아 있는 힘"이라 불린다. 살아 있는 힘은 그가 힘 개념을 체계적으로 분류하고 설명하는 『동력학 요약』Specimen Dynamicum, 1695에 따르면 "파생 능동 힘"derivative active force에 속한다. 『동력학 요약』에서 힘들은 다양하게 분류되어 있지만 기본적인 것은 근원 힘과 파생 힘, 능동 힘과 수동 힘의 구분과 조합으로 성립하는 네 가지 힘이다.[14]

첫째, "근원 능동 힘"primitive active force은 모든 실체에 내재하는 작용의 원리로서 영혼 또는 실체 형상이다. 실체 형상은 라이프니츠가 이미 『형이상학 서설』에서 개별 실체의 본성으로 제시한 것이다. 그는 신에 의

---

14) G. Leibniz, Specimen Dynamicum, pp. 155~157.

해 창조된 실체의 본성을 설명하면서 작용과 수용이 속하는 것은 개별 실체이고 아리스토텔레스 철학의 전통에 따라 개별 실체는 여러 술어가 속하는 주어이며 이 주어는 다른 것의 술어가 되지 않는 것이라고 정의한다. 그러나 라이프니츠는 곧 이 정의가 명목적일 뿐이므로 불충분하다고 말하고 개별 실체의 본성은 주어의 모든 속성을 연역할 수 있는 "완전 개념"complete notion을 가지는 것이라고 주장한다.[15]

라이프니츠의 논법대로 만일 물체가 실체라면 물체의 본성이 크기, 모양, 운동만으로 구성된다고 주장하는 것은 물체가 지닌 개념이 불완전하다고 주장하는 것과 같다. 완전 개념에는 연장의 양태들과 다른 비물질적인 것, 영혼도 속해야 하기 때문이다. 그래서 라이프니츠가 끌어들이는 것이 실체 형상이다. 스콜라 철학에서 실체의 감각 지각할 수 없는 본질로 규정된 실체 형상은 라이프니츠에 따르면 완성태, 영혼, 근원 능동 힘의 다른 이름이다.

둘째, "근원 수동 힘"primitive passive force은 작용을 받고 저항하는 힘이며 스콜라 철학자들이 "제1질료"prime matter라고 부른 것이다. 토마스 아퀴나스에 따르면 제1질료는 실체의 변화의 바탕에 있는 규정되지 않은 요소다. 예를 들어 소가 풀을 먹고 소화해 살이 찌는 경우 풀과 살에 모두 있는 요소와 그 요소를 처음에는 풀, 나중에는 살이라고 규정하는 요소가 다르다. 둘째 요소는 실체를 특수한 유와 종에 속하게 규정하는 형상이며 첫 요소가 규정되지 않은 제1질료다. 토마스 아퀴나스에 따르면 제1질료는 형상 없이 존재할 수 없고 시간 면에서 형상보다 앞서 있는 것이 아니라 형상과 함께 창조된다. 제1질료는 실체 형상과 함께 실체를 구성한다.

셋째, 파생 능동 힘은 근원 능동 힘의 '제약'limitation이며 이 제약은

---

15) G. Leibniz, Discourse on Metaphysics, pp. 59~60.

물체의 충돌에 의해 일어난다. 실제로 운동을 수반하는 살아 있는 힘과 아직 운동이 없고 운동하려는 충동만 가진 죽은 힘이 파생 능동 힘에 속한다. 라이프니츠가 제시한 죽은 힘의 예는 원심력, 무거움의 힘, 구심력, 굽은 탄성 물체가 회복하려는 힘 등이다. 살아 있는 힘의 예는 얼마 동안 낙하한 물체의 충격, 얼마 동안 자기 모양을 회복한 활의 충격 등이다. 라이프니츠에 따르면 살아 있는 힘은 죽은 힘을 무한히 연속해서 더할 때 생긴다. 예를 들어 무거움의 힘, 즉 중력 자체는 죽은 힘이지만 이 힘이 얼마 동안 작용해 낙하한 물체가 지닌 충격은 살아 있는 힘이다. 이 얼마 동안에도 시간의 점인 순간은 무한히 많기 때문에 살아 있는 힘은 죽은 힘을 무한히 연속해서 더해야 생긴다.

넷째, 파생 수동 힘은 운동의 부가에 저항하는 힘이며 다양한 방식으로 제2질료에서 나타난다. 토마스 아퀴나스에 따르면 제1질료는 규정되지 않은 질료이므로 형상을 개별화하는 원리가 될 수 없다. 제2질료는 형상을 개별화하는 원리로서 양이 한정된 질료다. 그렇다면 라이프니츠가 제2질료에서 나타난다고 말한 파생 수동 힘은 질량이라고 볼 수 있다.[16] 물체가 운동의 부가에 저항하는 힘은 관성에서 비롯한 현재 상태를 유지하려는 힘이고 이 힘은 물체마다 고유한 값으로 계산되는 질량에 비례하기 때문이다.

근원 힘과 파생 힘의 구분, 능동 힘과 수동 힘의 구분이 지닌 의의는 무엇일까? 근원 힘은 실체의 궁극적 작용과 수용의 원리를 가리키며 능동적인 실체 형상과 수동적인 제1질료로 구성된다. 파생 힘은 물체가 다른 물체와 만나 제약을 받을 때 나타나는 능동적인 살아 있는 힘이나 수

---

16) R. Westfall, Force in Newton's Physics: The Science of Dynamics in the Seventeenth Century, p. 318.

동적인 질량으로 표현된다. 실체 형상과 제1질료는 실체를 연구하는 형이상학의 원리이고 살아 있는 힘과 질량은 물체의 운동 원리를 탐구하는 동력학의 관심사다. 따라서 근원 힘과 파생 힘의 구분은 라이프니츠의 철학 체계에서 형이상학과 동력학의 관계를 보여 준다.

    라이프니츠는 형이상학의 전통 문제인 실체 개념을 설명할 때 그토록 호소한 실체 형상으로 자연 현상을 설명하는 것을 거부한다. 실체 형상은 형이상학에서 중요하지만 자연 현상을 설명하는 동력학에서는 설 자리가 없다. 라이프니츠는 기하학자가 형상으로 골치를 썩일 필요가 없고 우리가 경험하는 사물의 특수한 개별 원인을 설명할 때 형상에 호소할 필요가 없다고 주장한다.[17] 이 주장은 자연 현상을 설명할 때 형상에 호소하지 않는 기계론의 관점을 받아들인다는 뜻이다.

    그러나 라이프니츠는 데카르트의 기계론을 비판한다. 이 기계론은 실체의 힘을 부정하는 형이상학을 바탕에 깔고 있기 때문이다. 실체는 능동 힘과 수동 힘을 모두 가진다. 실체의 근원 능동 힘은 실체 형상이며 물리적으로 죽은 힘, 살아 있는 힘과 대응하는 파생 능동 힘을 통해 물체가 작용하는 원인이 된다. 실체의 근원 수동 힘은 제1질료이며 물리적으로 질량과 대응하는 파생 수동 힘을 통해 물체가 저항하는 원인이 된다. 라이프니츠의 눈으로 보면 기계론은 실체의 근원 힘에서 비롯한 물체의 파생 힘을 형이상학 기초로 전제할 때, 달리 말해서 자신의 동력학을 형이상학 기초로 받아들일 때 자연 현상에 대한 올바른 설명을 제시할 수 있다. 이런 맥락에서 철학사 연구자 가버는 라이프니츠의 동력학이 "아리스토텔레스의 실체 형상과 제1질료의 형이상학과 기계론자들의 자연학을

---

17) G. Leibniz, Discourse on Metaphysics, pp. 61~62.; G. Leibniz, Specimen Dynamicum, p. 156.

연결하는 힘의 과학"이라고 규정한다.[18]

그렇다면 물체가 실체일까? 얼핏 보면 이 물음에 관해『동력학 요약』이 시사하는 대답의 기준은 근원 힘과 파생 힘의 구분이다. 이 구분에 따르면 물체는 파생 힘의 주어이고 근원 힘의 주어는 실체다. 근원 힘이 실체에 속하고 파생 힘이 물체에 속하며 근원 힘이 파생 힘의 제약이라면 물체는 실체의 제약, 곧 실체의 현실적 양태 또는 현상이라고 볼 수도 있다. 그러나 『동력학 요약』에서 물체의 실체성 문제에 대한 라이프니츠의 관점은 이처럼 간결한 일관성을 지니고 있지 않다.

> 완전히 정지한 물체가 있다는 것은 사물의 본성과 어긋나기 때문에 모든 물질 실체corporeal substance 자체에 내재하는 근원 능동 힘이 있다. 또 물질 실체에 대한 미숙한 관념이 비록 거짓falsity은 아니더라도 불완전성imperfection을 지닌다는 것을 이해하지 않으면 물체의 본성을 제대로 이해한다고 말할 수 없다. 이 미숙한 관념은 오로지 감각 상상sensory imagination에서 나온 것이며 그 자체로는 매우 탁월하고 참된 입자론 철학에 몇 해 전 부주의하게 잘못 도입되었다. 이는 입자론 철학이 물질의 완전한 비활성이나 정지를 배제할 수 없고 또 파생 힘을 지배하는 자연 법칙들을 설명할 수 없다는 사실에서 증명된다.[19]

라이프니츠가 "물질 실체"라는 표현을 사용한다고 해서 물체를 실체로 인정한다고 볼 필요는 없다. 이 표현은 물체를 실체로 가정하는 것이라고 해석할 수도 있기 때문이다. 또 감각 상상이 물질 실체에 대한 미숙

---

18) D. Garber, "Leibniz: Physics and Philosophy", p. 293.
19) G. Leibniz, Specimen Dynamicum, p. 156.

한 관념의 원천이라고 해서 라이프니츠가 물체를 실체가 아니라 현상으로 본다고 해석할 필요도 없다. 이 주장은 물체가 실체냐 아니냐는 문제보다 물질 실체에 대한 미숙한 관념이 어떻게 생기느냐는 문제에 대답하는 것이라고 볼 수 있기 때문이다. 물질 실체에 대한 미숙한 관념이 감각 상상에서 나온다면 성숙한 관념은 이성에서 나오고 물체의 본성이 힘이라고 알려 준다. 물체의 실체성 문제는 1690년대에 나온 『동력학 요약』에서도 명쾌하게 풀리지 않는다.

한편 물질 실체에 대한 미숙한 관념이 거짓은 아니더라도 불완전성을 지닌다는 말은 무슨 뜻일까? 이 미숙한 관념의 불완전성은 물질의 완전한 비활성이나 정지를 허용하고 파생 힘에 관한 법칙을 설명하지 못하는 것을 가리킨다. 이런 불완전성을 가진 입자론 철학은 데카르트의 자연학이 대표한다. 이제 라이프니츠가 관성, 연장 등에 대한 데카르트의 견해를 어떻게 평가하는지 살펴보자.

3) 관성, 침투 불가능성, 연장

물체의 관성에 대한 갈릴레오의 고전 정의는 물체가 운동과 정지에 무관하다indifferent는 것이다. 물체가 운동과 정지에 무관하다면 물체의 운동이나 정지 상태를 계속 유지하기 위해 아리스토텔레스처럼 외부의 운동 원인mover을 도입할 필요가 없다. 오히려 외부의 운동 원인은 물체의 운동이나 정지 상태를 바꾸는 데 필요하다. 따라서 외부의 작용이 없는 한 물체가 운동이든 정지든 같은 상태를 계속 유지한다는 것이 관성 원리다. 라이프니츠는 데카르트뿐만 아니라 『새 자연학 가설』을 쓴 젊은 시절의 자신도 관성을 운동에 대한 무관함으로 이해했다고 비판한다. 이 비판의 역학 근거는 만일 관성을 운동에 대한 무관함으로 이해하면 현실과 어긋나는 논리 귀결을 피할 수 없다는 점이다.

만일 물체가 크기, 모양, 위치와 이들의 변화라는 수학 관념들만 포함한 것으로 이해하고 …… 형상 속에 있는 능동 힘과 물질 속에 있는 운동에 대한 나태sluggishness나 저항resistance 같은 형이상학 관념으로 설명하지 않으면 …… 충돌하는 물체가 아무리 작고 충돌되는 물체가 아무리 크더라도 충돌하는 물체의 코나투스가 충돌되는 물체에 고스란히 전달되고 따라서 충돌하는 아주 작은 물체가 속력을 조금도 줄이지 않은 채 정지하고 있는 아주 큰 물체를 함께 움직일 수 있다는 귀결이 나온다. 물질에 대한 이런 설명 방식에서는 물질이 운동에 저항하지 않고 운동에 대해 철저히 무관하기 때문이다.[20]

라이프니츠가 대안으로 제시하는 것은 물체의 본성을 운동에 대한 무관함이라는 뜻에서 관성으로 보지 말고 능동 힘이나 수동 저항 같은 형이상학 관념을 도입해서 설명하자는 것이다. 라이프니츠가 『동력학 요약』에서 제시한 힘의 분류에 따르면 관성은 근원 수동 힘에 의해 설명된다.

그것(근원 수동 힘)은 왜 물체들이 서로 침투할 수 없고 서로에 대해 장애물이 되는지, 또 왜 물체들이 운동에 대해 일종의 게으름laziness, 말하자면 혐오repugnance를 지니고 자신에게 작용하는 물체의 힘을 어느 정도 줄이지 않고서는 자신이 운동하는 것을 허용하지 않는지를 설명해 준다.[21]

라이프니츠가 관성을 '게으름', '혐오' 등 감정이 섞인 낱말을 사용해서 설명하는 것은 신비주의 전통의 영향을 보여 준다. 라이프니츠는 요

---

20) G. Leibniz, Specimen Dynamicum, p. 161.
21) G. Leibniz, Specimen Dynamicum, p. 156.

즘 연구에 따르면 스콜라 철학, 르네상스 자연 마술, 카발라, 중국 철학 등에서 많은 신비주의 전통을 흡수한다.[22] 라이프니츠에게 루터주의 카발라를 소개했다고 하는 신지학자theosophist 프란시스 판 헬몬트Francis van Helmont, 1614~1699는 물질이 실체가 아니라 정신 실체의 양태일 뿐이라고 주장하면서 물질을 '게으른' sluggish, '죽은' dead, '수축한' contracted, '잠자는' asleep 등의 용어로 묘사한다. 라이프니츠의 '게으름', '혐오', '나태'는 이런 신비주의 전통의 영향을 보여 주지만 물리적으로는 모두 '저항'의 다른 표현이다. 만일 물체가 운동하거나 정지하는 것에 무관하면 자신의 운동이나 정지 상태를 바꾸는 데 저항하지 않지만 운동하는 것을 게을리하고 싫어하고 꺼리면 자신의 상태를 바꾸는 데 저항한다.

라이프니츠에게 관성은 물체가 자신에게 작용하는 다른 물체의 힘을 줄이는 저항의 힘이다. 따라서 작용을 받고 저항하는 힘이라고 정의된 근원 수동 힘이 관성의 원인이다.[23] 근원 수동 힘은 제1질료로서 규정되지 않은 것이기 때문에 물체의 관성이 자신에게 작용하는 다른 물체의 힘을 정확하게 얼마나 줄이느냐는 것을 설명해 주지 않는다. 이 문제는 물체들이 서로 작용하고 작용받을 때 나타나는 파생 수동 힘에 의해 설명된다.

근원 수동 힘은 물체의 침투 불가능성impenetrability도 설명해 준다. 근

---

22) 라이프니츠와 신비주의 전통의 관계에 대해서는 이 장의 3절 "신비주의 전통의 계승"과 다음 책을 참고. A. Coudert, R. Popkin and G. Weiner(eds.), Leibniz, Mysticism and Religion, Boston: Kluwer Academic Publishers, 1998.
23) 관성이나 침투 불가능성, 연장 등이 근원 수동 힘과 파생 수동 힘 가운데 어디에 속하는지는 애매하고 라이프니츠 연구자들 사이에 서로 다른 견해가 있다. 웨스트폴은 관성, 침투 불가능성, 연장 등이 근원 수동 힘의 파생 현상이라는 측면에 주목해 파생 수동 힘에 속한다고 보지만 울하우스와 가버는 이런 속성들이 제1질료, 즉 근원 수동 힘에 속한다고 본다. 나는 이 논문에서 인용한 원전에 근거해 울하우스와 가버의 견해에 따른다. R. Westfall, Force in Newton's Physics: The Science of Dynamics in the Seventeenth Century, pp. 316~319.; R. Woolhouse, "Editor's Introduction", ed. R. Woolhouse, Metaphysics and Philosophy of Science in the Seventeenth and Eighteenth Centuries: Essays in Honour of Gerd Buchdahl, Dordrecht: Kluwer Academic Publishers, 1988, pp. 18~19. D. Garber, "Leibniz: Physics and Philosophy", pp. 290~291.

대 철학 연구자 울하우스에 따르면 라이프니츠의 침투 불가능성 또는 강체성solidity 개념은 단단함hardness 개념과 구별해야 한다.[24] 단단함이 물체에 압력을 가해도 모양이 변하지 않게 만드는 것이라면 침투 불가능성은 두 물체가 동시에 같은 장소에 있지 못하게 만드는 것이다. 어떤 물체가 다른 물체 속으로 침투할 수 있다면 충돌할 때 장소를 바꾸지 않고 같은 장소를 차지할 수도 있다. 물체의 침투 불가능성은 다른 물체가 내부로 침투하는 데 저항하는 힘이기 때문에 관성과 마찬가지로 근원 수동 힘을 원인으로 삼는다.

물체의 연장도 물체가 다른 물체의 침투에 저항하는 힘을 가지고 있기 때문에 나타나는 직접 결과라 할 수 있다. 데카르트는 연장을 길이, 너비, 깊이 등 기하학으로 다룰 수 있는 차원dimension을 하나 이상 가진 것이라고 정의한다.[25] 그러나 라이프니츠는 연장을 기하학 관념들로만 정의하면 물체의 능동성과 수동성을 설명할 수 없다고 비판한다. 그에 따르면 연장은 근원 수동 힘의 '확산' diffusion 또는 "연속 반복"continuous repetition이다.[26] 연장은 마치 풍선 속의 공기처럼 저항의 힘이 동시에 외부로 확산되어 있거나 계속 반복되는 것이다.

라이프니츠는 기계론의 주요 개념들인 연장, 침투 불가능성, 관성 등을 모두 수동 힘 개념으로 환원한다. 그는 갈릴레오가 운동에 대한 무관함으로 정의한 관성을 운동에 대한 게으름, 혐오, 나태, 저항으로 해석하고 데카르트가 기하학의 차원으로 정의한 연장을 저항의 확산 또는 반복으로 해석한다. 라이프니츠가 연장, 침투 불가능성, 관성 등의 개념이 무

---

24) R. Woolhouse, "Editor's Introduction", pp. 18~19.
25) R. Descartes, Rules for the Direction of the Mind, trans. J. Cottingham, R. Stoothoff, and D. Murdoch The Philosophical Writings of Descartes, vol. 1(2 vols.), Cambridge: Cambridge University Press, 1987, pp. 62~65.
26) G. Leibniz, Specimen Dynamicum, p. 168.

의미하고 이 개념들에 기초한 기계론이 쓸모없다고 평가한 적은 없다. 그러나 이 개념들과 기계론은 힘 개념에 대한 형이상학 사유에 기초하지 않기 때문에 미숙하고 불완전하다.

> 이것(힘)과 관련된 형이상학 법칙들을 연장의 법칙들에 보태야 내가 운동의 체계적 법칙들이라 부르는 것이 성립한다.[27]

라이프니츠가 데카르트의 관성 개념을 운동에 대한 물체의 무관함으로 평가한 것은 그의 자연학을 조금 단순화한 해석이라고 볼 수 있다. 데카르트의 자연학도 물체의 저항, 힘 개념을 도입하기 때문이다. 데카르트는 7가지 충돌 규칙을 도출하는 전제로 삼은 운동의 특수한 제3법칙을 설명할 때 저항과 힘 개념을 도입하고 특히 관성을 힘 개념으로 규정한다. "어떤 물체가 다른 물체와 충돌할 때 만일 그 물체가 직선으로 계속 운동하려는 힘이 다른 물체의 저항보다 작으면 그 물체는 방향을 바꾸지만 운동량을 유지한다."[28]

그러나 데카르트의 힘이나 저항은 물체를 능동적인 것으로 만들어 주는 개념이 아니다. 이 힘과 저항은 모두 운동의 특수한 제1법칙이 규정한 "똑같은 상태를 지속하려는 물체의 경향"에서 유래하고 따라서 자신의 상태를 바꾸는 원인을 물체에서 배제하기 때문이다. 데카르트의 힘은 물체의 상태를 바꾸려는 힘이 아니라 그 상태를 지속하려는 힘이다. 따라

---

27) G. Leibniz, Specimen Dynamicum, p. 162.
28) R. Descartes, Principles of Philosophy, p. 242. 운동의 특수한 제3법칙은 "만일 어떤 물체가 자기보다 더 강한 다른 물체와 충돌하면 그 물체는 자신의 운동을 잃지 않고 운동의 방향만을 바꾸며 만일 어떤 물체가 더 약한 물체와 충돌하면 그 물체는 일정한 운동량을 잃고 그 운동량을 다른 물체에 나누어 준다"는 것이다. 데카르트의 7가지 충돌 규칙은 이 제3법칙에 따라 일어나는 운동의 변화를 계산하는 방법으로 제시된 것이다.

서 데카르트의 물체는 자신의 상태를 바꾸는 원인을 내부에 가질 수 없고 언제나 다른 물체의 운동에 의해서만 변할 수 있다는 뜻에서 철저하게 수동적인 것이다."[29]

라이프니츠의 힘은 근원이든 파생이든 능동이든 수동이든 모두 실체 또는 물체에 내재한다. "만일 물체가 실체라면 물체의 본성은 크기, 모양, 운동만일 수 없다."[30] 『형이상학 서설』의 초고에 들어 있다가 최종 원고에서 사라진 이 글에 따르면 물체가 실체일 경우 물체의 본성은 힘이다. 물론 힘이 물체의 본성이더라도 논리적으로 물체는 실체가 아닐 수 있다. 그러나 중요한 것은 물체가 실체든 현상이든 힘을 내장하고 있기 때문에 정지한 것처럼 보여도 완전히 정지한 것이 아니라 활동의 가능성을 가지며 이런 뜻에서 능동성을 지닌다는 점이다.

과학사 연구자 웨스트폴에 따르면 라이프니츠의 동력학에서 물체의 수동 힘 또는 저항 개념은 실체를 능동적인 것으로 보는 철학의 일부다. 라이프니츠는 운동에 무관한 물체를 거부하고 작용받는 물체가 운동에 저항하는 관성에 의해 반드시 반작용한다고 주장하면서 관성을 물체의 자기 활동성 self-activity 속으로 용해하기 때문이다.[31]

라이프니츠의 물체는 설사 현상 차원이더라도 스스로 작용하고 저항하는 힘을 내장한다는 뜻에서 능동적 물체다. 저항의 힘은 주로 외부의 작용이 있을 경우에 나타나기 때문에 수동적이라는 수식어가 붙지만 이런 힘조차 없으면 물체가 외부의 작용에 저항할 수 없다는 뜻에서 말하자면 작용의 적극적 능동성에 비해 소극적 능동성을 지닌다. 라이프니츠는

---

29) 김성환, 「근대 자연 철학의 모험 I: 데카르트와 홉스의 운동학적 기계론」, 320~323쪽.
30) G. Leibniz, Discourse on Metaphysics, p. 60.
31) R. Westfall, Force in Newton's Physics: The Science of Dynamics in the Seventeenth Century, pp. 311, 318~319.

물체의 내재적 능동성을 인정하는 능동적 물체론을 동력학의 형이상학 기초로 확립한다.

2. 실체 개념의 진화

1) 물질과 물체의 구분과 동력학 프로젝트

라이프니츠의 독자적 형이상학은 1668~9년쯤 처음 나타나기 시작한다. 이 형이상학의 핵심인 실체 개념은 그 뒤 『모나드 이론』이 나올 때까지 약 50년 동안 크게 세 단계를 거쳐 진화한다. 첫 단계는 최초의 형이상학이 성립하는 1660년대 말부터 1686년 『형이상학 서설』이 나올 때까지다. 둘째 단계는 『참된 형이상학의 진보와 특히 힘에 의해 설명된 실체의 본성에 관한 고찰』De Primae Philosophiae Emendatione et de Notione Substantiae, 1694(이하『참된 형이상학의 진보』), 『실체들의 본성과 상호 작용, 그리고 영혼과 몸의 통일에 관한 새 체계』Système Nouveau de la Nature et de la Communication des Substances, aussi bien que de l'Union qu'il y a entre L'âme et le Corps, 1695(이하 『새 체계』) 등이 나오는 1690년대이며, 셋째 단계는 『모나드 이론』의 시기다.

1660년대 후반 라이프니츠는 기계론자이면서 동시에 아리스토텔레스주의자이고 그의 기본 전제는 아리스토텔레스의 형이상학이 새 기계론과 모순되지 않는다는 것이다. 라이프니츠는 기계론의 기본 원리에 동의한다. "나는 이 모든 근대 철학자들에게 공통의 규칙, 즉 물체 속에 있는 것은 모두 크기, 모양, 운동으로 설명해야 한다는 규칙을 주장한다."[32] 그러나 라이프니츠가 보기에 데카르트, 홉스, 가상디 등의 기계론은 운동의

---

32) L. Loemker(ed.), G. W. Leibniz : Philosophical Papers and Letters(2nd ed.), Dordrecht : Reidel, 1969, p. 94.

원인이 물체 속에 있지 않은데 운동을 물체의 근본 속성으로 여기는 오류를 범한다. 이미 이 시기에 등장하는 라이프니츠의 형이상학 원리들, 특히 실체가 자기 충족적self-sufficient이어야 한다는 원리에 따르면 어떤 존재는 그 속성들에 대한 완전한 이유를 자신의 본성 안에서 발견할 수 있을 때만 자기 충족적이다. 따라서 운동의 원인이 물체 속에 없다면 운동은 물체의 근본 속성이라고 말할 수 없다. 데카르트의 기계론에서는 물체가 수동적이고 물체의 운동 원인은 언제나 다른 물체의 운동이기 때문에 물체는 운동의 원인을 자기 안에 지니지 않는다.

머서C. Mercer에 따르면 라이프니츠의 초기 실체 개념은 기계론을 유지하면서도 물체를 진정한 실체로 만들려는 의도에서 태어난다. 그의 실체 개념은 첫째, 실체가 자기 충족적이고 둘째, 기계론에 따라 실체가 운동하는 연장된 것으로 구성되며 셋째, 아리스토텔레스의 철학에 따라 실체가 수동 힘과 능동 힘을 가진다는 조건을 모두 만족해야 한다. 라이프니츠가 어떻게 실체의 조건을 만족하는 물체 개념을 얻을까?

머서에 따르면 라이프니츠가 1660년대 말에 이런 물체 개념을 얻는 데 결정적으로 이바지하는 요소는 물질matter과 물체body를 구별한 것이다.[33] 물질은 침투 불가능성과 연장일 뿐이며 능동성 원리가 없고 운동하지 않는 관성적인 것이다. 반면 물체는 수동적 물질과 운동을 일으키는 능동성 원리를 결합한 것이다. 라이프니츠는 비물질적인 것만이 능동성의 원천으로 작용할 수 있기 때문에 실체가 자기 충족 원리에 따라 비물질적 원리를 가져야 한다고 본다. 그에 따르면 사람이든 아니든 정신mind이 실체의 능동적 원리이고 이 원리가 아리스토텔레스의 실체 형상처럼

---

33) C. Mercer and R. Sleigh, "Metaphysics: The Early Period to the Discourse on Metaphysics", ed. N. Jolley, The Cambridge Companion To Leiniz, Cambridge : Cambridge University Press, pp. 74~75.

물질에 운동을 부여해 물질을 물질 실체로 만든다. 사람이 아닌 실체의 경우 "보편 정신"인 신이 능동적 원리다. 신은 "제1형상"의 역할을 하면서 물질을 개별 실체로 만들거나 라이프니츠가 가끔 사용한 표현에 따르면 물질 "부분들의 조직된 배열"[34]을 낳는다. 개별 물질 실체는 규정 없는 질료와 규정 있는 형상으로 구성된다.

머서는 라이프니츠가 1660년대에 쓴 노트, 편지, 짧은 에세이를 근거로 이 시기에 그가 물질과 물체를 구분한다고 주장한다. 그러나 라이프니츠가 이 구분을 철저하게 유지하지는 않는다. 머서가 밝히듯이 라이프니츠는 이 시기에도 물질과 물체를 모두 라틴어 'corpus'로 표현해 스스로 이 구분을 혼란스럽게 만든다.[35] 또 라이프니츠는 1690년대와 『모나드 이론』의 시기에 "운동의 궁극 원인으로서 힘", "무한 분할 가능성", "영혼이나 정신과 분리 불가능성" 등의 표현을 물질과 물체 모두에 대해 사용한다.[36]

한편 물체의 운동 원인이 신이라는 주장은 엄밀히 말하면 물체의 운동 원인이 물체 밖에 있다는 뜻이다. 라이프니츠는 1670년대 초에 이 문제를 해결하기 위해 신과 물체 사이에 창조된 정신을 삽입해 물질 실체의 운동 원인이 신이라는 주장을 철회한다. 신은 정신을 창조해 도구로 사용하고 창조된 정신은 물질과 더불어 물질 실체를 구성하며 물체 속에서 능동성 원리가 된다.[37] 각 실체는 자체의 능동성 원리 또는 실체 형상을 지

---

34) L. Loemker(ed.), G. W. Leibniz: Philosophical Papers and Letters, p. 96.
35) C. Mercer and R. Sleigh, "Metaphysics: The Early Period to the Discourse on Metaphysics", p. 118.
36) G. Leibniz, Reflections on the Advancement of True Metaphysics and Particularly on the Nature of Substances Explained by Force, trans. R. Francks and R. Woolhouse, G. W. Leibniz: Philosophical Texts, Oxford: Oxford University Press, 1998, p. 142.; G. Leibniz, Monadology, pp. 273, 277, 278.
37) C. Mercer and R. Sleigh, "Metaphysics: The Early Period to the Discourse on Metaphysics", pp. 76~79.

니고 이 원리가 물질 원리와 함께 실체의 단일한 본성을 이룬다.

『형이상학 서설』에서 라이프니츠는 실체가 자기 충족적이어야 한다는 원리를 계승해 실체를 완전 개념 이론으로 설명한다. 개별 실체의 본성은 완전한 개념을 가져서 이 개념이 속한 주어에서 모든 술어를 연역할 수 있어야 한다. 개별 실체의 주어를 완벽하게 이해한 사람은 그 주어에 속한 모든 술어도 알 수 있어야 한다는 뜻이다.[38]

라이프니츠의 실체 개념이 진화하는 둘째 단계에서 완전 개념 이론은 거의 자취를 감춘다. 그의 실체 개념이 1690년대에 지니는 특징은 실체의 능동성activity을 강조하는 것이다. 『새 체계』에서 라이프니츠는 아리스토텔레스의 속박에서 벗어났을 때 처음에는 원자와 진공을 인정하는 기계론을 선호했지만 다시 생각해 보니 수동적이기만 한 물질에서 진정한 단일체unity의 원리를 발견할 수 없다는 점을 깨달았다고 밝힌다. 물질 사물은 분할 가능하므로 다수multiplicity를 구성하는 진정한 단일체라고 할 수 없다.

라이프니츠는 이미 많은 비난을 받은 아리스토텔레스의 실체 형상 개념에서 올바른 용법과 그릇된 용법을 구분해 이 개념을 '소생하고', '재건하는'[39] 작업이 필요하다고 생각한다. 그가 실체 형상 개념의 그릇된 용법으로 보는 것은 일반 원리를 다루는 형이상학이 아니라 자연의 특수한 문제를 다루는 자연학에 이 개념을 도입하는 것이며, 실체 형상 개념에서 소생하고 재건하는 요소는 그 본성이 능동적 힘이라는 것이다.

---

38) G. Leibniz, Discourse on Metaphysics, pp. 59~60.
39) G. Leibniz, New System of the Nature of Substances and their Communication, and of the Union Which Exists between the Soul and the Body, trans. R. Francks and R. Woolhouse, G. W. Leibniz: Philosophical Texts, Oxford: Oxford University Press, 1998, p. 145.

아리스토텔레스는 그들(실체 형상들)을 '제1완성태들' first entelechies이라 부른다. 나는 좀더 이해하기 쉽게 그들을 '1차 힘들' primary forces이라 부를 것이다. 이 힘들은 '현실성' actuality, 즉 가능성의 단순한 충족뿐 아니라 원천적인 '능동성' activity도 포함한다.[40]

왜 1690년대에 라이프니츠의 실체 개념은 완전 개념 이론을 버리고 실체의 능동성을 강조하는 방향으로 변할까? 근대 철학 연구자 러더퍼드 D. Rutherford에 따르면 라이프니츠가 이 시기에 동력학, 즉 물질 사물의 힘과 작용을 설명하는 이론에 점점 더 많은 관심을 기울이기 때문이다.[41] 완전 개념은 실체의 상태들의 질서와 인과 관계를 이해하는 실마리를 제공하지 않는다. 실체의 본성이 힘이라면 실체의 본성을 표상하는 가장 적합한 장치는 완전 개념이 아니라 실체의 작용들에 관한 법칙이다. 라이프니츠의 관심은 1680년대의 전통 논리학과 형이상학에서 1690년대에는 실체의 작용 법칙을 밝히는 동력학 프로젝트로 초점이 옮겨 간다. 라이프니츠는 『참된 형이상학의 진보』에서 다음과 같이 말한다.

내가 '동력학'이라 부를 수 있는 특별한 과학을 배정한 '힘'에 대한 고찰은 실체의 본성을 이해하는 데 큰 도움을 준다. 이 능동적 힘은 스콜라 철학의 '기능' faculty과 다르다. 기능은 작용의 근접한 가능성일 뿐이며 그 자체로는 말하자면 죽은 것이고 만일 외부의 어떤 것이 자극하지 않으면 비능동적인 것이다. 그러나 능동적 힘은 완성태 또는 능동성을 포함한다. 이 힘은 기능과 작용의 중간이며 자체 안에 어떤 노력 또는 코나

---

40) G. Leibniz, New System of the Nature of Substances and their Communication, and of the Union Which Exists between the Soul and the Body, p. 146.
41) D. Rutherford, "Metaphysics: The Late Period", pp. 126~127.

투스를 포함한다. 이 힘은 방해하는 것이 없으면 도와주지 않더라도 스스로 작용한다.[42]

라이프니츠는 스콜라 철학의 '기능'이 작용의 가능태dynamis라면 힘은 작용의 완성태 또는 현실태energeia이거나 이를 향한 중간의 능동성이라고 말한다. 가능태와 현실태 또는 완성태는 아리스토텔레스가 사물의 변화나 생성을 설명하기 위해 사용한 개념이다. 사물의 변화나 생성은 가능태가 현실태 또는 완성태로 바뀌는 것이다. 예를 들어 어린이가 어른으로 자라면 어린이는 어른이 될 가능태이고 어른은 어린이가 변한 현실태 또는 완성태다. 능동적 힘은 현실태 또는 완성태로서 스스로 작용하거나 가능태로서 기능을 현실태 또는 완성태로서 작용으로 바꾼다. 그리고 스스로 작용하는 능동적 힘이 실체의 본성이다. 따라서 실체는 자기 상태의 생산을 다른 어떤 창조된 존재에도 의존하지 않는다는 뜻에서 자발적spontaneous이다.

라이프니츠는 물체의 힘을 다루는 동력학이 실체를 다루는 형이상학에 도움을 준다고 주장한다. 이 주장은 중요하다. 왜냐하면 그가 데카르트를 비판하면서 물체의 운동을 다루는 자연학이 힘에 대한 형이상학 사유를 바탕으로 삼아야 한다고 기회 있을 때마다 강조한 것을 고려하면 이 주장은 라이프니츠의 철학 체계에서 자연학 또는 동력학과 형이상학의 관계가 일방향이 아니라 양방향이라는 것을 시사하기 때문이다. 자연학이 형이상학에 기초해야 하지만 동력학도 형이상학을 도울 수 있다. 힘에 관한 동력학 고찰이 그의 형이상학에 어떤 영향을 미칠까? 『모나드 이론』에서 실체 개념의 진화를 살펴본 뒤 이 문제에도 접근해 보자.

---

42) G. Leibniz, Reflections on the Advancement of True Metaphysics and Particularly on the Nature of Substances Explained by Force, p. 141.

2) 모나드의 지각

『모나드 이론』에서 실체 개념의 진화가 보여 주는 매우 뚜렷한 변이들 가운데 하나는 지각perception 개념이 중요한 역할을 한다는 점이다. 그리고 이 변이의 현대식 표현형은 라이프니츠가 『모나드 이론』에서 물체의 실체성을 부정한다고 해석하는 현상론이다. 현상론에 따르면 물체는 모나드의 지각의 산물일 뿐이다. 또 실체의 능동성과 수동성도 모나드의 지각의 상대적으로 분명하고 혼란된 정도로 설명되고 우주의 예정 조화나 영혼과 몸의 일치도 같은 우주를 표상하는 모나드의 지각들 사이의 조화나 일치로 설명된다. 그러나 나는 라이프니츠의 지각 개념이 의미가 분명하지 않다고 생각한다. 지각은 모나드의 작용과 그 산물을 엄밀하게 구별하지 않고 포괄하기 때문이다.

라이프니츠는 모나드의 지각을 '단일체 또는 단순 실체 안에 다수를 포함하고 표상하는 일시적 상태'[43]라고 정의한다. 이 정의에서 단일체는 라이프니츠가 초기부터 실체를 가리키는 데 사용한 개념이다. 그가 44세 때인 1690년부터 사용한 '모나드'가 '하나' 또는 '단위'를 의미하는 그리스어 '모나스' monas에서 유래한 것을 고려하면 단일체는 모나드를 표현하는 데 여전히 유효한 개념이다. 모나드의 다른 이름은 단순 실체이고 단순하다는 것은 부분들이 없다는 뜻이기 때문이다.

단일체 또는 단순 실체는 부분들이 없는데 어떻게 다수를 포함하고 표상할[44] 수 있을까? 그 이유는 단순 실체도 변하기 때문이다. 라이프니츠에 따르면 모나드가 변한다는 것은 창조된 모든 사물이 변한다는 전제에서 나오는 귀결이다. 또 그에게 변화는 비약이 없고 연속적이다. 라이프니츠의 연속성 원리에 따르면 사물은 한 상태에서 다른 상태로 바뀔 때

---

43) G. Leibniz, Monadology, p. 269.

중간에 있는 무한히 많은 상태를 아무리 짧은 시간 동안이더라도 모두 거쳐야 한다. 따라서 모나드의 연속적 변화도 무한히 많은 상태를 가질 수 있다. 모나드의 무한히 많은 일시적 상태가 바로 지각이다.

그러나 창조된 모든 사물이 변하기 때문에 모나드도 변하고 따라서 그 일시적 상태인 지각이 성립한다는 설명만으로는 지각의 정의를 이해하는 데 부족하다. 모나드의 변화는 몇 가지 다른 특성도 지닌다. 첫째, 모나드의 변화는 양의 변화가 아니라 질의 변화다.[45] 모나드는 부분들이 없기 때문에 연장도 없고 모양도 없고 분할할 수도 없다. 따라서 모나드는 양화할 수 있는 속성을 가질 수 없다. 그러나 모나드는 독특한 질을 가져야 한다. 그렇지 않으면 사물의 변화를 모나드에 기초해 설명할 길이 없기 때문이다. 라이프니츠는 자연에 완벽하게 닮은 두 존재가 있을 수 없다는 원리, 더 정확하게는 만일 A에 대해 참인 모든 것이 B에 대해서도 참이면 A와 B는 예를 들어 '샛별'과 '금성'처럼 동일한 것의 서로 다른 이름일 뿐이라는 "분별 불가능한 것들의 동일성 원리"에 기초해 각 모나드는 다른 모든 모나드와 구별되는 독특한 조합의 질들을 가져야 한다고 주장한다.

둘째, 모나드는 외부의 다른 모나드가 영향을 미칠 통로가 없기 때문에 모나드의 변화는 내부 원리에 의해 일어난다.[46] 그러나 모나드는 부분들이 없기 때문에 합성체처럼 내부에서 부분들이 재배열하거나 부분들이

---

44) 데카르트와 로크에 따르면 표상한다는 것은 대상이 우리 마음에 재현된다는 것이며 대상 자체가 아니라 표상 또는 우리 마음에 재현된 관념이 지각의 대상이다. 라이프니츠의 경우 단순 실체가 다수를 포함하고 표상한다는 것은 단순 실체가 지각하는 대상이 그 실체에 재현된 관념이라고 보면 이해할 수 있다. 단순 실체에 재현된 대상의 관념은 같은 대상이더라도 여럿일 수 있고 이때 단순 실체는 그 대상의 여러 관념을 포함하고 표상한다. 지각에 관한 인식론 논의는 다음을 참고. 서양 근대 철학회, 『서양 근대 철학의 열 가지 쟁점』, 130~146쪽.
45) G. Leibniz, Monadology, pp. 268~269.

다르게 움직이는 방식으로 변할 수 없다. 또 모나드가 내부에서 다른 창조된 사물에 의해 변한다고 생각할 수도 없다. 이는 모나드의 변화가 내부 원리에 의해 일어난다는 견해와 모순되지 않는다. 라이프니츠가 생각할 수 없다고 말한 변화는 모나드 또는 부분 자체의 내부 원리가 아니라 부분들 사이의 원리 또는 각 부분에 대해 다른 부분과 같은 외부의 원리에 의해 일어나는 변화이기 때문이다.

셋째, 모나드의 내부 원리에서 비롯하는 변화는 "세부 규정"a detailed specification을 가진다.[47] 모나드의 변화의 세부 규정은 각 모나드의 특수성과 다양성을 규정하는 요소이므로 각 모나드를 다른 모든 모나드와 구별해 주는 독특한 조합의 질들과 다르지 않다. 또 변화의 세부 규정은 모나드 안에서 모나드의 모든 변화에 대한 충분한 이유를 제공하는 것이므로[48] 초기 형이상학의 용어로는 "완전 개념"과 같다고 볼 수 있다. 어떤 실체의 완전 개념은 그 실체가 가지는 모든 술어를 포함하며 두 실체의 완전 개념이 모든 술어를 공유할 가능성은 없다는 점에서 변화의 세부 규정과 일치한다.

라이프니츠는 모나드의 변화의 세부 규정을 "단일체 안의 다수성"a multiplicity within a unity이라 표현하고 이 다수성을 "여러 가지 변양affections 또는 관계relations"라고 규정한다.[49] 이 규정을 단일체 안에 다수를 포함하고 표상하는 일시적 상태가 모나드의 지각이라는 정의에 대입하면 모나드의 지각 또는 그 지각의 대상은 모나드의 여러 가지 변양 또는 관계라는 정식이 성립한다. 이 정식의 의미는 무엇일까?

---

46) G. Leibniz, Monadology, p. 268.
47) G. Leibniz, Monadology, p. 269.
48) G. Leibniz, Monadology, p. 273.
49) G. Leibniz, Monadology, p. 269.

변양의 라틴어 '아펙티오' affectio는 일반적으로 감수성을 지닌 존재의 감각이나 감정을 가리키는 말이며 '정서'라고 번역할 수 있다.[50] 그러나 아펙티오는 감수성을 지닌 존재를 넘어 물리 대상에 있는 어떤 것을 포괄하는 개념으로 확장될 수 있고 이때 아펙티오는 '작용' affectus의 산물을 의미하며 '변양'이라고 번역할 수 있다. 라이프니츠의 변양도 감각 존재에 제한된 개념이 아니다. 그는 변양을 지각과 아예 동일시하기도 한다.[51] 지각은 사람과 동물을 제외한 나머지 모든 존재의 지각도 포함한다. 라이프니츠는 '완성태'가 지닌 무의식적 "미소 지각" small perception을 사람의 '정신' mind, 동물의 '영혼' soul과 구별한다.[52]

데카르트는 실체의 속성을 본성 nature과 양태 mode로 구분한다. 양태는 불변하는 본성 대신 실체가 현실에서 변하는 측면을 표현하는 개념이다. 예를 들어 물체의 불변하는 본성은 연장이고 물체가 현실에서 변하는 측면은 연장의 양태들인 크기, 모양, 운동 등의 개념으로 표현된다. 데카르트에 따르면 연장의 양태들은 모두 수동적이지만 정신의 본성인 사유의 양태들 가운데 이성, 의지는 능동적이고 감각, 정념은 수동적이다. 스피노자의 철학에서 변양은 양태와 뜻이 같은 말이다. 그러나 스피노자의 변양 또는 양태는 데카르트처럼 본성의 양태가 아니라 실체의 양태다. 그리고 스피노자의 철학에서 진정한 실체는 신뿐이고 정신이나 물체는 이 실체의 양태이므로 실체가 생산한 양태는 모두 수동적인 것이다.

근대 철학사의 맥락에서 보면 라이프니츠의 변양은 실체의 본성과

---

50) 정서는 보통 감각적 존재가 외부 사물의 작용을 받을 때, 예를 들어 빛이 망막을 때리거나 굉장히 큰 소음이 고막을 울릴 때 일어나기 때문에 수동적이다. 사람의 경우 정서는 이성 추리나 자유 의지와 같은 정신의 작용(action)과 대비되는 것이다. 그래서 데카르트는 『정념론』에서 정서를 '정념'(passion)과 같은 뜻으로 사용한다.
51) G. Leibniz, Monadology, pp. 270~271.
52) G. Leibniz, Monadology, p. 270.

대비되는 양태로 이해할 수 있다. 그러나 라이프니츠의 변양은 스피노자의 양태처럼 수동적이기만 한 것이 아니라 능동적이기도 하다. 라이프니츠는 모나드가 분명한 지각을 가지면 능동성을 속성으로 부여하고 혼란된 지각을 가지면 수동성을 속성으로 부여하기 때문이다.

라이프니츠의 지각 개념은 모나드의 작용과 그 산물인 변양을 모두 포괄한다. 모나드의 본성과 양태가 모두 모나드 밖으로 벗어날 수 없기 때문이다. 그래서 라이프니츠는 아예 변양을 지각과 동일시하기도 한다.[53] 모나드의 본성과 양태가 모두 모나드 안에 있다면 본성의 작용과 그 산물로서 양태는 마치 우리의 마음이 표상하는 작용도 지각이라 부르고 우리의 마음에 표상된 산물도 지각이라 부르듯이 서로 구별하지 않을 수도 있다.

그러나 지각을 모나드의 작용으로 보고 변양을 이 작용의 산물로 엄밀하게 구분하면 라이프니츠가 지각과 변양을 동일시하는 것은 잘못이다. 실체의 작용이 실체의 본성에서 비롯하는 것이라면 그 산물인 변양은 아리스토텔레스주의 철학의 용어로는 형상과 대비되는 '우유성'accident이라 할 수 있다. 라이프니츠는 『모나드 이론』에서 양태 개념을 사용하지 않지만 우유성 개념은 한 차례 사용한다.

> 모나드는 어떤 것이 들어오거나 나갈 창이 없다. 우유성은 스콜라 철학자들의 감각 상sensible species처럼 실체에서 분리되어 실체 바깥에서 어슬렁거릴 수 없다. 실체도 우유성도 외부에서 모나드 안으로 들어올 수 없다.[54]

---

53) G. Leibniz, Monadology, p. 270.
54) G. Leibniz, Monadology, p. 268.

아리스토텔레스와 스콜라 철학자들의 '유입' influx 이론에 따르면 감각 상은 물질 대상에서 방출되고 영혼에 전달되어 지각을 낳는다. 감각 상에 영혼의 추상 능력이 작동하면 지성 상intelligible species이 형성되고 이 지성 상이 바로 형상이다. 그러나 라이프니츠에 따르면 모나드에는 어떤 것이 들어오거나 나갈 창이 없고 영혼에도 감각 상이나 지성 상이 통과할 창이 없다. 그러므로 모나드의 형상과 우유성은 외부에서 들어올 수 없고 이미 모나드 속에 모두 있다. 모나드 속에 이미 있는 형상은 라이프니츠가 모나드의 유일한 내부 작용이라고 말한 지각[55]이고 모든 우유성은 이 작용의 산물로서 모나드의 변화의 세부 규정이며 여러 가지 변양이라고 볼 수 있다.

한편 라이프니츠는 모나드의 변화의 세부 규정이 단일체 안의 다수성이고 다수성이 여러 가지 관계라고도 주장하는데 그 근거는 무엇일까? 그에 따르면 모나드는 창이 없으므로 모나드들 사이에는 직접 상호 작용이 있을 수 없다. 그러나 신이 모나드들 사이에 최선의 가능한 조합을 선택했다는 라이프니츠의 우주 조화 이론에 따르면 모나드들은 서로 작용하고 일치한다. 서로 모순인 듯한 이 두 가지 주장이 양립할 수 있게 만드는 것도 모나드의 지각 개념이다.

모나드가 분명한 지각을 가질 때 능동적이고 혼란된 지각을 가질 때 수동적이라는 주장은 어떤 모나드가 능동적이고 다른 모나드는 수동적이라는 것이 아니라 각 모나드가 능동적이면서도 수동적이라는 것을 의미한다. 라이프니츠에 따르면 어떤 모나드가 분명한 지각을 가진다는 것은

---

55) 라이프니츠는 "단순 실체의 '내부 작용'을 구성하는 것은 지각과 그 변화뿐이다"고 말하고 지각의 변화를 욕구(appetition)라고 부른다. 욕구는 한 지각이 더 분명한 다른 지각으로 이행하는 것을 의미한다. 여기서는 욕구를 지각의 함수로 보고 단순 실체의 내부 작용 원리를 지각으로 통합한다. G. Leibniz, Monadology, pp. 269~270.

다른 모나드의 변화를 설명하는 충분한 이유를 자기 안에 가진다는 뜻이다.[56] 어떤 모나드 1이 다른 모나드 2의 변화를 설명하는 충분한 이유를 자기 안에 가지면 모나드 1은 모나드 2에 비해 더 분명한 지각을 가진다. 그러나 모나드 1이 또 다른 모나드 3의 변화를 설명하는 충분한 이유를 자기 안에 가지지 않을 수 있고 오히려 모나드 1의 변화가 모나드 3에 의해 설명될 수도 있다. 이때 모나드 1은 모나드 3에 비해 더 혼란된 지각을 가지고 모나드 3이 모나드 1에 비해 더 분명한 지각을 가진다. 이와 같이 각 모나드는 다른 모든 모나드와 관계를 상대적으로 분명하거나 혼란된 지각으로 표현하기 때문에 우주 전체를 반영한다.

그러나 각 모나드는 우주를 서로 다르게 반영한다. 이는 모나드 1이 모나드 2와 관계를 분명한 지각으로 표현하고 모나드 3과 관계를 혼란된 지각으로 표현하지만, 모나드 2는 모나드 1과 관계를 혼란된 지각으로 표현하고 모나드 3과 관계를 분명한 지각으로 표현할 수 있다는 뜻이다. 그러나 어떤 시점에서 모든 모나드의 지각들 사이에는 분명한 지각과 혼란된 지각의 상대적 관계 전체가 하나만 성립한다. 이러한 뜻에서 라이프니츠에 따르면 모든 모나드의 지각들은 일치하고 각 모나드는 우주의 거울이다.

> 이제 이 '상호 연관' interconnection, 모든 창조된 사물이 이렇게 서로 일치하고 각 사물이 다른 모든 사물과 일치하는 것은 각 단순 실체가 다른 모든 것을 표현하는 관계를 가지고 따라서 우주의 영원히 살아 있는 거울이라는 것을 의미한다.[57]

---

56) G. Leibniz, Monadology, p. 274.
57) G. Leibniz, Monadology, p. 275.

3) 모나드 이론에서 동력학의 흔적

라이프니츠의 지각 개념이 모나드의 작용과 그 산물인 변양을 모두 포함하고 각 모나드가 다른 모든 모나드와 맺는 관계도 표현한다면 영혼과 몸의 관계, 즉 영혼과 몸의 통일 또는 일치도 지각들의 함수로 환원될 수 있다. 라이프니츠는 스콜라 철학자들이 몸 또는 물체에서 완전히 분리된 detached 영혼이 있다고 믿는 까닭은 우리가 기절한 시간 동안 의식하지 못하는 지각처럼 통각되지 apperceived 않는 "미소 지각"이 있다는 것을 모르기 때문이라고 비판한다.[58]

라이프니츠는 넓은 의미에서 지각을 가진 모든 것을 영혼이라 부른다면 창조된 모든 모나드가 영혼이라고 말한다. 그러나 라이프니츠는 세 종류의 존재, 즉 통각되지 않는 "미소 지각"만을 가진 존재, 감각과 감정과 기억 등 분명한 지각을 가진 존재, 자의식과 이성을 가진 사람이나 사람보다 상위의 천사와 같은 존재를 구별해 각각의 영혼을 완성태, (동물) 영혼, 정신이라 부르기도 한다.[59] 영혼이 몸과 분리될 수 없게 통일되어 있다는 것은 영혼이 몸 안에 있다는 뜻도 아니고 영혼과 몸이 인과 관계를 맺는다는 뜻도 아니다. 신을 제외한 모든 존재가 몸을 가지고 있으며 몸이 그 완성태와 결합해 생물을 이루고 영혼과 결합해 동물을 이루며 정신과 결합해 사람과 그 이상의 존재를 이룬다는 뜻이다.

그에 따르면 영혼과 몸의 통일 또는 일치는 둘이 서로 주고받는 영향 때문이 아니라 제각기 전 우주를 표상하게 창조한 신 때문에 가능하다. 영혼은 자신의 목적인 법칙에 따라 우주를 표상하고 몸도 자신의 작용인 법칙에 따라 우주를 표상한다. 영혼의 표상은 목적을 추구하고 몸의 표상

---

58) G. Leibniz, Monadology, p. 269.
59) G. Leibniz, Monadology, pp. 270, 272.

은 원인과 결과의 관계에 따른다. 그러나 신이 창조한 우주는 똑같은 하나이기 때문에 영혼과 몸의 우주 표상은 일치한다. 창조된 각 모나드는 다른 모든 모나드와 관계를 자기 안에서 분명한 지각과 혼란된 지각으로 표현하는 우주의 거울이다.[60]

한편 라이프니츠는 넓은 의미에서 영혼을 의미하는 각 모나드가 자신에게 속한 몸을 더 분명하게 지각한다고 주장하는데, 그 이유가 흥미롭다.

> 그 몸이 플레눔 안에서 모든 물질의 상호 연관을 통해 전 우주를 표현하듯이 영혼도 특별히 자신에게 속한 몸을 표상함으로써 전 우주를 표상한다.[61]

플레눔은 진공 없이 거시 물체와 미시 입자로 꽉 찬 공간이다. 라이프니츠에 따르면 창조된 모나드가 자신에게 속한 몸을 더 분명하게 지각하는 이유는 두 가지다. 첫째, 몸이 전 우주를 표현하고, 둘째, 영혼은 자신의 몸을 표상함으로써 전 우주를 표상하기 때문이다. 그렇다면 전 우주가 영혼에 표상될 수 있게 만드는 것은 몸이므로 몸이 먼저 전 우주를 표현해야 한다. 그래서 라이프니츠는 우주를 표상하는 영혼의 지각뿐 아니라 이 표상을 가능하게 해주는 몸에도 질서가 있어야 한다고 주장한다.[62]

그러나 몸이 전 우주를 표현한다는 주장이 정확하게 무엇을 의미할까? 라이프니츠가 몸이 전 우주를 표현하는 단계를 영혼이 자신의 몸을 표상하는 단계와 굳이 구분하는 것은 몸뿐 아니라 미세한 물질 입자도 이

---

60) G. Leibniz, Monadology, p. 279.
61) G. Leibniz, Monadology, pp. 276~277.
62) G. Leibniz, Monadology, p. 277.

미 자신의 영혼 또는 완성태와 통일되어 있기 때문에 이 영혼이나 완성태가 전 우주를 지각한다는 뜻이라고 해석할 수 있다. 물체로 꽉 찬 플레눔 안에서 모든 물체는 직접이든 간접이든 서로 접촉하고 한 물체가 움직이면 다른 모든 물체도 움직인다. 그렇다면 몸은 영혼과 따로 전 우주를 플레눔 안에서 물체들의 접촉 관계로 표상한다. 그리고 영혼은 자신에게 속한 몸의 전 우주 표상을 다시 표상함으로써 전 우주를 지각할 수 있다. 진공을 부정하고 플레눔 안에서 물체들의 상호 연관을 주장하는 것은 라이프니츠의 동력학 원리에 속한다. 따라서 라이프니츠의 동력학 원리는 영혼의 지각에 대한 형이상학 원리의 전제가 된다.

나는 앞에서 라이프니츠가 동력학이라 부른 힘에 대한 고찰이 실체의 본성을 이해하는 데 큰 도움을 준다고 주장하는 글을 인용하면서 그의 형이상학과 동력학의 관계가 일방향이 아니라 양방향이라고 말했다. 『모나드 이론』에는 플레눔에 관한 동력학 원리 외에도 라이프니츠의 형이상학 원리가 동력학 원리의 영향을 받는다는 점을 보여 주는 글이 있다.

데카르트는 물질에서 힘의 양은 언제나 똑같기 때문에 영혼이 물체에 힘을 가할 수 없다고 인정했지만 영혼이 물체의 방향을 바꿀 수 있다고 생각했다. 그러나 그 이유는 물질에서 총 방향이 똑같이 보존된다는 자연 법칙이 그 시절에는 아직 발견되지 않았기 때문이다. 만일 이 법칙을 알았다면 그도 나의 예정 조화 체계를 결론으로 얻었을 것이다.[68]

라이프니츠는 데카르트도 영혼과 몸이 서로 영향을 주고받을 수 없다는 것을 안다고 평가한다. 데카르트는 물체에서 힘의 양이 보존된다고 주장하기 때문이다. 데카르트가 보존된다고 주장하는 양은 정확하게 힘의 양이 아니라 운동량이다. 그러나 라이프니츠는 운동량이 아니라 힘이 보존된다는 자신의 원리를 데카르트의 보존 원리와 결합해서 운동량 대신 힘의 양이라고 표현한다. 라이프니츠에 따르면 데카르트의 오류는 예를 들어 의지에 따른 행위처럼 영혼이 몸의 방향을 바꿀 수 있다고 생각한 것이다. 라이프니츠는 물체에서 힘의 총량뿐 아니라 운동 방향의 총량도 보존되기 때문에 영혼은 몸의 운동 방향에도 영향을 미칠 수 없다고 주장한다. 라이프니츠는 데카르트가 운동 방향의 보존까지 알았으면 영혼과 몸이 제각기 따로 우주를 표상하지만 우주는 하나이기 때문에 영혼과 몸의 우주 표상이 일치한다는 예정 조화 원리에 이를 수 있었을 것이라고 아쉬워한다.

라이프니츠는 물체에서 힘과 방향의 보존 원리를 몸이 자신의 법칙에 따라 영혼과 따로 우주를 표상한다고 주장하는 근거로 사용한다. 『모나드 이론』에서 형이상학의 예정 조화 원리는 힘과 방향의 보존이라는 동력학 원리에 의존하는 측면이 있다. 그래서 영혼과 예정 조화를 이루는 몸은 이미 동물이나 사람에 한정되지 않고 모든 물체로 확장되어 있다.

> 모든 것은 꽉 차 있고 그래서 모든 물질은 서로 얽혀 있다. 이런 플레눔 안에서 모든 운동은 떨어져 있는 물체들에게 거리에 비례해서 효과를 미치지 않을 수 없다. 모든 물체는 접촉하고 있는 다른 물체들에게 영향을 받고 …… 이런 소통은 얼마든지 뻗어 나간다. 그 결과 모든 물체는 우주에서 일어나는 모든 일의 효과를 감지한다. …… 따라서 우리는 물질의 가장 작은 입자 속에도 피조물들, 즉 생물, 동물, 완성태, 영혼의 세계가 있다는 것을 알 수 있다.[64]

---

63) G. Leibniz, Monadology, p. 279.
64) G. Leibniz, Monadology, pp. 276~277.

『동력학 요약』에서 라이프니츠의 동력학은 물체에 내재하는 능동적 힘을 인정하는 능동적 물체론 위에 서 있다. 이 능동적 물체론은 『모나드 이론』에서 물체가 영혼과 따로 자신의 법칙에 따라 다른 모든 물체와 영향을 주고받고 다른 모든 물체와 맺는 관계를 표상한다는 주장에 흔적을 남긴다. 모든 물체가 다른 모든 물체와 영향을 주고받는다는 주장은 『동력학 요약』에서 물체들이 파생 능동 힘인 살아 있는 힘과 파생 수동 힘인 저항의 힘을 가지고 서로 충돌한다는 주장을 계승한다. 『모나드 이론』은 『동력학 이론』의 이 주장에 물체가 다른 모든 물체와 주고받는 영향을 영혼과 따로 지각할 수 있다는 주장을 더한다.

　　라이프니츠는 『모나드 이론』에서 형이상학 원리와 실체 개념의 주도권을 강하게 확립한다. 『모나드 이론』은 모나드만이 실체이고 모나드의 지각이 우주의 예정 조화의 토대라고 주장하는 점에서 강력한 환원주의 형이상학을 보여 준다. 그러나 『모나드 이론』에서 동력학 원리가 형이상학 원리의 전제로 나타나는 몇몇 주장은 형이상학에 대한 동력학의 자율성autonomy도 조금이나마 보여 준다.

　　물체는 실체일까? 나는 형이상학과 과학의 성격이 섞여 있는 라이프니츠의 동력학에서 과학을 뒷받침하는 형이상학 기초라는 뜻에서 그의 물질론을 능동적 물체론으로 재구성했다. 또 나는 라이프니츠의 실체 개념의 진화를 살펴보면서 그의 형이상학이 성장하는 데 동력학이 미친 영향을 추적했다. 나는 이 두 가지 작업이 물체의 실체성 문제에 대해서도 시사하는 점이 있다고 생각한다.

　　만일 라이프니츠가 물체의 실체성 문제를 적어도 처음 형이상학을 정식화한 1680년대 또는 동력학을 체계화한 1690년대까지 회피한다면 그 이유가 무엇일까? 한 가지 이유는 라이프니츠에게 물체가 실체냐 아니냐는 문제보다 물체의 본성이 능동적이냐 수동적이냐는 문제가 더 중요하기 때문이다.

　데카르트는 물체의 존재를 증명함으로써 물체의 실체성을 분명하게 주장한다. 데카르트가 물체의 존재를 증명하는 이유는 두 가지다. 첫째, 그는 자연학을 기하학과 구분하기 위해 물체의 존재를 증명한다. 그는 물체의 존재를 증명함으로써 기하학의 대상인 가능한 물체들 사이의 필연적 관계와 달리 존재하는 물체들 사이의 필연적 관계를 자연학의 대상으로 확립하기 때문이다. 둘째, 데카르트는 물체의 존재를 증명함으로써 자연학을 수학화할 수 있는 토대를 마련한다. 그가 물체의 존재를 증명하기 위해 전제한 정신과 물체의 구분은 자연학이 물체에서 탐구해야 할 대상이 연장의 양태들인 물체의 크기, 모양, 운동 등 기하학으로 다룰 수 있는 성질들이라는 것을 밝혀 주기 때문이다.[65]

　나는 데카르트가 물체의 존재를 증명하는 두 가지 이유에 비추어 볼 때 라이프니츠의 동력학에서 둘째 이유는 중요하지만 첫 이유는 중요하지 않다고 생각한다. 능동적 물체론의 관점에 따르면 물체의 본성이 능동적이냐 수동적이냐는 문제가 가장 중요하고 물체가 가능한 것이냐 존재하는 것이냐는 문제는 부차적이다.[66]

　『모나드 이론』에 남아 있는 동력학 원리의 흔적은 물체의 실체성 문제에 대해 무엇을 시사할까? 동력학은 물체 개념을 통해 형이상학의 실체 개념에 영향을 미친다는 뜻에서 형이상학에 대해 자율성을 가질 수 있다. 라이프니츠의 형이상학에서 영혼과 몸의 예정 조화 원리도 물체의 힘과 방향의 보존이라는 동력학 원리에 기초하는 측면이 있다. 물체는 힘과 방향이 보존되기 때문에 자기 상태의 생산을 다른 존재, 특히 다른 영혼

---

65) 김성환, 「데카르트의 철학 체계에서 형이상학과 과학의 관계」, 52~60쪽.
66) 김성환, 「데카르트의 철학 체계에서 형이상학과 과학의 관계」, 58쪽.

에 의존하지 않는다는 뜻에서 자발성spontaneity을 가진다. 동력학의 자율성은 물체의 자발성을 함축할 수 있다. 그리고 자발성은 적어도 라이프니츠의 1690년대 형이상학에 따르면 스스로 작용하는 능동 힘에서 비롯하는 실체의 조건이다.

3. 신비주의 전통의 계승

1) 다양한 신비주의 전통의 영향

뉴턴과는 별도로 힘 개념을 역학에 도입하고 힘의 법칙을 연구하는 과학을 처음 동력학이라 부른 라이프니츠는 최근 연구에 따르면 스콜라 철학, 르네상스 자연 마술, 여러 종교에서 많은 지식 전통을 흡수한다. 라이프니츠는 인간의 정신 생활에 대해 왕성한 관심을 가지고 많은 견해의 대표자들과 만난다. 그는 독일의 신비주의 철학자 야콥 뵈메J. Böhme, 1525~1624의 추종자들, 16세기의 의사이며 연금술사인 얀 판 헬몬트Jan B. van Helmont, 1577~1644와 아들 프란시스 판 헬몬트 같은 신지학자들, 케임브리지 플라톤주의자들의 사상에 관심을 가진다. 또 그는 유대교 신비주의인 카발라의 저술을 처음 라틴어로 옮긴 크노르 폰 로젠로스Knorr von Rosenroth, 1631~1689와 만나 4주 동안 카발라에 관해 논의한다. 라이프니츠는 중국 철학에 관심을 가지고 중국에 머문 예수회 신부들과 편지를 주고받기도 한다.[67]

우선 라이프니츠는 스콜라 철학의 전통을 이어받는다. 그는 1660년대부터 연장이 물체의 본성이라는 데카르트의 견해를 비판하고 '모나드'

---

67) R. Popkin, "Introduction", eds. A. Coudert, R. Popkin, and G. Weiner, Leibniz, Mysticism and Religion, Boston: Kluwer Academic Publishers, 1998, p. ix.

개념을 확립하기 이전 1680년대와 1690년대에 "실체 형상", "제1질료" 등의 개념을 도입하면서 아리스토텔레스주의 전통을 되살리려 한다.

러더퍼드에 따르면 라이프니츠의 철학은 기독교 신비주의의 뿌리이기도 한 플라톤주의와 신플라톤주의의 관점들을 구현한다. 라이프니츠는 자기 충족적 존재, 곧 진정한 실재의 조건을 사유하기 위해 플라톤주의에서 실재와 현상의 구분을 받아들인다. 또 그는 신플라톤주의에서 신에 대한 본유 관념 이론을 받아들인다. 라이프니츠는 신플라톤주의를 창시한 이집트 출신 로마 철학자 플로티노스Plotinos, 205?~270를 좇아 사람은 오성을 신의 오성의 '유출' emanation에서 얻기 때문에 태어날 때부터 신의 관념을 지닌다고 주장한다.[68]

근대 철학 연구자 브라운S. Brown에 따르면 실체에 대한 라이프니츠의 견해는 연금술을 시사하는 몇 가지 형이상학 관념의 영향을 받는다. 라이프니츠는 초기에 모든 실체가 본질 또는 '꽃'이라는 뜻의 '플로스' flos를 가지고 있으며 플로스는 몸의 변화와 파괴 뒤에도 살아남는다고 주장한다. 플로스는 연금술에서 흔한 용어이고 "실체 플로스"flos substantiae는 '증류' distillation로 얻는 사물의 본질 또는 정수다. 라이프니츠는 플로스를 형상과 동일시하면서 얀 판 헬몬트를 따른다. 라이프니츠의 성숙한 형이상학에서 실체 플로스는 자취를 감추지만 실체 형상이라는 이름으로 남는다.[69]

또 브라운에 따르면 라이프니츠의 모나드 이론은 유대교 신비주의

---

68) D. Rutherford, "Leibniz and Mysticism", eds. A. Coudert, R. Popkin, and G. Weiner, Leibniz, Mysticism and Religion, pp. 25~27.
69) S. Brown, "Some Occult Influences on Leibniz's Monadology", eds. A. Coudert, R. Popkin, and G. Weiner, Leibniz, Mysticism and Religion, pp. 8~12. 라이프니츠의 「추상 운동 이론」(1671)에는 "실체의 샘"(fount), "실체의 꽃" 개념이 등장한다. 그가 생물을 모델로 사용해 실체와 정신의 관계를 생물과 그 조직 원리 사이의 관계로 생각한다는 것을 보여 주는 증거다.

카발라와 공통점이 많다. 카발라는 세계가 하나의 '정신'에서 유출한 것이고 물질은 그림자같이 파생한 것이며 연장은 신이 직접 생산한 영혼 비슷한 사물이 높은 지성 영역에서 하강할 때 얻는 속성이라고 본다. 라이프니츠의 모나드 이론은 완전한 존재인 신이 물질이 아니고 순수 활동이며 세계는 유출을 통해 생겨나고 물질은 파생하며 덜 실재적이라고 인정하는 점에서 카발라와 비슷하다.[70]

라이프니츠는 데카르트가 새 철학 체계를 세우면서 비판하고 배제한 거의 모든 요소를 다시 끌어들인다. 라이프니츠는 아리스토텔레스주의 철학의 실체 형상 개념을 되살리려 할 뿐 아니라 신플라톤주의와 카발라가 공유한 유출 개념을 받아들이고 연금술에서 비롯한 형이상학 관념도 가지고 있다.

2) 모나드 이론과 신비주의

라이프니츠의 모나드 이론은 신비주의의 흔적을 어떻게 담고 있을까? 종교 연구자 쿠더트A. Coudert에 따르면 라이프니츠가 모나드 이론에서 제시한 물체의 실체성을 부정하는 관념은 프란시스 판 헬몬트에게 소개받은 루터주의 카발라에서 흡수한 것이다. 라이프니츠가 통각되지 않는 지각을 가진 모나드를 묘사할 때 사용한 용어인 '잠존' stupor 상태는 얀 판 헬몬트의 철학에서 흔하다. 헬몬트는 물질이 실체가 아니라 정신 실체의 양태일 뿐이라고 주장하면서 물질을 '게으른' sluggish, '죽은' dead, '수축한' contracted, '잠자는' asleep 등의 용어로 묘사하고 이런 상태가 '결여' privation에서 비롯한다고 설명한다. 쿠더트에 따르면 『모나드 이론』에서 라이프니츠는 물질의 결여 상태를 나타내는 헬몬트의 용어를 철학 용어로 번역

---

70) S. Brown, "Some Occult Influences on Leibniz's Monadology", pp. 13~15.

한다. 모나드는 '단일하고' '능동적이며' "지각을 가진다". 그러나 물질은 '수동적이고' '관성적이며' "침투 불가능하다".[71]

쿠더트에 따르면 신비주의 전통, 특히 카발라는 라이프니츠가 물질의 실체성을 부정하고 물질을 능동적인 것이 아니라 수동적인 것으로 보는 데 영향을 미친다. 그렇다면 라이프니츠가 모나드 이론에서 능동적 물체론을 포기한다고 보아야 할까? 물체의 '게으름'은 라이프니츠의 『동력학 요약』에서도 '혐오', '나태' 등의 용어와 함께 등장하지만 물리적으로는 '저항'의 다른 표현이고 따라서 나처럼 능동적 물체론의 한 측면이라고 해석할 수도 있다. 물체의 저항은 수동 힘이지만 물체에 내재하고 외부의 작용에 맞서는 소극적 능동성을 지니기 때문이다.

라이프니츠는 1704년 또는 1705년 데카르트주의 자연 철학자 드 볼더B. de Volder, 1643~1709에게 보낸 편지에서 다음과 같이 말한다. "나는 물체를 쫓아내는 것이 아니라 본래의 것으로 환원한다. 왜냐하면 나는 물체 질량corporeal mass이 실체가 아니라 현상, 유일하게 단일성과 절대 실재성을 지닌 단순 실체에서 결과한 현상이라는 것을 증명했기 때문이다."[72]

이 주장은 물체에 대한 현상론 해석을 결정적으로 뒷받침하는 듯 보인다. 그러나 러더퍼드에 따르면 라이프니츠가 드 볼더에게 보낸 편지 내용 중에는 물체에 대한 비현상론 해석을 뒷받침하는 주장도 있다. 라이프니츠는 드 볼더에게 자기가 옹호한 입장을 오해한다고 비판한다. "나는 어떻게 당신이 내가 말한 것에서 …… '분할 불가능한 단일체들이 물체들의 물질에서는 지칭될 수 없다는 결론을 정당하게 내릴 수 있다'고 추

---

71) A. Coudert, "Leibniz and the Kabbalah", eds. A. Coudert, R. Popkin, and G. Weiner, Leibniz, Mysticism and Religion, pp. 53~54.
72) G. Leibniz, "Letter from Leibniz to de Volder, 1704 or 1705", ed. L. Loemker, G. W. Leibniz : Philosophical Papers and Letters, p. 181.

론하는지 이해할 수 없다. 나는 오히려 반대 결론이 나온다고 생각한다. 즉 물체적 물질 또는 물체적인 것을 구성하는 사물들 속에서 우리는 마치 1차 구성 요소primary constituents와 같은 분할 불가능한 단일체로 되돌아가야 한다."[73]

물질 또는 물체적인 것의 1차 구성 요소는 분할 불가능한 단일체, 곧 모나드다. 물질은 무한히 분할 가능하기 때문에 본질적으로 다수의 사물들이다. 다수는 진정한 단일체들로 구성되어야 하고 진정한 단일체는 모나드다. 따라서 물질 또는 물체적인 것은 모나드로 구성된다.

러더퍼드에 따르면 물체가 모나드들의 합성체라는 주장과 물체가 모나드에 의해 지각된 현상이라는 주장은 구별해야 한다. 물체가 모나드에 의해 지각된 현상이라는 주장은 물체가 모나드에 의해 지각되거나 다수의 물체들이 서로 지각되는 정도에 따라서만 존재할 수 있다는 뜻을 함축하기 때문에 물체의 실체성을 부정하는 현상론 해석을 뒷받침한다. 그러나 물체가 모나드들의 합성체라는 주장은 비현상론 해석의 근거가 될 수 있다. 라이프니츠는 합성에 의한 존재에 모두 '현상'이라는 딱지를 붙이지만 합성체로서 물체의 정체성은 물체들 사이의 지각뿐 아니라 물체의 개별 구성 요소인 모나드에도 의존하기 때문이다. 러더퍼드에 따르면 물체의 실체성 문제에 대해 라이프니츠는 이중의 관점을 채택한다. 라이프니츠는 물체를 모나드에 의해 지각된 현상이라고 보면서도 때로는 물체가 다수의 모나드라고 주장한다.[74]

라이프니츠가 물체를 본래의 단순 실체로 환원하는 작업을 완성하는 모나드 이론에 따르면 모든 모나드는 자신 안에 다수성을 구현하고 표

---

73) D. Rutherford, "Metaphysics: The Late Period", eds. A. Coudert, R. Popkin, and G. Weiner, Leibniz, Mysticism and Religion, p. 145에서 재인용.
74) D. Rutherford, "Metaphysics: The Late Period", p. 147.

상하는 일시적 상태라고 규정되는 지각을 가지고 있다. 잠존 상태에 있는 단순 실체는 비록 자신의 지각을 통각하지 못하더라도 깨어나면 지각을 통각하기 때문에 아무 지각도 가지지 않는다고 말할 수 없다. 또 라이프니츠는 모나드가 분명한 지각을 가질 때 능동적이고 혼란된 지각을 가질 때 수동적이라고 주장한다. 모나드의 능동성과 수동성은 모나드들을 비교하는 관점에 따라 상대적이므로 어떤 관점에서 다른 모나드에 비해 능동적인 어떤 모나드가 다른 관점에서는 또 다른 모나드에 비해 수동적일 수 있다. 각 모나드가 수동적이면서도 능동적이라는 주장은 실체가 근원 능동 힘과 근원 수동 힘을 함께 가진다는 『동력학 요약』의 주장을 계승한다. 라이프니츠의 모나드 이론은 적어도 실체의 능동성과 수동성에 관한 한 이전의 형이상학 체계와 다르지 않다.

문제는 물체의 능동성과 수동성이다. 라이프니츠의 동력학에 따르면 물체는 작용과 수용의 원리를 본성으로 가진다. 작용과 수용의 원리는 운동하는 물체가 행사하는 파생 힘의 기초로서 전제되기 때문이다. 나는 앞에서 라이프니츠의 『모나드 이론』에 남아 있는 동력학 원리의 흔적을 추적했다. 그리고 물체의 힘과 방향의 보존이라는 동력학 원리가 형이상학에서 영혼과 몸의 예정 조화 원리의 기초가 된다고 지적했다. 물체는 힘과 방향이 보존되기 때문에 자기 상태의 생산을 다른 존재에 의존하지 않는 자발성을 가진다. 물체의 자발성은 영혼의 영향을 배제하는 것이지 물체들이 서로 주고받는 영향을 배제하지 않는다. 물체들이 서로 영향을 주고받는 것은 『동력학 요약』에서 물체가 능동 힘과 수동 힘을 가지고 서로 충돌한다는 것과 다르지 않다. 『모나드 이론』은 물체의 능동성과 수동성에 관해서도 이전 단계의 형이상학 체계와 다름없이 능동적 물체론과 일치한다.

3) 중국 철학과 만남

중국에서 도덕을 배우자. 라이프니츠가 1697년에 펴낸 『최신 중국 소식』 Novissima Sinica의 서문에서 유럽인들에게 권유하는 내용이다.

> 그들(중국인들)의 실천 철학은 확실히 우리보다 월등하다. …… 친구에게 작별 인사를 하거나 친구를 오랜만에 다시 만나는 경우 농부나 하인들조차도 서로에게 예절을 지키며 공손하게 행동하는 것을 보고 우리 유럽인들은 대단히 놀라워했다. 이와 같은 이들의 행동은 유럽 귀족의 고상함에 버금간다. …… 우리에게서는 새롭게 사람을 사귄 지 며칠만 지나면 존경심이라거나 조심스러운 대화가 계속되는 것을 찾아보기 힘들며, 신뢰감이 증대되면 조심스러운 예의는 곧 무너져 버리고 만다. 이것은 아주 쾌활한 자유분방함처럼 보이지만 이러한 태도 때문에 곧바로 경멸과 험담, 증오, 그리고 나중에는 적대감까지 생겨난다. 중국인은 이와 정반대다.[75]

중국에는 수학이 없다. 라이프니츠는 중국에 실천 철학이 발달했다고 부러워하면서도 중국인들이 "제1철학"을 가지지 못한 이유가 수학이 없기 때문이라고 아쉬워한다. 제1철학 또는 형이상학은 비물질 사물에 대한 진리를 구하는 학문이며 추상 세계를 다루는 수학을 통해서만 이 진리에 도달할 수 있기 때문이다. 라이프니츠는 중국인들에게 제1철학을 가르치려고 준비한 가톨릭 예수회 신부 베르비스트F. Verbiest, 1623~1688를 높이 평가한다. 베르비스트는 중국인들에게 제1철학을 가르치는 것이 기독교를 전파하는 데 도움이 된다고 생각한다.

---

75) 라이프니츠, 『라이프니츠가 만난 중국』, 이동희 옮김, 이학사, 2003, 38~40쪽.

라이프니츠는 사람이 이성의 힘만으로는 신에 대한 완전한 인식에 도달할 수 없기 때문에 계시도 필요하다고 인정한다. 따라서 유럽인들이 신의 계시를 가르칠 수 있는 선교사들을 중국에 보내는 것은 정당하다. 반면 라이프니츠에 따르면 중국에는 신에 관해 이성으로 탐구하는 자연 신학이 이미 발달해 있다. 자연 신학은 신의 계시에 의거하지 않고 특히 자연을 탐구해 신의 존재와 속성을 증명하려는 관점에 기초한다. 따라서 그는 중국인도 유럽인에게 선교사를 파견해 자연 신학을 가르쳐 주기를 바란다. 그에 따르면 중국인과 유럽인은 자연 신학과 계시 신학을 교류할 필요가 있다.[76]

라이프니츠는 1660년부터 중국 문자에 관심을 가지기 시작하고 1689년 중국에서 돌아온 예수회 신부 프란체스코 그리말디F. Grimaldi, 1639~1712와 만난 뒤 중국의 천문학, 비단, 도자기, 의술 등을 폭넓게 공부한다. 그리고 1697년 중국에 관한 최신 정보를 모아 『최신 중국 소식』을 펴낸다. 중국에 대한 라이프니츠의 관심은 1716년 죽는 해에 마지막 작품 『중국인의 자연 신학론』Discours sur la théologie naturelle des Chinois을 쓸 때까지 지속된다.

그러나 라이프니츠의 형이상학이 중국 철학에서 얼마나 영향을 받았는지는 정확히 가늠하기 힘들다. 그는 중국에 제1철학이 없다고 생각하기 때문에 형이상학 원리를 중국 철학에서 직접 수입했을 가능성이 거의 없다. 그러나 라이프니츠의 형이상학 원리가 성립하는 데는 신플라톤주의, 연금술, 카발라 등 다양한 외부 요인이 영향을 미치기 때문에 중국인의 자연 신학도 배제할 수 없다. 라이프니츠가 중국인의 자연 신학에서 중요하게 보는 것은 무엇일까?

---

76) 라이프니츠, 『라이프니츠가 만난 중국』, 44~45쪽.

라이프니츠가 중국인의 자연 신학에서 중심 원리로 보는 것은 리理 개념이다. 예수회 신부 롱고바르디N. Longobardi, 1559~1654는 중국인들이 리를 태허太虛, 즉 무한한 수용 능력이라고 부른다는 점을 근거로 리가 제1질료라고 주장한다. 그러나 라이프니츠는 리가 제1질료라면 고대 중국의 사상가들이 말하듯이 리가 기氣나 질료를 생산할 수 없다고 비판한다. 제1질료는 모든 종류의 형태, 운동, 형식을 수용하는 능력을 가질 뿐이고 형태, 운동, 형식의 원천이 될 수 없기 때문이다. 라이프니츠는 주자朱子, 1130~1200가 리에서 나온 정신을 기가 아니라 기의 힘이라고 말하는 것이 현명하다고 평가한다. 주자의 말은 정신의 질료와 정신의 리를 구분하고 리를 실체로 인정하는 것이기 때문이다.[77]

롱고바르디는 리가 그 자체로 존립할 수 없고 기가 있어야 사물을 만들어 낼 수 있다는 점을 근거로 리의 실체성을 부정한다. 그러나 라이프니츠의 형이상학에 따르면 실체 형상은 제1질료와 분리될 수 없고 함께 실체를 형성하며 모나드는 언제나 자신의 몸 또는 물체와 함께 생물, 동물, 사람을 형성한다. 따라서 라이프니츠는 리가 그 자체로 존립할 수 없다는 것을 리가 실체가 아니라는 증거로 볼 수 없다. 오히려 리가 기와 함께 사물을 만들 수 있다는 것은 리가 제1질료가 아니라는 것을 증명한다. 리에는 기와 더불어 사물을 산출하는 힘 또는 최초의 작용인이 있다고 보아야 한다는 것이 라이프니츠의 결론이다.[78]

라이프니츠가 중국인들에게 제1철학이 아예 없다고 본 것 같지는 않다. 그도 중국 철학에서 리가 비물질 사물의 원리이고 자신의 형이상학에서 실체와 일치한다고 주장하기 때문이다. 그러나 이 주장은 중국의 자연

---

77) 라이프니츠, 『라이프니츠가 만난 중국』, 99~101쪽.
78) 라이프니츠, 『라이프니츠가 만난 중국』, 111쪽.

신학이 그의 형이상학에 미친 영향을 보여 주지 않는다. 『중국인의 자연신학론』에서 라이프니츠는 이미 다른 경로로 완성한 자신의 형이상학 원리가 중국 철학에도 없지 않다는 것을 확인하고 자신의 형이상학에 대한 믿음을 강화한 인상이 짙다.

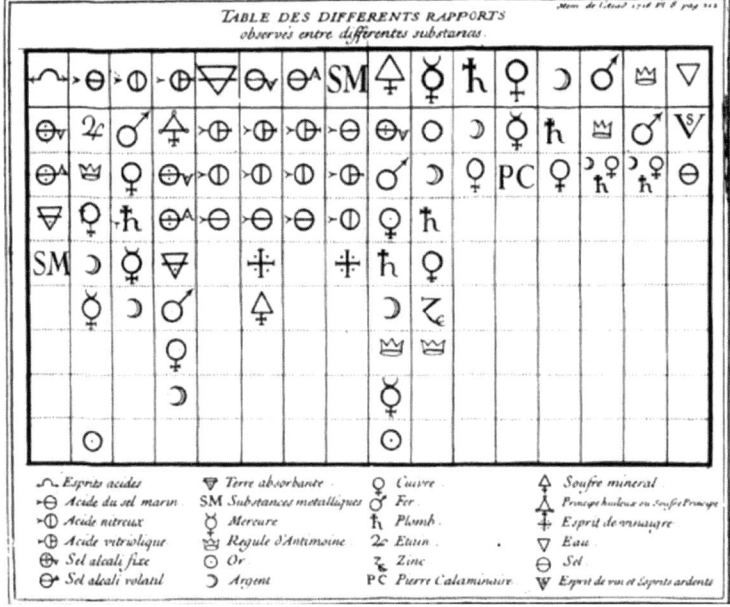

프랑스 화학자 조프루아(É. Geoffroy, 1672~1732)가 치환 반응에 기초해 만들고 1718년 프랑스 왕립 아카데미에서 발표한 최초의 화학 친화도 표다. 가로줄 맨 위에 있는 물질은 그 아래에 있는 모든 물질과 결합할 수 있고 아래 줄로 갈수록 친화도의 등급이 약하다. 화학 친화도 표는 물질들이 서로 다른 시약에 따라 어떻게 상호 작용하는지 관찰한 것들을 모으고 대조해 만든다.

9장. 자연 철학에서 계몽주의로

17세기 자연 철학은 18세기 과학과 철학에 뚜렷한 흔적을 남긴다. 18세기 과학은 뉴턴의 힘 개념을 물리 현상뿐 아니라 광학, 화학, 생물 등의 현상까지 확장하려고 노력한다는 점에서 뉴턴 과학이라 불린다. 엄밀한 뜻에서 뉴턴 과학은 이런 현상에서도 뉴턴의 중력 법칙과 비슷한 역제곱 법칙을 발견해야 성립하지만 성공을 거둔 분야는 드물다. 그러나 뉴턴 과학은 적어도 과학에 대한 단일한 이미지를 형성하는 성과를 거둔다(1절).

프랑스에서 뉴턴 과학의 전도사를 자임한 볼테르에 따르면 로크는 뉴턴 과학의 방법을 사회 과학에도 적용하려고 시도하며 로크의 관념 연합 법칙은 뉴턴의 중력 법칙의 확장이다(2절).

자연 세계를 탐구하는 다양한 지식 분야들이 뉴턴 과학이라는 단일한 이름을 표방하면서 이제 과학의 성공은 정치, 경제, 종교 등 다른 분야에서도 문제 해결의 모델이 된다. 뉴턴 역학의 성공을 받아들인 일반인과 지식인은 과학에서 가치를 이끌어 내고 과학 문제의 해결 방식을 사회 문제에도 적용하고 싶어 한다. 뉴턴의 영향은 과학에 머물지 않고 사회 사상으로 퍼져 나간다. 17세기 자연 철학이 발견한 물체의 힘은 18세기 계몽주의가 강조한 이성의 힘으로 변신한다(3절).

1. 뉴턴 과학

『자연 철학의 수학 원리』는 출판과 동시에 큰 성공을 거두고 뉴턴은 유럽 전역에서 명성을 얻는다. 그러나 『자연 철학의 수학 원리』는 예나 지금이나 매우 어려운 책이다. 뉴턴은 서문에서 소인배들의 수박 겉핥기를 피하기 위해 이 책을 어렵게 썼고 수학을 아주 많이 공부한 사람 외에는 이해하기 힘들 것이라고 말한다. 그러나 쉬운 개설서들이 나오고 그 덕분에 뉴턴의 견해는 더 널리 퍼진다.

한편 1706년에 나온 뉴턴의 『광학』은 뒷부분에 담긴 31개의 '질문들' Queries을 통해 18세기 과학에 큰 영향을 미친다. 뉴턴은 특히 마지막 질문에서 전기, 자기, 열, 불, 화학 현상 등에도 중력과 비슷한 힘이 있을 것이고 이 힘을 찾아내어 수학으로 기술하면 이 분야의 문제들도 해결할 수 있을 것이라는 소망을 밝힌다.[1] 『자연 철학의 수학 원리』의 성공과 『광학』의 질문들은 18세기 과학의 방향을 좌우하고 이 과학은 뉴턴 과학 또는 뉴턴주의Newtonianism라는 이름을 얻는다.

18세기 뉴턴 과학은 뉴턴의 역학을 더욱 정밀하게 수학화하는 노선에서 큰 성과를 거둔다. 18세기 수학자들은 실용 문제보다 물리 대상을 정량화할 수 있는 몇 가지 속성으로 환원해 이론으로 다루는 합리 역학rational mechanics에 주력한다. 특히 프랑스 수학자 라그랑주J. Lagrange, 1736~1813는 뉴턴이 사용하는 기하학 대신 방정식을 사용해 계산하는 해석학과 수 대신 문자를 쓰거나 수학 법칙을 간명하게 나타내는 대수 연산에 기초해 뉴턴 역학을 체계화한다.

18세기 역학은 뉴턴의 중력 법칙이 실제로 정확하게 들어맞는지를

---

1) I. Newton, Opticks or A Treatise of the Reflections, Refractions, Inflections and Colours of Light, New York : Dover Publications, Inc., 1952, pp. 375~406.

실험으로 검증하는 작업도 수행한다. 프랑스 물리학자 라플라스P. Laplace, 1749~1827는 목성과 토성의 운동이 중력 법칙과 잘 맞는다는 점을 복잡한 계산 끝에 밝힌다. 그리고 프랑스 과학 아카데미는 원정 측량을 통해 지구의 모양이 뉴턴의 예측대로 적도 부근이 더 볼록하고 극 부근이 평평하다는 사실을 증명한다. 일반인에게 『자연 철학의 수학 원리』가 옳다는 인상을 심어 준 결정적 사건은 핼리 혜성의 관측이다. 프랑스 수학자 클레로 A. Clairaut, 1713~1765가 『자연 철학의 수학 원리』를 바탕으로 핼리 혜성의 궤도를 정확하게 계산해 이 혜성이 돌아오는 시점을 예측하고 실제로 이 혜성은 1758년 크리스마스에 관측된다.

수학과 실험의 방법을 개발해 뉴턴 역학을 체계화하는 작업은 18세기 말 라그랑주의 『해석 역학』Mécanique analytique, 1788과 라플라스의 『천체 역학』Traité de mécanique céleste, 1799~1825으로 완성된다. 라플라스는 『천체 역학』에서 행성과 그 위성의 운동과 섭동을 계산하는 방법을 만들어 태양계에 대한 완전한 역학 설명을 제시한다. 섭동은 행성이 태양의 인력 외에 다른 행성의 인력도 받기 때문에 타원 궤도에서 어긋나는 것이다. 18세기를 통해 『자연 철학의 수학 원리』가 인정받은 것은 뉴턴의 승리이자 프랑스 과학계의 승리다.[2]

뉴턴 과학의 또 한 가지 큰 노선은 뉴턴이 『광학』의 질문들에서 제시한 대로 열, 빛, 전기, 자기, 화학 현상 등에 대한 실험 연구를 통해 중력 법칙과 비슷한 법칙을 찾는 것이다. 그러나 이 분야들 가운데 뉴턴의 예상이 적중해 성공을 거둔 예는 전기 분야에서 쿨롱C. Coulomb, 1736~1806의 법칙을 제외하고는 거의 없다. 쿨롱의 법칙에 따르면 전기력은 전기를 띤 물체들 사이의 거리의 제곱에 반비례한다.

---

2) T. Hankins, Science and the Enlightenment, Cambridge: Cambridge University Press, 1985, pp. 17~80.

빛, 전기, 자기, 화학 등의 분야에서 뉴턴의 지령에 따르는 한 가지 길은 예를 들어 열을 '칼로릭' caloric 입자들의 집합으로 보는 것처럼 각 현상에 독특한 "무게 없는 입자" imponderables를 가정하고 이 입자들 사이의 인력과 척력으로 현상을 설명하는 것이다. 그러나 무게 없는 입자는 실제로 실험할 수 없는 가상 차원의 대상이기 때문에 이런 시도는 사변 논쟁에 치중하는 근본 한계를 지닌다.

한편 18세기 화학 분야에서 뉴턴의 영향은 우선 의사이며 연금술사인 파라셀수스의 신비한 힘에 기초한 화학이 자취를 감추고 그 대신 원자론 또는 입자론이 득세하는 것으로 나타난다. 특히 원자론이나 입자론은 원자 또는 입자의 크기나 모양보다는 그들 사이의 힘으로 화학 반응이나 화학 성질을 설명하는 메커니즘을 제시한다. 그러나 18세기 화학에서도 실험이 가능한 대상은 가상의 원자나 입자가 아니라 복합물인 화학 원소다. 따라서 원자나 입자 메커니즘에 의한 이론 설명은 18세기 실험 화학자들에게는 처음부터 큰 관심을 끌지 못한다.

18세기 중후반 실험 화학자들은 뉴턴이 『광학』의 질문들에서 제시한 프로그램에 따르면서도 화학 원소의 차원에서 서로 반응하는 원소들 사이의 화학 친화도 chemical affinity를 측정하고 도식화하는 작업에 몰두한다. 실험 화학자들은 너도 나도 많은 친화도 표 affinity tables를 만든다. 그러나 이 작업도 중력 법칙과 비슷한 화학 법칙을 발견하는 성과를 거두지 못한다. 18세기 화학의 성공은 이 방향이 아니라 라부아지에 A. Lavoisier, 1743~1794가 산소를 발견하고 플로지스톤 phlogiston 이론을 무너뜨리면서 일어난다.[3]

18세기 과학은 뉴턴 과학이라 불리지만 뚜렷한 하나의 경향을 형성하지 못한다. 수학에 기초하는 연구 경향도 있고 가상의 입자와 힘을 도입해 사변에 치우치는 경향도 있으며 가능한 차원의 실험에 주력하는 경향도 있다. 또 18세기 과학에서는 뉴턴 역학의 중력 법칙과 비슷한 법칙을 발견하는 성공을 거둔 분야도 드물다.

그러나 뉴턴 과학은 적어도 과학에 대한 단일한 이미지를 형성하는 성과를 거둔다. 자연 세계를 탐구하는 다양한 지식 분야들이 뉴턴 과학이라는 같은 이름을 표방하면서 이제 과학의 성공은 정치, 경제, 종교 등 다른 분야에서도 문제 해결의 모델이 된다. 뉴턴 역학의 성공을 받아들인 일반인과 지식인은 과학에서 가치를 이끌어 내고 과학 문제의 해결 방식을 사회 문제에도 적용하려 한다. 뉴턴의 영향은 과학에 머물지 않고 사회 사상으로 퍼져 나간다.[4]

2. 볼테르, 뉴턴 과학의 전도사

마담 샤틀레Mme. du Châtelet, 1706~1749는 『자연 철학의 수학 원리』의 아직도 유일한 프랑스어 번역본을 남긴 과학자이고 철학자다. 또 샤틀레는 계몽주의 사상을 대표하는 볼테르와 연인 관계로도 유명하다. 볼테르는 『철학 편지』Lettres philosophiques, 1734에서 부패한 가톨릭 종교와 정치를 노골적으로 비난한 덕분에 체포 영장이 떨어지자 상파뉴의 시레에 있는 샤틀레의 성으로 피신해 1749년 부인이 죽을 때까지 15년 동안 사귀면서 과학과 철학을 토론한다. 샤틀레가 남긴 『자연 철학의 수학 원리』의 프랑스어 번역 수고는 볼테르의 서문을 붙여 1759년에 출판된다.

---

3) A. Thackray, Atoms and Powers: An Essay on Newtonian Matter-Theory and the Development of Chemistry, Cambridge, Massachusetts: Harvard University Press, 1970, pp. 161~198. 플로지스톤 이론은 물체가 탈 때 플로지스톤이라는 입자가 연기처럼 빠져나오고 플로지스톤이 다 나오면 연소 과정이 끝난다고 본다. 그러나 라부아지에는 연소가 플로지스톤이 빠져나오는 과정이 아니라 물체가 산소와 결합하는 과정이라고 정확하게 밝힌다.
4) 김영식, 『과학 혁명: 전통적 관점과 새로운 관점』, 231~234쪽.

볼테르는 이미 초기부터 이성을 신뢰한 계몽 철학자Philosophe des lumières이고 계시나 교회의 가르침을 거부하고 사람이 타고난 이성으로 종교 지식을 얻을 수 있다는 이신론을 주장해 가톨릭계의 미움을 산다. 그는 명문 귀족과 다툰 끝에 1726년 영국으로 망명해 뉴턴 과학과 로크 철학의 세례를 받는다. 프랑스에서 사상 탄압의 쓴맛을 본 볼테르는 종교와 철학의 문제를 거리낌 없이 대담하게 토론하는 영국인들을 부러워하고 뉴턴과 로크가 과학과 철학의 선두에 설 수 있는 동력이 사상의 자유를 누린 데 있다고 판단한다.

『철학 편지』는 3년 동안 영국 망명 시절의 사색이 맺은 결실이다. 볼테르는 이 작품에서 그 시절 프랑스에서 민족 감정도 섞여 유행한 데카르트의 철학에 뉴턴의 과학과 로크의 심리학을 대비한다. 볼테르의 눈에 프랑스의 상류 계층은 편견과 독단에 젖어 있고 하류 계층은 무지와 미신에 빠져 있다. 그는 뉴턴과 로크처럼 현상과 경험을 바탕으로 결론을 내리고 선험 추론을 경멸하는 것이 진정한 철학자의 길이라고 주장한다. 볼테르는 삶의 목적이 참회를 통해 천국에 도달하는 것이 아니라 과학과 예술을 누리는 것이고 위대한 인물은 전쟁을 도발하는 사람이 아니라 문명을 창달하는 사람이라고 결론을 내린다. 볼테르의 『철학 편지』는 18세기 계몽주의의 기본 방향을 제시한 작품이다.

18세기 초 프랑스에서는 한때 뉴턴 과학에 대한 격렬한 거부 반응이 일었다. 『자연 철학의 수학 원리』 2판(1713)의 "일반 주해"에서 뉴턴은 "소용돌이 가설이 많은 난제에 짓눌려 있다"[5]고 주장하여, 프랑스에서 데카르트주의자들의 반발과 라이프니츠에 대한 동정을 불러일으킨다. 그러나 1740년쯤에는 프랑스에서도 뉴턴 과학에 대한 균형 잡힌 평가가 이루

---

[5] I. Newton, Mathematical Principles of Natural Philosophy, trans. A. Motte(1729), revised by F. Cajori, Berkeley: University of California Press, 1960, p. 543.

어진다. 프랑스에서 뉴턴 과학을 일반인에게 알리는 데 가장 크게 기여한 것은 볼테르의 『뉴턴 철학의 기초』Éléments de la philosophie de Newton, 1738다.

볼테르는 뉴턴이 지닌 기계론자의 모습보다 해방자의 모습을 더 부각한다. 그는 뉴턴 과학 덕분에 사람의 사유가 데카르트의 철학과 같은 형이상학 독단에서 벗어나 자유로워진다고 주장한다. 그리고 볼테르는 로크의 심리학에서 뉴턴 역학을 사람에 적용한 모델을 발견한다.

"뉴턴의 하수인"an underlaborer of Newton이라고 겸손하게 자칭하는 로크는 우리의 모든 지식이 경험에서 나온다고 주장하고 감각, 지각, 기억, 상상, 추리 등 사유의 모든 대상을 관념이라 부른다. 로크에 따르면 지식은 우리가 가진 관념들의 연합과 일치 또는 불일치와 모순에 대한 지각이다. 로크가 주장한 관념들의 연합 법칙은 심리학에서 뉴턴의 중력 법칙에 해당한다. 또 로크는 홉스의 절대 군주제를 "여우가 무서워 사자에게 도움을 청하는"[6] 방식이라고 비판하면서 사회 계약을 통해 개인의 권리 중 일부를 정부에 맡기는 입헌 군주제를 주장한다.

볼테르는 영국에 뉴턴 과학, 종교와 사상의 자유, 입헌 정치가 공존하는 것을 보고 이 요소들이 깊이 연관된 것이라는 인상을 강하게 받는다. 볼테르에게 뉴턴과 로크의 결합은 과학과 심리학의 결합을 넘어 과학과 자유주의의 결합이다.

3. 이성의 힘

계몽주의는 이성의 힘을 믿는다. 사람이 신에 대한 의존에서 벗어나 이성을 사용해 자연을 알고 삶을 개선하며 사회 진보를 이룩할 수 있다고 믿

---

6) 서양 근대 철학회, 『서양 근대 철학』, 229쪽에서 재인용.

는다. 이성을 지닌 사람의 목표가 지식, 자유, 행복이라고 주장하는 계몽주의 사상은 사실이라기보다 역사에 대한 태도라고 볼 수 있고 이 태도의 특징은 역사의 진보를 낙관하는 것이다.

18세기에 유럽이 계몽주의를 수용한 결과는 영국처럼 국부의 증가와 검열 없는 문화 보급으로 나타나기도 하고 프랑스처럼 관료 제도의 발달로 나타나기도 한다. 그러나 18세기 전체에 걸쳐 정치와 종교의 전통은 권위를 유지한다. 부르주아 계급이 아직 크게 발달하지 않은 18세기에 정치 변화의 주동력은 통치자가 더 효율적인 정부를 채택하기로 결정하는 것이다. 또 18세기에는 신의 우주 창조를 거부하고 스스로 움직이는 우주를 주장하는 급진 무신론이 나타나기도 하지만 이성의 존재가 신의 존재를 보여 주는 증거이고 자연의 조화가 신의 조화를 나타내는 신호라는 이신론이 우세하다. 그러나 자연에는 질서와 조화가 있는데 인간 사회에 무질서가 난무하는 까닭은 인간이 무질서를 만들기 때문이라는 생각도 널리 퍼진다. 계몽주의 사상가들은 계시의 도움을 받지 않고 이성으로 자연의 목적이나 인간의 권리와 의무를 발견하려 한다.[7]

과학의 영향으로 인간도 원자라는 관념이 생기고 사회의 질서는 이 인간 원자들에 의해 어떤 식으로든 생길 것이라는 믿음이 퍼진다. 이 믿음은 자유 경쟁과 사회 계약을 받아들이는 바탕이 된다.[8] 또 사회에서도 중력 법칙을 발견하려는 시도와 노력은 공리주의의 명제, 즉 "최대 다수의 최대 행복"을 추구하는 행위가 도덕적으로 선하다는 데 대체로 합의한다.[9]

---

7) N. Hampson, The Enlightenment, New York: Penguin Books Ltd., 1968, pp. 43~127.
8) 알렉상드르 꼬아레, 「뉴튼 종합의 의미」, 김영식 편, 『근대 사회와 과학』, 창작과비평사, 1989, 35~37쪽.

계몽 사상가들이 합의하는 공리주의 원리는 사회와 개인이 실제로 따르는 법칙이라기보다 따라야 할 법칙이며 이런 원리를 발견하려 한 계몽주의 사상가들은 사회 과학자라기보다 사회 개혁가다. 특히 프랑스에서 디드로와 달랑베르가 편집해 1751년부터 출판한 『백과 전서』 L'Encyclopedie는 이전의 백과 전서와 달리 지식의 수집에 그치지 않고 과학과 기술에 대한 혁신 견해를 포함해 진보 사상을 널리 퍼뜨리는 것을 목표로 삼는다. 그래서 『백과 전서』는 프랑스 혁명 기간에도 계속 제작되고 18세기 말까지 25,000질이나 팔린다.

그러나 자연 법칙은 필연이고 사람의 삶은 자유를 추구한다. 계몽주의가 자연 법칙에서 삶의 규율을 찾으려 하는 것은 논리 면에서 필연과 자유 사이의 긴장과 모순을 품은 시도다. 계몽주의는 사람이 이성으로 자연 법칙을 탐구하는 작업을 도덕으로 추켜세워서 이 긴장과 모순을 푼다. 이제 자연 철학의 모험은 도덕 면에서도 좋은 것이 된다.[10]

17세기 자연 철학이 발굴하는 물체의 힘은 이성의 힘으로 변신한다. 뉴턴 이후 약 150년 동안 자연 과학은 역학 현상뿐 아니라 모든 자연 현상에서도 뉴턴이 발견한 것과 비슷한 힘을 발견하고 정량적 공식으로 표현하려는 모험 정신을 실천한 뉴턴 과학이다. 뉴턴 과학은 철학 사상과 사회 문화에서 이성의 힘에 대한 신뢰를 널리 보급하는 계몽주의의 기반이 된다.

그리고 또다시 150년이 지난 현재에는 이성의 힘에 대한 불신이 그 힘에 대한 신뢰와 부딪히며 정치, 경제, 문화, 사상뿐 아니라 개인의 생활과 마음 속에서도 여러 가지 파열음을 내고 있다. 현대 사상가 호르크하

---

9) C. Gillispie, The Edge of Objectivity, Princeton: Princeton University Press, 1960, pp. 151~201.
10) T. Hankins, Science and the Enlightenment, pp. 1~16.

이머M. Horkheimer와 아도르노Th. Adorno에 따르면 과학은 지식을 얻고 자연을 지배하기 위해 자연 사물에 동화하는 대신 자연 대상과 거리를 두고 계몽은 개인이 이성으로 본성을 억압하면서 자아의 견고한 틀 속으로 후퇴하는 결과를 낳는다.[11] 20세기 말과 21세기 초에 들리는 파열음의 원천들 가운데 하나는 바로 17세기 자연 철학이다.

    마술도 과학도 삶의 양식에 영향을 미치는 문화로 보고 시대마다 삶의 양식에 큰 영향을 미치거나 새로 중요한 영향을 미치기 시작한 대표 문화가 있다고 보면 마술, 특히 자연 마술은 16세기를 대표하고 자연 철학은 17세기를 대표한다. 데카르트와 홉스가 자연 철학에서 자연 마술을 배제해 16세기 문화와 단절을 상징한다면 뉴턴과 라이프니츠는 문화사의 연속을 보여 준다. 17세기 자연 철학은 자연 마술 전통을 거부하고 성립한 데카르트와 홉스의 운동학 기계론에서 자연 마술을 비롯한 전통 문화와 사상을 계승해 성립한 뉴턴과 라이프니츠의 동력학 기계론으로 이행하는 경향이 있다. 단순화의 위험을 무릅쓰면 17세기 과학사의 진보는 문화사의 퇴보다.

---

11) 호르크하이머·아도르노, 『계몽의 변증법』, 김유동·주경식·이상훈 옮김, 문예출판사, 1995, 23~43쪽.

참고문헌

국내 문헌

김동원. 「뉴턴의 『프린키피아』」. 『과학사상』 가을호. 1992, 219~230쪽.
김성환. 「데카르트의 철학 체계에서 형이상학과 과학의 관계」. 서울대 박사 학위 논문, 1996.
_____ 「갈릴레오의 물질론」. 『시대와 철학』 15호. 한국철학사상연구회, 1997, 12~35쪽.
_____ 「갈릴레오와 들뢰즈의 시간」. 『과학철학』 3권 2호. 한국과학철학회, 2000, 113~130쪽.
_____ 「홉스의 물질론」. 『시대와 철학』. 13권 1호. 한국철학사상연구회, 2002, 61~86쪽.
_____ 「근대 자연 철학의 모험 I: 데카르트와 홉스의 운동학적 기계론」. 『시대와 철학』 14권 2호. 한국철학사상연구회, 2003, 313~332쪽.
_____ 「근대 자연 철학의 모험 II: 뉴턴과 라이프니츠의 동력학적 기계론」. 『시대와 철학』 15권 2호. 한국철학사상연구회, 2004, 7~34쪽.
_____ 「근대 개인의 정체를 찾아서」. 『대동철학』 제26집. 대동철학회, 2004, 87~104쪽.
_____ 「라이프니츠의 물질론」. 『과학철학』 8권 2호. 한국과학철학회, 2005, 31~56쪽.
_____ 「데카르트들: 생명론에 대한 20세기의 도전과 몇 가지 전망」. 『근대 철학』 3권 1호. 서양근대철학회, 2008, 47~72.
김영식. 『과학 혁명: 전통적 관점과 새로운 관점』. 아르케, 2001.
김영식 편. 『근대 사회와 과학』. 창작과비평사, 1989.
김용환. 『홉스의 사회 정치 철학: 리바이어던 읽기』. 철학과현실사, 1999.
김효명. 『영국 경험론』. 아카넷, 2002.
뉴턴. 『프린키피아: 자연 과학의 수학적 원리』. 이무현 옮김, 교우사, 1998.
라이프니츠. 『라이프니츠가 만난 중국』. 이동희 옮김, 이학사, 2003.
서양 근대 철학회. 『서양 근대 철학』. 창작과비평사, 2001.

서양 근대 철학회. 『서양 근대 철학의 열 가지 쟁점』. 창비, 2004.
아로마티코. 『연금술, 현자의 돌』. 성기완 옮김, 시공사, 1998.
웨스트폴. 『프린키피아의 천재: 뉴턴의 일생』. 최상돈 옮김, 사이언스북스, 2001.
이범. 「르네상스~근대초의 마술과 과학」. 『한국과학사학회지』 15권 1호. 한국과학사학회, 1993, 97~115쪽.
이종흡. 『마술·과학·인문학』. 지연상, 1999.
쿠더트. 『연금술 이야기』. 박진희 옮김, 민음사, 1995.
호르크하이머·아도르노. 『계몽의 변증법』. 김유동 외 옮김, 문예출판사, 1995.

외국 문헌

Adams, R. Leibniz: Determinist, Theist, Idealist. Oxford: Oxford University Press, 1994.

Aiton, E. The Vortex Theory of Planetary Motions. London: Macdonald, 1972.

Alexander, H.(ed.). The Leibniz-Clarke Correspondence: Together with Extracts from Newton's Principia and Opticks. Manchester: Manchester University Press, 1984.

Ariew, R. and Garber, D.(ed. & trans.). Gottfried Wilhelm Leibniz, Philosophical Essays. Indianapolis: Hackett Publishing Company, 1989.

Aristoteles. Physica. ed. R. McKeon, The Basic Works of Aristotle. New York: Random House, 1970.

Bacon, F. Novum Organum. trans. P. Urbach and J. Gibson, La Salle, IL: Open Court, 1994.

Bernstein, H. "Conatus, Hobbes and the Young Leibniz". Studies in the History and Philosophy of Science 11. 1980, pp. 25~37.

_____ "Passivity and Inertia in Leibniz's Dynamics". Studia Leibnitiana. Wiesbaden: Franz Steiner Verlag GMBH, 1981, pp. 87~114.

Blackwell, R. "Descartes' Concept of Matter". ed. E. McMullin, The Concept of Matter in Modern Philosophy. Notre Dame: University of Notre Dame Press, 1978.

Boas, M. "The Establishment of the mechanical philosophy". Osiris 10, 1952.

Bonelli, M. and Shea, W.(eds.). Reason, Experiment and Mysticism in the Scientific Revolution. New York: Science History Publications, 1975.

Brandt, F. Thomas Hobbes's Mechanical Conception of Nature. Copenhagen: Levin

& Munksgaard, 1928.

Brooke, J. Science and Religion: Some Historical Perspectives. Cambridge: Cambridge University Press, 1991.

Brown, S. "Some Occult Influences on Leibniz's Monadology". eds. A. Coudert, R. Popkin, and G. Weiner, 1998, pp. 1~21.

Burtt, R. The Metaphysical Foundation of Modern Physical Science. London: Routledge & Kegan Paul Ltd., 1932.

Butterfield, H. The Origins of Modern Science, 1300~1800. London: G. Bell and Sons Ltd., 1949.

Cohen, I. "Newton's Second Law and the Concept of Force in the Principia". ed. R. Palter, The Annus Mirabilis of Sir Isaac Newton 1666~1966. Cambridge: The M.I.T. Press, 1967, pp. 143~171.

Cottingham, J. "A Brute to Brutes: Descartes' Treatment of Animals". Philosophy. Vol. 53, No. 206, 1978, pp. 551~561.

Coudert, A. "Leibniz and the Kabbalah". eds. A. Coudert, R. Popkin, and G. Weiner, Leibniz, Mysticism, and Religion. Boston: Kluwer Academic Publishers, 1998, pp. 47~83.

_____ Popkin, R. and Weiner, G.(eds.). Leibniz, Mysticism, and Religion. Boston: Kluwer Academic Publishers, 1998.

Descartes, R. Oeuvres de Descartes, 12 vols. ed. C. Adam and P. Tannery, Paris: Vrin et CNRS, 1964~1976.

_____ Descartes: Philosophical Letters. trans. & ed. A. Kenny, Oxford: Clarendon Press, 1970.

_____ Principles of Philosophy. trans. V. Miller and R. Miller, Dortrecht: D. Reidel Publishing Company, 1984, p. 66.

_____ The Philosophical Writings of Descartes, 2 vols. trans. J. Cottingham, R. Stoothoff, and D. Murdoch, Cambridge: Cambridge University Press, 1987.

_____ The Passions of the Soul. trans. J. Cottingham, R. Stoothoff, and D. Murdoch, The Philosophical Writings of Descartes, Vol. 1(2 Vols.). Cambridge: Cambridge University Press, 1988, pp. 331~332.

Dijksterhuis, E. The Mechanization of the World Picture. Oxford: Clarendon Press, 1961.

Dobbs, B. The Foundations of Newton's Alchemy: The Hunting of the Green Lyon. Cambridge: Cambridge University Press, 1975.

_____ "Newton's Alchemy and His Theory of Matter". Isis 73. 1982, pp. 511~528.

_____ The Janus Faces of Genius. Cambridge: Cambridge University Press, 1992.

Drake, S. Galileo: Pioneer Scientist. Toronto: University of Toronto Press, 1990.

Duhem, P. Medieval Cosmology: Theories of Infinity, Place, Time, Void, and the Plurality of Worlds. ed. R. Ariew, Chicago: The University of Chicago Press, 1985.

Furth, M. "Monadology". The Philosophical Review, Vol 76. pp. 169~200.

Galilei, G. Dialogue Concerning the Two Chief World Systems. trans. S. Drake, Berkeley: University of California Press, 1970.

_____ Two New Sciences. trans. S. Drake, Wisconsin: The University of Wisconsin Press, 1974.

Garber, D. Descartes' Metaphysical Physics. Chicago: The University of Chicago Press, 1992.

_____ "Leibniz: Physics and Philosophy". ed. N. Jolley, The Cambridge Companion to Leibniz. Cambridge: Cambridge University Press, 1995, pp. 270~352.

Gilbert, W. On the Loadstone and Magnetic Bodies. trans. P. Mottellay, ed. R. Hutchins, Great Books of the Western World, vol. 28. Chicago: Encyclopaedia Britannica, 1952.

Gillispie, C. The Edge of Objectivity, Princeton: Princeton University Press, 1960.

Grant, E. Physical Science in the Middle Ages. New York: John Wiley & Sons, Inc., 1971.

Grosholz, E. Cartesian Method and the Problem of Reduction. Oxford: The Clarendon Press, 1991.

Hall, M. "The Establishment of the Mechanical Philosophy". Osiris 10. 1952, pp. 412~541.

Hampson, N. The Enlightenment. New York: Penguin Books Ltd., 1968.

Hankins, T. Science and the Enlightenment. Cambridge: Cambridge University Press, 1985.

Herbert, G. Thomas Hobbes, The Unity of Scientific & Moral Wisdom. Vancouver: University of British Columbia Press, 1989.

Hobbes, T. Physical Dialogue. trans. S. Schaffer, in S. Shapin and S. Schaffer, Leviathan and the Air-Pump. 1985.

_____ Concerning Body. ed. W. Molesworth, The Collected Works of Thomas Hobbes, vol. 1(11 vols.). London: Routledge, 1992.

Hoffman. P. The Quest for Power: Hobbes, Descartes, and the Emergence of Modernity. New Jersey: Humanities Press, 1996.

Hooykaas, R. Religion and the Rise of Modern Science. Michigan: William B. Erdmans Publishing Company, 1972.

Hutchison, K. "What Happened to Occult Qualities in the Scientific Revolution?". Isis 73. 1982.

Jolley, N. "Leibniz and Phenomenalism". Studia Leibnitana 18. pp. 38~51.

_____(ed.). The Cambridge Companion to Leibniz. Cambridge: Cambridge University Press, 1995.

Kenny, A. Descartes: A Study of His Philosophy. New York: Random House, 1968.

Koyré, A. Newtonian Studies, Chicago: The University of Chicago Press, 1968.

_____ Galileo Studies. trans. J. Mepham, Humanities Press, 1978.

Kuhn, T. The Structure of Scientific Revolution. 2nd ed. Chicago: The University of Chicago Press, 1970.

_____ The Essential Tension. Chicago: The University of Chicago Press, 1977.

Le Grand, H. "Galileo's Matter Theory". eds. R. Butts and J. Pitt, New Perspectives on Galileo. Dordrecht: D. Reidel Publishing Company, 1978, pp. 197~208.

Leibniz, G. Gottfried Wilhelm Leibniz: Philosophische Schriften. Darmstadt: Wissenschaftliche Buchgesellschaft, 1985.

_____ G. W. Leibniz: Philosophical Texts. trans. R. Francks and R. Woolhouse, Oxford: Oxford University Press, 1998.

Lindberg, D.(ed.). Science in the Middle Ages. Chicago: The University of Chicago Press, 1978.

_____ and Westman, R.(eds.). Reappraisals of the Scientific Revolution. Cambridge: Cambridge University Press, 1996.

Lloyd, G. Greek Science After Aristotle. New York: W. W. Norton & Company, Inc., 1973.

Loemker, L.(ed.). G. W. Leibniz: Philosophical Papers and Letters. 2nd ed. Dordrecht: Reidel, 1969.

Machamer, P. "Galileo and the Causes". eds. R. Butts and J. Pitt, New Perspectives on Galileo. Dordrecht: D. Reidel Publishing Company, 1978, pp. 161~180.

Martinich, A. A Hobbes Dictionary. Oxford: Blackwell, 1995.

Mercer, C. Leibniz's Metaphysics: Its Origins and Development. Cambridge: Cambridge University Press, 2001.

_____ and Sleigh, R. "Metaphysics: The Early Period to the Discourse on Metaphysics". ed. N. Jolley, The Cambridge Companion to Leibniz. Cambridge: Cambridge University Press, 1995, pp. 67~123.

Moyal, G.(ed.). René Descartes: Critical Assessment, 4 vols. London: Routledge, 1991.

Newton, I. Opticks or A Treatise of the Reflections, Refractions, Inflections and Colours of Light. New York: Dover Publications, Inc, 1952.

_____ Newton's Philosophy of Nature: Selection from His Writings. ed. H. Thaye, New York: Hafner Press, 1953.

_____ Mathematical Principles of Natural Philosophy. trans. A. Motte, revised by F. Cajori, Berkeley : University of California Press, 1962.

Pagel, W. "William Harvey and the Purpose of Circulation". Isis 42. 1951, pp. 22~38.

Rossi, P. Francis Bacon: From Magic to Science. trans. S. Rabinoitch, The University of Chicago Press, 1968.

_____ "Hermeticism, Rationality and the Scientific Revolution". eds. M. Bonelli and W. Shea, 1975, pp. 247~273.

Rutherford, D. "Metaphysics: The Late Period". ed. N. Jolley, The Cambridge Companion to Leibniz. Cambridge: Cambridge University Press, 1995, pp. 24~175.

_____ "Leibniz and Mysticism". eds. A. Coudert, R. Popkin, and G. Weiner, Leibniz, Mysticism, and Religion. Boston: Kluwer Academic Publishers, 1998, pp. 22~46.

Scheuer, P. and Debrock, G.(eds.). Newton's Scientific and Philosophical Legacy. Dordrecht: Kluwer Academic Publishers, 1988.

Shapin, S. and Schaffer, S. Leviathan and the Air-Pump: Hobbes, Boyle, and the Experimental Life. Princeton: Princeton University, 1985.

Snobelen, S. "'God of gods and Lord of Lords": The Theology of Isaac Newton's General Scholium to the Principia". eds. J. Brooke, M. Osler, and J. van der Meer, Science in Theistic Contexts: Cognitive Dimensions. Chicago: Chicago University Press, 2001. pp. 169~208.

Sorell, T.(ed.). The Rise of Modern Philosophy. Oxford: Oxford University Press, 1993.

Thackray, A. Atoms and Powers: An Essay on Newtonian Matter-Theory and the Development of Chemistry. Cambridge, Massachusetts: Harvard University Press, 1970.

Voss, S.(ed.). Essays on the Philosophy and Science of René Descartes. Oxford: Oxford University Press, 1993.

Woolhouse, R.(ed.). Metaphysics and Philosophy of Science in the Seventeenth and Eighteenth Centuries: Essays in Honour of Gerd Buchdahl. Dordrecht: Kluwer Academic Publishers, 1988.

_____ Descartes, Spinoza, Leibniz: The Concept of Substance in Seventeenth-century Metaphysics. London: Routledge, 1993.

Westfall, R. Force in Newton's Physics: The Science of Dynamics in the Seventeenth Century. New York: American Elsevier, 1971.

_____ The Construction of Modern Science: Mechanisms and Mechanics. New York: John Wiley & Sons, Inc, 1971.

_____ Never at Rest: A Biography of Isaac Newton. Cambridge: Cambridge University Press, 1980.

_____ "Newton and Alchemy". ed. B. Vickers, Occult and Scientific Mentalities in the Renaissance. Cambridge: Cambridge University Press, 1984, pp. 315~335.

Yates, F. "The Hermetic Tradition in Renaissance Science". ed. C. Singleton, Art, Science and History in the Renaissance. Baltimore: Johns Hopkins Press, 1968, pp. 255~274.

찾아보기

【ㄱ】

가능태(dynamis) 78, 258
가상디(Gassendi, Pierre) 121
갈레노스(Galenos) 21, 44, 156
갈릴레오(Galileo Galilei) 5, 7, 18~19, 23, 25, 32~34, 41, 55, 111, 119~120, 179~180, 214, 247
　～의 물질론 56, 91
　～의 원자론 77~78, 88
　～의 진공 논증 68~75
감각 관념 101, 105
감각 기관 144, 205~206
감각 상(sensible species) 263~264
고중세 아리스토텔레스주의 자연학 7, 18~19
과학의 사회 구성주의(social constructionism of sciences) 8, 43, 163~166
과학 혁명 17~18, 22, 31, 38~39, 42, 49
관성(원리, 운동) 32, 34, 41, 58, 61, 63~65, 92, 95, 214, 247~251
『광학』 201, 284~286
귀납 47~48
근원 능동 힘(primitive active force) 242~243, 245

근원 수동 힘(primitive passive force) 243, 248~250
기계론(mechanism, mechanical philosophy) 6, 18, 23, 37, 95~96, 119~120, 203, 245
기하학 126, 179, 208
기하학 물질론 33, 91~92
『기하학 원론』 21, 31
기하학 원자론 7, 77, 79~81, 88~89, 91
길버트(Gilbert, William) 26, 45, 47, 144, 147, 206

【ㄴ】

뉴턴(Newton, Isaac) 5~7, 9, 29~31, 33, 38, 42, 52, 65, 68, 75, 90~91, 120~121, 185, 284, 286
　～과학 283, 284~285, 288~289, 291
　～역학 144, 285
　～의 동력학 기계론 9, 218~219
　～의 신 관념 223~230
　～의 연금술 연구 203~207
　～의 힘 개념 9, 141, 199, 212~214, 215, 217~218
『뉴턴 물리학에서 힘』 31, 218

『뉴턴 철학의 기초』 289
능동적 물체론 9, 253, 270~271

【ㄷ】

달랑베르(d'Alembert, Jean le Rond) 241
데모크리토스(Democritos) 76, 111
데카르트(Descartes, René) 5~7, 19, 28, 33~34, 38, 42, 68, 75, 177~178, 181~183, 185, 200, 206~207, 214, 250, 262, 269
　～의 물질론 7
　～의 물체론 110, 119
　～의 생리학 158
　～의 생명론 160~161
　～의 소용돌이 가설 75
　～의 운동론 122, 130~132, 143
　～의 운동학 기계론 8, 100, 127, 130, 132, 153, 218
　～의 자연학 126, 130
　～의 힘 개념 139~141
동력학(dynamics) 27, 33~35, 90~91, 125, 178, 180~182, 185, 187~188, 268
동력학 기계론 31~32, 234
『동력학 요약』 242, 247~248, 270
동물 정기(animal sprits) 156, 158, 160
『두 새 과학에 대한 논의와 수학 증명』 41, 55, 67~68, 74, 81~84, 86, 91
『두 주요 우주 체계에 관한 대화』 41, 55~58, 60~61, 68, 92
딕스터휘스(Dijksterhuis, Eduard Jan) 66

【ㄹ】

라그랑주(Lagrange, Joseph Louis) 284
라부아지에(Lavoisier, Antoine) 286~287

라이프니츠(Leibniz, Gottfried Wilhelm von) 5~7, 9~10, 35, 38, 138, 218, 221
　～의 동력학 223, 241, 252, 270
　～의 물질론 234
　～의 지각 개념 263, 266
　～의 코나투스 237~238
　～의 힘 개념 10, 223, 242~252
로시(Rossi, Paolo) 53
로크(Locke, John) 112, 289
루크레티우스(Lucretius) 76
리(理) 280
『리바이어던』 189, 192
『리바이어던과 공기 펌프』 164

【ㅁ】

마술(magic) 197
메르센(Mersenne, Marin) 202
명석 판명한 관념 96~98, 101~102, 105~106, 126, 153
모나드(monad) 259~261, 263~267, 272, 274~277
『모나드 이론』(Monadologie) 235~236, 240, 253, 255, 258~259, 263, 268~271, 274, 277
목적론 18, 155, 207, 223
물질 121, 140, 254~255
물질론(theory of matter) 6, 165, 167
물질 입자 149~150, 152
물질 형상 121
물체 124~125, 131, 133~134, 140, 143, 252, 254~255, 269
　～의 실체성 276
물체론 100
『물체론』 190~192

「물체의 궤도 운동에 관해」 30, 208, 214~215
『물체의 운동에 관해』 208, 215
물체의 존재 증명 104~106, 110

【ㅂ】

『방법 서설』 26, 99, 153, 156~157
버클리(Berkeley, George) 221
베에크만(Beeckman, Isaac) 119~121
베이컨(Bacon, Francis) 38, 45~50, 119
변양(affections) 261~264, 266
『별세계 보고』 58
보일(Boyle, Robert) 8, 120
볼테르(Voltaire) 283, 287~289
뷔리당(Buridan, Jean) 22, 66
브란트(Brandt, Frithiof) 177, 181, 184
「빛의 성질을 설명하는 가설」 29

【ㅅ】

살아 있는 힘(vis viva) 241~242, 245, 270
삼위일체론 226~227
『새 오르가논』 46
생기론 155, 207
생리 환원주의 160~161
생명 원리(vital principle) 26
생명 인자 216~217
섀퍼(Schaffer, Simon) 8, 164~165, 167, 192
셰핀(Shapin, Steven) 8, 164~165, 167, 192
소용돌이(가설) 8, 42, 75, 130, 146, 148~150, 185, 205, 221~222
소치니주의(socinianism) 227~228

솔로몬의 집 46, 49~50
솔방울 샘(송과선) 158~161
수동적 물체론 8, 130, 132, 148, 152, 190, 207
스노벨런(Snobelen, Stephen) 227~229
스콜라 철학 197, 237, 249, 258, 272
신비주의(occultism) 6, 37, 199, 202, 248
신비한 성질(occult quality) 143~145, 151, 161, 185, 196~197, 200, 204~206, 221
신플라톤주의(Neoplatonism) 37, 43, 50, 273
신피타고라스주의(Neopythagoreanism) 37
실체 119, 252, 254, 258, 262
　~의 능동성(activity) 256
실체 형상(substantial forms) 196~197, 256, 237, 242~243, 273, 280

【ㅇ】

아리스토텔레스(Aristoteles) 7, 18~22, 32, 34, 40~41, 46, 56~59, 61, 70, 78, 83~86, 90, 92, 95, 126, 156, 195, 237, 256, 264
　~의 운동 가설 71~72
　~의 자연학 237
　~의 진공 부정 논증 70~72
아리스토텔레스주의 144, 183, 197
　~자연학 8, 20, 23~25, 29, 34, 64, 68, 95, 109
아퀴나스(Aquinas, Thomas) 22, 144
아타나시우스(Athanasius) 227
『알마게스트』(Almagest) 39~40
양태(mode) 118~119, 123~126, 131, 148, 151, 237, 262~263
에우클레이데스(Eucleides) 20~21, 31

에테르(aether) 21, 52
에테르 가설 29, 31
에피쿠로스(Epicuros) 76, 120
엠페도클레스(Empedocles) 20
역학 혁명 18~19, 41~42, 55, 215
연금술 47, 52~53, 196, 201~203, 215~217, 230, 273
연장 35, 103~104, 110, 112~115, 118~119, 122~126, 130~131, 148, 151~152, 178, 237, 250, 262
영혼의 (비물질) 본성 97~98
예이츠(Yates, Dame Frances Amelia) 38, 44~45, 52~53, 201
완전 개념(complete notion) 243
외부 운동 원인(mover) 20, 22, 24
우유성(accident) 263~264
우유 형상(accidental forms) 197, 237
『우주의 신비』 51
『우주의 조화』 40
운동 121, 131, 140, 142~143, 152
운동 물체 137~138
운동량 31, 110, 132~137, 182, 239, 240
운동력(vis motrix) 150
운동령(anima motrix) 51, 150
운동학(kinematics) 27, 33, 35, 90~91, 126, 152, 181, 188
운동학 기계론 27~28, 31~33, 95~96, 127, 187
원자론 68, 76, 120, 286
웨스트폴(Westfall, Richard) 7, 18, 31~34, 90, 139~141, 187~188, 203~204, 208, 214~215, 218, 252
유한 연속체 78, 81, 87~89, 91
인과 작용인(causal agency) 138~139
인력(attraction) 150~151

일반 규칙 99, 102~106
일반 주해(Generale scholium) 196, 220, 222~224, 227~229, 288
임페투스(impetus) 22~24, 179, 181
입자론 77, 120, 146, 148~150, 200, 216, 247, 286

【ㅈ】

자기 현상 147~152
자연 가속 운동 88, 92
자연 마술 7, 37~38, 43~44, 199
『자연 철학의 수학 원리』 29~31, 42, 75, 196, 198, 201, 204~205, 208, 215, 220~222, 284~285, 288
자유 낙하 원리(법칙, 운동) 24, 32, 34, 66, 76, 82, 84, 86
정념 159~160
제2질료 244
제1질료(prime matter) 243~245, 249, 273, 280
『제1철학에 관한 성찰』 97, 100~101, 108
중력(법칙) 121, 144~145, 148~151, 152, 183, 199, 205~206, 213, 221, 223
지각(perception) 259~260, 264~266
지성 상(intelligible species) 264
질량(mass) 개념 200~201

【ㅊ】

『천구의 회전에 관해』 39
『철학 원리』 27, 42, 96~97, 99~102, 107, 110, 116, 129, 145, 153
충돌 규칙 4 136
침투 불가능성(impenetrability) 249~250

【ㅋ·ㅌ·ㅍ】

카발라(주의, Cabbalism) 43, 274
케플러(Kepler, Johannes) 18, 30, 50
코나투스(conatus) 9, 28, 161, 164, 177~179, 183~184, 186, 192
코이레(Koyré, Alexandre) 66~67, 83~84
코페르니쿠스(Copernicus, Nicolaus) 18, 39~40, 57~59, 61
코헨(Cohen, I. Bernard) 213
쿤(Kuhn, Thomas) 49, 66
탈레스(Thales) 5
탕피에(Tempier, Étienne) 21
『티마이오스』(Timaios) 76
파라셀수스(Paracelsus) 26, 44, 286
파생 능동 힘(derivative active force) 242~243, 245, 270
파생 수동 힘 244, 270
프톨레마이오스(Ptolemaeos) 20~21, 39~40, 51, 58~61
플라톤(Platon) 76
플레눔(plenum) 8, 42, 68, 130, 146, 185, 215, 267~269
피타고라스(Pythagoras) 47

【ㅎ】

하비(Harvey, William) 19, 154~156
하위헌스(Huygens, Christiaan) 214, 238
핼리(Halley, Edmund) 30, 207~208
헤론(Heron) 76, 120
헤르메스주의 45, 52~53
헬몬트, 프란시스 판(Helmont, Francis van) 249, 272
현실태(energeia) 78, 258
『형이상학 서설』 234, 242, 252~253, 256
홉스(Hobbes, Thomas) 28, 38, 161, 289
 ~와 보일의 논쟁 167~170
 ~의 감각론 189~190
 ~의 기계론 28~29, 178, 180, 187~188
 ~의 물질론 165
 ~의 운동 개념 178~182
 ~의 인간론 188
 ~의 코나투스 179~182, 187~188, 192
환원주의 125~126, 130, 148, 152, 161
훅(Hooke, Robert) 30, 199
힘(power) 개념 27, 29, 31~33, 35, 90~91, 131, 133, 138, 181, 185, 187~188, 195~196, 200~201, 207, 213, 251